Wertanalyse – das Tool im Value Management

VDI-Gesellschaft Produkt- und Prozessgestaltung
(Hrsg.)

Wertanalyse – das Tool im Value Management

6., völlig neu bearb. u. erw. Aufl.

Verein Deutscher Ingenieure e.V.
VDI-Gesellschaft Produkt- und Prozessgestaltung
VDI-Platz 1
40468 Düsseldorf
Deutschland
gpp@vdi.de

Die 5. Auflage ist 1995 unter dem Titel „Wertanalyse. Idee – Methode – System" im VDI-Verlag, Düsseldorf, erschienen.

ISBN 978-3-540-79516-2   e-ISBN 978-3-540-79517-9
DOI 10.1007/978-3-540-79517-9
Springer Heidelberg Dordrecht London New York

Die Deutsche Nationalbibliothek verzeichnet diese Publikation in der Deutschen Nationalbibliografie; detaillierte bibliografische Daten sind im Internet über http://dnb.d-nb.de abrufbar.

© Springer-Verlag Berlin Heidelberg 2011, korrigierter Nachdruck 2011
Dieses Werk ist urheberrechtlich geschützt. Die dadurch begründeten Rechte, insbesondere die der Übersetzung, des Nachdrucks, des Vortrags, der Entnahme von Abbildungen und Tabellen, der Funksendung, der Mikroverfilmung oder der Vervielfältigung auf anderen Wegen und der Speicherung in Datenverarbeitungsanlagen, bleiben, auch bei nur auszugsweiser Verwertung, vorbehalten. Eine Vervielfältigung dieses Werkes oder von Teilen dieses Werkes ist auch im Einzelfall nur in den Grenzen der gesetzlichen Bestimmungen des Urheberrechtsgesetzes der Bundesrepublik Deutschland vom 9. September 1965 in der jeweils geltenden Fassung zulässig. Sie ist grundsätzlich vergütungspflichtig. Zuwiderhandlungen unterliegen den Strafbestimmungen des Urheberrechtsgesetzes.
Die Wiedergabe von Gebrauchsnamen, Handelsnamen, Warenbezeichnungen usw. in diesem Werk berechtigt auch ohne besondere Kennzeichnung nicht zu der Annahme, dass solche Namen im Sinne der Warenzeichen- und Markenschutz-Gesetzgebung als frei zu betrachten wären und daher von jedermann benutzt werden dürften.

Einbandentwurf: WMXDesign GmbH, Heidelberg

Gedruckt auf säurefreiem Papier

Springer ist Teil der Fachverlagsgruppe Springer Science+Business Media (www.springer.com)

Vorwort

Das Wertanalyse-Buch des VDI hat sich in den letzten Jahrzehnten zu einem Klassiker der Wertanalyse-Praxis und -Ausbildung im deutschsprachigen Raum entwickelt. Die 6., völlig neu bearbeitete Auflage setzt diese Tradition des Standardwerkes „Wertanalyse: Idee-Methode-System" fort, trägt aber auch der dynamischen Entwicklung der Wertanalyse hin zum Tool im Value Management Rechnung. Dies spiegelt sich nicht nur im neuen Titel des Buches wider.

Insbesondere die Frage nach den Unterschieden der beiden Methoden Wertanalyse und Value Management wurde in der Fachwelt in den letzten Jahren umfassend diskutiert. Der Beantwortung dieser Frage widmet sich das Werk. Ausgehend hiervon werden Anwendungsgebiete der Wertanalyse ebenso beschrieben wie der Wertanalyse-Arbeitsplan, grundlegende methodische Instrumente und anzuwendende Techniken. Ebenso wird ein kurzer Einblick in das Thema Kosten gewährt und die strukturelle Verankerung in Unternehmen beleuchtet. Das Buch wird ergänzt durch eine Fülle anschaulich beschriebener Praxisbeispiele, in denen die Autoren ihre in individuellen Projekten gewonnenen Erfahrungen und persönlichen Sichtweisen schildern. Jedes Projekt ist spezifisch gelagert und soll vor allem die vielfältigen Anwendungsmöglichkeiten der Wertanalyse verdeutlichen. Ähnliche Problemstellungen können aber in anderen Projekten durchaus unterschiedliche Schwerpunkte und den Einsatz alternativer Instrumente erforderlich machen.

Es war das besondere Bestreben des Herausgebers, ein Werk zu präsentieren, das einerseits in der Praxis tätigen Wertanalyse-Experten als Nachschlagewerk dient, andererseits aber auch ein hilfreicher Begleiter durch die Ausbildung ist. Hierbei war es besonders wichtig, Theorie und Praxis in einem ausgewogenen Verhältnis darzustellen. Das gelang vor allem dadurch, dass über 30 Autoren aus Wirtschaft und Wissenschaft für eine ehrenamtliche Mitarbeit gewonnen werden konnten. Mit ihrer Hilfe entstand ein einzigartiger Helfer und Ratgeber für die tägliche Arbeit. Mein Dank gilt allen Autoren und fachlichen Lektoren, die sich unter dem Dach der VDI-Gesellschaft Produkt- und Prozessgestaltung zusammengefunden haben, für ihre engagierte und konstruktive Mitarbeit sowie ihr Verständnis für die schwierige Aufgabe, die Beiträge so vieler Experten zu koordinieren und ein Erscheinen des Buches zu einem festgelegten Zeitpunkt anzustreben. Ganz besonders danke ich dem Redaktionsteam, bestehend aus den Herren Dipl.-Ing. Udo Geldmann, Prof. Dr.-Ing. Rainer Lohe, Dipl.-Wirt.-Ing. Jörg Marchthaler, Dipl.-Ing. Herbert Unger und Dipl.-Ing. Reiner Wiest. Ohne ihren Einsatz hätte dieses Fachbuch nicht realisiert werden können.

Düsseldorf
im Januar 2011

Dr.-Ing. Daniela Hein
Geschäftsführerin VDI-GPP

Inhalt

1 **Einleitung** 1
  Marc Pauwels
  1.1 Überblick 1
  1.2 Wichtige Voraussetzungen 2
  1.3 Erfolgsfaktoren 3
  1.4 Anwendungsfelder und Einsatzgebiete 7
  1.5 Erfolge mit Wertanalyse/Value Management 8

2 **Value Management und Wertanalyse** 11
  Jörg Marchthaler, Tobias Wigger und Rainer Lohe
  2.1 Die Methodik Value Management 11
  2.2 Wertanalyse 26
  Bibliographie 37

3 **Der Wertanalyse-Arbeitsplan** 39
  Reiner Wiest
  3.1 Grundsätzliches zum Wertanalyse-Arbeitsplan 39
  3.2 Der Arbeitsschritt 0 „Vorbereitung des Projektes" 41
  3.3 Der Arbeitsschritt 1 „Projektdefinition" 41
  3.4 Der Arbeitsschritt 2 „Planung" 44
  3.5 Der Arbeitsschritt 3 „Umfassende Daten sammeln" 45
  3.6 Der Arbeitsschritt 4 „Funktionen-Analyse/Kosten-Analyse/
      Detailziele" 46
  3.7 Der Arbeitsschritt 5 „Sammeln und Finden
      von Lösungsideen" 49
  3.8 Der Arbeitsschritt 6 „Bewertung der Lösungsideen" 50
  3.9 Der Arbeitsschritt 7 „Entwicklung ganzheitlicher Vorschläge" .. 50
  3.10 Der Arbeitsschritt 8 „Präsentation der Vorschläge" 51
  3.11 Der Arbeitsschritt 9 „Realisierung" 51
  3.12 Zusammenfassung 52
  Bibliographie 52

4	**Auswahlkriterien für Wertanalyse-Projekte**	53
	Reiner Wiest	
	Bibliographie	56

5	**Methodische Instrumente**	57
	5.1 Funktionen	57
	Jürg M. Ammann	
	5.2 Funktionen-Potenzial-Analyse und Funktionenkostenanalyse	68
	Jörg Marchthaler, Tobias Wigger und Rainer Lohe	
	5.3 Funktionale Leistungsbeschreibung (FLB)	73
	Kurt Götz	
	5.4 Design to cost (DTC), Design to Objectives (DTO)	76
	Kurt Götz	
	5.5 Target Costing	79
	Udo Geldmann	
	5.6 Balanced Scorecard – Prinzipien und Nutzen	81
	Sigurd Jönsson	
	5.7 Quality Funktion Deployment (QFD)	84
	Horst R. Schöler	
	5.8 FMEA	89
	G. Kersten und R. Mathe	
	5.9 Wertstromdesign	93
	Udo Geldmann	
	5.10 Benchmarking im Sinne von Querdenken als Ansatz für best practice an Beispielen der Standardisierung	96
	Reiner Wiest	
	Bibliographie	100

6	**Besondere Themen**	103
	6.1 Teamarbeit	103
	Stephanie Merten, Jörg Marchthaler, Tobias Wigger und Rainer Lohe	
	6.2 Moderation von Teams	107
	Sigurd Jönsson	
	6.3 Konflikte	111
	Sigurd Jönsson	
	6.4 Kosten	116
	Michael Hein	
	6.5 Kreativ-Verfahren für Wertanalyse-Projekte	120
	Reiner Wiest, Tobias Wigger, Jörg Marchthaler und Rainer Lohe	
	6.6 Bewertungsverfahren für Lösungsideen	141
	Reiner Wiest	
	Bibliographie	155

7 Praxisbeispiele ... 157

7.1 Zielgenaue Produktentwicklung mit Wertanalyse und Projektmanagement ... 157
Wolfgang Pfister und Erich Sigel

7.2 Standardisierung durch Benchmarking ... 163
Christian Herfert und Reiner Wiest

7.3 Value Management an Frischbackanlagen ... 171
Hans-Dieter Lehnen, Sebastian Meindl und Achim Roloff

7.4 Mehr als Lüftung: Frischluftklima! Wertanalytische Produktprogrammplanung und Serienentwicklung am Beispiel eines neuartigen Systems für Lüftung/Kühlung/Heizung ... 182
H. Kampmann und Sebastian Meindl

7.5 Aktives Value Management (VM) mit dem Kunden – Partnerschaft oder der Partner schafft ... 191
Manfred Jansen

7.6 Erhöhter Kundennutzen durch Value Engineering ... 200
Ernst Tott

7.7 Wertgestaltung an Bauteilen in der Elektroinstallation Strom ist schlau – Wertanalyse aber auch! ... 207
Gerhard Salewski und Sebastian Meindl

7.8 Mit Wertanalyse Overheadkosten transparent machen und beeinflussen – Potenziale gezielt erschließen ... 216
Manfred Jansen

7.9 Supplier Integration: Mit Value Management gemeinsam Werte schaffen – Projekt „Lenkachse" ... 222
Martin Kruschel

7.10 Wertanalyse – Headbag-Modul (Kopfairbag) ... 233
Wolfgang Bareiß

7.11 Steigerung des Unternehmenserfolges durch Senkung bestehender und Vermeidung unnötiger Kosten und marktgerechtes Gestalten der Leistung – Erfüllen wir die Anforderungen und Erwartungen des Marktes und der Kunden „so gut wie nötig" und nicht „so gut wie möglich" ... 243
Ewald Scherer

7.12 Wertorientierte Unternehmensführung: Value Management auf Führungsebene angewendet ... 251
Peter Monitor und Jörg Marchthaler

Bibliographie ... 261

8 Strukturelle Verankerung in Unternehmen und Organisationen ... 263
Jürg M. Ammann und Wilhelm Hahn

8.1 Organisatorische Einbindung ... 263

8.2	Prinzipielle Voraussetzungen für erfolgreiche Projekte	265
8.3	Organisation der Wertanalyse in Großunternehmen	267
8.4	Beauftragung externer Berater	268
8.5	Qualifikation und Kompetenzen des Wertanalytikers	269
8.6	Praxisleitfaden zur Implementierung von VM/WA	270
	Bibliographie	274

9 Nationale und internationale Einbindung 275

    9.1   Der Verein Deutscher Ingenieure (VDI) 275
    Daniela Hein
    9.2   Aus- und Weiterbildung 276
    Daniela Hein
    9.3   Das europäische Zertifizierungssystem 278
    Wilhelm Hahn
    Bibliographie 283

Sachverzeichnis 289

Autorenverzeichnis

Ing. Jürg M. Ammann ammann projekt management, Karlsruhe, Deutschland

Wolfgang Bareiß TRW Automotive GmbH, Alfdorf, Deutschland

Dipl.-Ing. Udo Geldmann Festo AG & Co KG, Esslingen, Deutschland

Dr. rer. pol. Dipl.-Ing. Kurt Götz Bosch Rexroth AG, Würzburg, Deutschland

Dipl.-Ing. Wilhelm Hahn MBtech Consulting GmbH, Sindelfingen, Deutschland

Dr.-Ing. Daniela Hein Verein Deutscher Ingenieure e. V., Düsseldorf, Deutschland

Dipl.-Wirt.-Ing. Michael Hein CostScout GmbH, Remscheid, Deutschland

Dipl.-Ing. (FH) Christian Herfert Grenzebach Maschinenbau GmbH, Asbach/Bäumenheim, Deutschland

Dipl.-Ing., Dipl.- Wirt.-Ing. Manferd Jansen Schaeffler Technologies GmbH & Co KG, Herzogenaurach, Deutschland

Dr. Sigurd Jönsson DSJ-Consult, Alzenau, Deutschland

Dipl.-Kfm. H. Kampmann Kampmann GmbH, Lingen, Deutschland

Dipl.-Ing. Günter Kersten IMS Unternehmensberatung für Innovationsmanagement, Vaihingen/Enz, Deutschland

Dipl.-Ing. (FH) Martin Kruschel CLAAS KGaA mbH, Harsewinkel, Deutschland

Dipl.-Ing. (FH) Hans-Dieter Lehnen Reimelt FoodTechnologie GmbH, Rödermark, Deutschland

Prof. Dr.-Ing. Rainer Lohe Universität Siegen, Siegen, Deutschland

Dipl.-Wirt.-Ing. Jörg Marchthaler Value Coaching Marchthaler, Blankenheim, Deutschland

Dipl. Betriebswirt (FH) Roland Mathe Vaihingen/Enz, Deutschland

Dipl.-Ing. Sebastian Meindl Krehl & Partner Unternehmensberatung für Produkt und Technik GmbH & Co. KG, Karlsruhe, Deutschland

Dipl.-Wirt.-Ing. Stephanie Merten Universität Siegen, Siegen, Deutschland

Peter Monitor Monitor Management Support, Bonn, Deutschland

Dr.-Ing. Marc Pauwels Krehl & Partner Unternehmensberatung für Produkt und Technik GmbH & Co. KG, Karlsruhe, Deutschland

Dipl.-Ing. Wolfgang Pfister J. Eberspächer GmbH & Co. KG, Esslingen, Deutschland

Dr. rer. nat. Achim Roloff Roloff Consulting GmbH, Rheinfelden (CH), Schweiz

Gerhard Salewski OBO Bettermann GmbH & Co. KG, Menden, Deutschland

Dipl.-Ing. (FH) Ewald Scherer ebm-papst St. Georgen GmbH & Co. KG, Georgen, Deutschland

Dipl.-Ing. Horst R. Schöler Schöler & Partner Unternehmensberater für Produkt & Management, Eggenstein, Deutschland

Prof. Dipl.-Ing. (FH) Erich Sigel Sigel Managementmethoden GmbH, Kirchheim unter Teck, Deutschland

Dipl.-Ing. Ernst Tott Evonik Degussa GmbH, Hanau, Deutschland

Dipl.-Ing. Reiner Wiest Reiner Wiest Unternehmensberatung, Kirchheim unter Teck, Deutschland

Dipl.-Wirt.-Ing. Tobias Wigger Universität Siegen, Siegen, Deutschland

Kapitel 1
Einleitung

Marc Pauwels

1.1 Überblick

Das Umfeld in denen Produktentwicklungen stattfinden hat sich in den letzten Jahren drastisch geändert. Hauptverantwortlich hierfür sind politische und wirtschaftliche Entwicklungen, wie z. B. die Erweiterung des EU-Binnenmarktes, die Öffnung Osteuropas, das immense Vorwärtsstreben von China oder die globale Finanzkrise. Folgen sind das Entstehen globaler Märkte mit hohem Wettbewerbs- und Kostendruck bei verkürzten Entwicklungszyklen.

Hierbei wirken verstärkt Faktoren, die nicht nur das Produkt selbst, sondern auch dessen Entstehung, das heißt den Prozess der Produktentwicklung beeinflussen. Durch die vielfältigen internationalen Beziehungen (Fusionen, Aufbau von Tochterunternehmen, Übernahme von Unternehmen, „Global Sourcing", etc.) muss in zunehmendem Maße mit Personen aus fremden Kulturkreisen und aus den unterschiedlichsten Bereichen kommuniziert und zusammengearbeitet werden. Neben diesen „soft facts" gilt es aber auch „hard facts" zu berücksichtigen, wie z. B.:

- Kenntnisse über die unterschiedlichen Märkte, die unterschiedlichen Kundengruppen und die jeweils geforderten Produktfunktionen
- Entwicklungszeiten für Produkte und Prozesse
- Kosten für die Herstellung und Logistik der Produktsortimente
- Lieferbereitschaft und aufwändige Informationsprozesse

Wie können sich Unternehmen diesen Herausforderungen stellen und erfolgreich aus diesen Innovationswettläufen hervorgehen? Nur ein ganzheitliches Produktentwicklungskonzept in einer kunden- und mitarbeiterorientierten sowie kreativitäts- und teamarbeitsfördernden Unternehmenskultur kann langfristig die notwendigen Wettbewerbsvorteile erzeugen und so das Überleben des Unternehmens

M. Pauwels (✉)
Krehl & Partner Unternehmensberatung für Produkt und Technik GmbH & Co. KG, Karlsruhe, Deutschland

sichern. Mit diesen Anforderungen sind jedoch konventionelle Entwicklungsmethoden mit ihren tayloristischen Vorstellungen und ihrem Abteilungsdenken überfordert.

Ein erfolgreicher Ansatz ist hierbei das Value Management (VM) bzw. die darin fest verankerte Wertanalyse (WA) als grundlegende Methodik zur Bearbeitung von erfolgreichen Projekten.

Dieser in der Praxis bereits seit Jahrzehnten bewährte und aus dieser heraus ständig weiterentwickelte Ansatz verfügt mit seinen fünf Charakteristiken

- Funktionenkonzept,
- Wertekonzept,
- Ganzheitliche Betrachtungsweise,
- Starkes Einbeziehen des Menschen und seiner Verhaltensweisen sowie
- Interdisziplinäre Teamarbeit

über ausgezeichnete Voraussetzungen, um den o. a. Anforderungen – sowohl an den Prozess der Produktentwicklung als auch an das Produkt – gerecht zu werden. Zudem ist Wertanalyse eine Methodik, das heißt ein Methodensystem, in dem an geeigneten Stellen andere Instrumentarien und Methoden (z. B. QFD, FMEA) hilfreich integriert werden können. So entsteht mit Hilfe der, den Gesamtprozess steuernden, Wertanalyse ein mächtiges System zum Erreichen der Ziele.

1.2 Wichtige Voraussetzungen

1.2.1 Unternehmens-Strategie und -Ziele

Es gibt kein Projekt, das völlig isoliert betrachtet werden kann. Es gibt immer ein Umfeld, in das das Projekt eingebettet wird und das unbedingt berücksichtigt werden muss.

Ein Aspekt ist hierbei die strategische Ausrichtung des Unternehmens und die Ziele, die das Unternehmen mit dem Projekt verwirklichen oder zumindest unterstützen will.

Manchen Unternehmen fehlen jedoch die Zeit und die Kapazität für strategische Überlegungen und die Ableitung der entsprechenden Ziele. Das operative Geschäft ist in diesen Unternehmen sehr oft der alleinige Antriebsmotor für vermeintlich schnelles, jedoch rein mechanisches und weitgehend eindimensionales Arbeiten. Die Hektik des Tagesgeschäftes lässt nur kurzfristige Problemlösungen zu. Keinesfalls aber reicht die Zeit, über nachhaltig wirkende Lösungen für Produkte oder Dienstleistungen nachzudenken, die in neuen oder angestammten Märkten platziert werden können.

Je komplexer und vielfältiger die Probleme für die Unternehmen werden, desto mehr werden Freiräume für strategische Überlegungen notwendig. Oftmals wird das Konzipieren von Strategien als zu theoretisch abgetan. Es würden zu realitätsfremde Szenarien aufgestellt, die im operativen Geschäft wie Kartenhäuser zusammenfallen. Dabei schließt strategisches Denken immer einen geradlinigen Weg mit einer eindeutig definierten Zielsetzung ein. Der Weg zur Problemlösung ist in logisch aufeinander abgestimmten Schritten zu gehen, die nacheinander und folgerichtig zu vollziehen sind.

Aus der Strategie eines Unternehmens müssen sich die Ziele auf alle Ebenen und alle Bereiche des Unternehmens ableiten. Und an diesen Zielen müssen sich dann auch Projekte messen, die gegebenenfalls als Antwort auf die anfangs genannten Herausforderungen initiiert werden.

1.2.2 Markt- und Kundenanalyse

Eine weitere wichtige Voraussetzung für jedes Projekt ist die Kenntnis von Markt und Kunden. So sollte man u. a. folgende Fragen beantworten können:

- In welchen Märkten bewege ich mich mit meinem Produkt?
- Will ich neue Märkte erschließen? Welche?
- Wer sind meine Kunden/Kundengruppen?
- Welche Anforderungen haben diese an mein Produkt?
- Welche Wettbewerber gibt es in den unterschiedlichen Märkten mit welchen Produkten?
- Welches Preisniveau muss mit welchem Aufwand erreicht werden?

Ohne ausreichende Antworten auf diese Fragen kann kein Projekt zielorientiert bearbeitet werden! Aber es gibt genügend Beispiele, wo dies trotzdem geschehen ist. Folglich werden die Ertragserwartungen durch das Produkt nicht erfüllt. Die Entwicklungsaufwände verpuffen. Außerdem hat man gleichzeitig die Chance verpasst, das richtige Produkt in den Märkten zu platzieren.

Ein Charakteristikum der Wertanalyse ist die funktionale Ausrichtung der Produkte eines Unternehmens auf die Markt- bzw. Kunden-Anforderungen. Dies geschieht durch die Verknüpfung der Funktionenanalyse des Produkts mit der Anforderungsanalyse der Kunden.

1.3 Erfolgsfaktoren

Die Erfolge der Wertanalyse beruhen im Wesentlichen auf deren bereits anfangs erwähnten Charakteristiken:

- Interdisziplinäre Teamarbeit
- Funktionenkonzept
- Wertekonzept
- WA-Arbeitsplan, das heißt dem methodischen „Roten Faden".

1.3.1 Erfolgsfaktor „Interdisziplinäre Teamarbeit"

Die Organisation eines Unternehmens, einer Behörde oder Institution ist in den meisten Fällen (immer noch) auf Arbeitsteilung in verschiedenen Fachabteilungen ausgerichtet. Derartige Abteilungen mit ihren speziellen Wissens- und Erfahrungsgebieten, ihren Eigenheiten und Denkstrukturen und ihren beschränkten Zuständigkeiten erfassen aus dem Gesamtbereich eines Unternehmens jedoch immer nur ihre spezifischen Gesichtspunkte, Kenntnisse, Erfahrungen und dergleichen. Wegen des ständig wachsenden Wissens auf allen Gebieten, der zunehmenden Informationsflut, der immer spezieller werdenden Verfahren und Methoden sowie der ständig wachsenden Komplexität der verwendeten Einrichtungen und Prozesse, Maschinen und Hilfsmittel ist eine weitere Untergliederung der betreffenden Gebiete und die Spezialisierung von Einzelpersonen auf die so entstehenden Teilgebiete erforderlich.

Als Folge dieser Spezialisierung und Ausbildung des Abteilungsdenkens ist es nicht verwunderlich, wenn jede einzelne Abteilung versucht, in ihrem Bereich ein möglichst günstiges Kosten-Nutzen-Verhältnis für ihren Anteil an der Realisierung eines Gesamtprodukts zu erzielen. Dabei kann aber oftmals das eigentliche Ziel des Unternehmens, das Maximieren des gesamten Unternehmenswerts, nicht verwirklicht werden. Jede Abteilung schaut durch ihre „Abteilungsbrille" und verfolgt ihre Abteilungsziele (siehe Abb. 1.1).

Setzen sich nun einige Mitarbeiter eines Unternehmens, einer Behörde oder Institution bereichsübergreifend zusammen, um anfallende Probleme zu lösen, so führt das zwangsweise zu einem projektbezogenen Gesamtwissen, welches häufig in dieser Konzentration so nicht existiert. Für die Bewältigung der anstehenden Aufgabe bedeutet diese Zusammenarbeit die beste Grundlage, effizient und nachhaltig zur Problemlösung beizutragen. Die bereichsübergreifende/interdisziplinäre Zusammenarbeit kann im Rahmen der Wertanalyse auch mit Kunden, Lieferanten

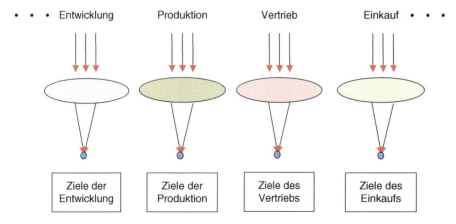

Abb. 1.1 Verfolgen von Einzelzielen durch die verschiedenen Abteilungen

1 Einleitung 5

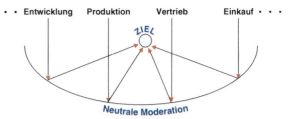

Abb. 1.2 Fokussieren auf das gemeinsame Ziel durch interdisziplinäre Teamarbeit und neutrale Moderation1

und Dienstleistern stattfinden. Das gemeinsame Fokussieren auf das übergeordnete Ziel, nämlich die nachhaltige und effiziente Bewältigung der gestellten Aufgabe, steht im Vordergrund und ist durch das neutral moderierte Team möglich (siehe Abb. 1.2). Zudem ist sichergestellt, dass die Ergebnisse mit der erforderlichen unternehmensinternen Fachkompetenz der Beteiligten zustande kommen. Nur allein dadurch ist auch eine schnelle und praxisgerechte Realisierung der konzeptionellen Ergebnisse möglich. In wertanalytischer Projektarbeit finden informelle Lernprozesse statt, die eine fachübergreifende Kommunikation in den jeweiligen Unternehmen fördert.

Die in Wertanalyse-Projekten mitarbeitenden Personen sind die Schlüsselfiguren für den notwendigen Veränderungsprozess und eröffnen ihrem Unternehmen den marktnotwendigen Zugang zu organisatorischen Ressourcen, zu Geld, Zeit und Wissen sowie zu innovativem Wachstum.

1.3.2 Erfolgsfaktor „Funktionenkonzept"

Grundgedanke der Funktionenanalyse ist, dass der Kunde bzw. Abnehmer im Grunde genommen nicht das Objekt als solches haben möchte, sondern dessen Funktionen, das heißt dessen Wirkungen. Bei der Entwicklung eines neuen bzw. bei der Überarbeitung eines bereits existierenden Objekts hat das mit diesem Projekt befasste Team u. a. die Aufgabe, diese Funktionen in geeigneter Weise zu beschreiben. Beispielsweise möchte der Käufer eines Getränkedosen-Halters für den Einsatz in einem PKW nicht unbedingt diesen speziellen im Handel erhältlichen Halter sein Eigentum nennen, sondern er möchte, dass der Inhalt einer geöffneten Getränkedose während einer Autofahrt nicht überfließt, die Dose an ihrem Platz bleibt, die Dose gut erreichbar ist, von der Dose kein Sicherheitsrisiko ausgeht u. dgl. Er möchte also nur über die Funktionen des Halters verfügen, wie z. B. „Getränkedose fixieren", „Getränkeverlust verhindern", „Ergonomie berücksichtigen" und „Sicherheitsvorschriften einhalten".

Durch das Konzentrieren auf die Funktionen ist das Lösen vom momentanen Istzustand, also der Lösungsebene möglich. Diese ist immer subjektiv belegt und wird sehr oft durch die betroffenen Personen „verteidigt". Die funktionale Ebene ist objektiv(er) und lässt als Basis für die Definition des Sollzustands viel Raum für neue Lösungsideen.

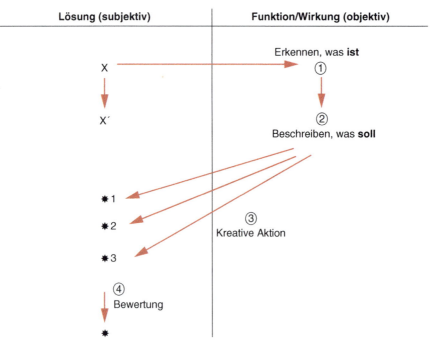

Abb. 1.3 Abstrahieren mittels Funktionenbeschreibung

Abbildung 1.3 zeigt diesen Sachverhalt: Der direkte Weg von einer bestehenden Lösung „X" zu einer optimierten Lösung „X' fällt schwer, da subjektiv belegt. Durch den Seitenwechsel hin zu den Funktionen kann man sich analog der Arbeitsschritte im Wertanalyse-Arbeitsplan (siehe Kap. 1.3.4) vom Istzustand lösen und neue Ideen generieren.

1.3.3 Erfolgsfaktor „Wertekonzept"

Der Begriff „Wert" ist in den verschiedenen Fachdisziplinen wie Mathematik, Betriebswirtschaft, Physik, Philosophie u. dgl. mit unterschiedlichen Bedeutungen belegt. Sogar innerhalb der Wertanalyse wurde lange Zeit unter „Wert" ausschließlich das Verhältnis von Nutzen zu Aufwand verstanden. Dabei waren die Kosten die ausschlaggebende Größe. Diese Definition ist aber nicht ausreichend. Was bei der Bewertung des Gebrauchswerts eines Objekts eventuell noch gerade ausreichen könnte (z. B. Sicherheit gegen Ausfall eines relevanten Bauteils), ist zum Beurteilen des Geltungswerts von Objekten nicht mehr sinnvoll, wenn nicht sogar falsch. So ist ein Schmuckstück beispielsweise umso wertvoller, je teurer es ist. Schließlich soll es seinem Besitzer Achtung, Prestige, Ansehen verleihen, bzw. ästhetische Bedürfnisse befriedigen etc.

1 Einleitung

In der Wertanalyse ist deshalb unter dem „Wert eines Objekts" zu verstehen, wie wertvoll, das heißt wie wichtig und bedeutsam dieses für „jemanden" ist, z. B. für

- eine Institution (Behörde, Hochschule, Land, Staat, …),
- ein Unternehmen (Hersteller, Anwender, Nutzer, …) oder
- eine Person (bzw. Personengruppe) wie „Zielgruppe im Markt".

1.3.4 Erfolgsfaktor „Arbeitsplan"

Der Wertanalyse-Arbeitsplan ist so aufgebaut, dass er dem natürlichen, allgemeinen Denkablauf des Menschen folgt:

- Erkennen, was ist
- Beschreiben, was sein soll
- Ideen finden
- Bewerten und Entscheiden

Für ein Wertanalyse-Projekt müssen am Anfang noch die „Projektvorbereitung" und am Ende das „Realisieren" hinzugefügt werden. Beim europäischen Arbeitsplan (nach EN 12973) sind es zehn Grundschritte, die aber dem gleichen Schema folgen.

Durch diese Natürlichkeit fällt das Arbeiten mit dem WA-Arbeitsplan grundsätzlich sehr leicht. Zugleich wird man gezwungen, systematisch, Schritt für Schritt das Projekt abzuarbeiten. Denn

- erst wenn man den Projektauftrag (für sich) übernommen hat, will man auch an dem Projekt arbeiten und für dessen Ziele eintreten,
- erst wenn man die Aufgabe, die Ziele und die Randbedingungen des Projekts kennt, kann man die Ist-Situation des WA-Objekts beschreiben,
- erst wenn man die genaue Situation des WA-Objekts kennt, kann man darauf aufbauend den gewünschten bzw. geforderten Sollzustand definieren,
- erst wenn man den Sollzustand definiert hat, kann man zielgerichtet Ideen suchen,
- erst wenn man umfassend Ideen gefunden hat, kann man daraus das beste Lösungskonzept erstellen,
- erst wenn man das beste Lösungskonzept gefunden hat und dieses durch den Auftraggeber genehmigt wurde, kann man in die Realisierung starten.

1.4 Anwendungsfelder und Einsatzgebiete

Die Wertanalyse hat sich in ihrer über 60-jährigen Geschichte zahlreiche Anwendungsfelder erobert. Im Prinzip kann jede Art von Objekt wertanalytisch bearbeitet werden.

Bei diesen Objekten kann es sich um gegenständliche Produkte, aber auch um Dienstleistungen und immaterielle Prozesse handeln. Es können Konsumgüter oder Investitionsgüter wie z. B. Produktionsmittel sein. Wertanalytisches Denken und Arbeiten wird sowohl in der Groß-Industrie als auch in mittelständischen Unternehmen aller Branchen, in der Wissenschaft und in Verwaltungsorganisationen der Öffentlichen Hand erfolgreich eingesetzt. Es spielt keine Rolle, ob das Objekt selbst entwickelt und hergestellt wird, oder ob es sich um gekaufte Erzeugnisse handelt. Bei den Produkten kann es sich um einfache Teile und Baugruppen handeln oder um komplizierte Anlagen mit Tausenden von Einzelteilen. Die Prozesse können Montagefolgen sein oder auch komplette Geschäftsprozesse wie z. B. Beschaffung, Logistik, Produktentwicklung, Strategieentwicklung. Daher wird in diesem Zusammenhang auch von Anwendungsneutralität gesprochen.

Wenn die zu bearbeitenden Objekte schon existieren, dann wird die Anwendung der Wertanalyse auch Wertverbesserung genannt, wenn diese noch nicht existent sind, spricht man auch von Wertgestaltung.

1.5 Erfolge mit Wertanalyse/Value Management

Die Erfolge mit der Methode Wertanalyse/Value Management stellen sich in den unterschiedlichsten Bereichen ein:

- Reduzierte Kosten
  Die Reduzierung der Herstellkosten liegt in der Praxis zwischen 5 % und 60 %. Der Durchschnitt aus mehreren tausend Wertanalyse-Projekten liegt bei 20 bis 25 %.
  Hauptgründe für die relativ große Spanne sind im Wesentlichen:
    - Ausgangszustand des Wertanalyse-Objekts
    - Einsatz-Zeitpunkt der Wertanalyse: in der Entwicklung oder in der Serie
    - Freiheitsgrade im Projekt
- Kurze Amortisationsdauer
  Auch die Amortisationsdauer ist ein Gradmesser für den Erfolg eines WA-Projekts. Bei den meisten WA-Projekten liegt sie bei ca. einem Jahr, bei einigen sogar deutlich darunter. In die Amortisationsberechnung fallen in der Regel die Sitzungen der Teammitglieder, die notwendigen Aufgabenerledigungen zwischen den Sitzungen sowie Investitionen für die Änderungen des WA-Objekts, z. B. neue Werkzeuge, Versuche, Zertifizierungen.
- Verkürzte Entwicklungszeit
  Die Verkürzung der Entwicklungszeit liegt im Bereich von 25 % und 50 %. Dieser Aspekt gewinnt bei kürzer werdenden Produktlebenszyklen und sich rasch verändernden Märkten zunehmend an Bedeutung. Dieser Effekt kommt aus der Tatsache, dass von vorneherein alle betroffenen Abteilungen zusammenarbeiten und sich austauschen und somit viele Iterationsschleifen gar nicht erst entstehen.

1 Einleitung

Auch entsteht eine Lösung, die von allen Abteilungen gleichermaßen akzeptiert ist und gefördert wird.
- Gesteigerte Qualität
  Durch eine ganzheitliche Betrachtungsweise und das Einbinden aller betroffenen Unternehmensabteilungen können alle Teilaspekte bezüglich der Produktqualität in die Produktentwicklung einbezogen werden.
- Gesteigerte Funktionalität
  Die Funktionenanalyse erlaubt eine genaue Betrachtung aller vom Kunden geforderten sowie der unnötigen Funktionen. Dadurch kann das WA-Objekt zielgerichtet auf die erforderliche bzw. die vom Kunden honorierte Funktionalität ausgerichtet werden.
- Bessere Kommunikation im Unternehmen
  Durch die interdisziplinäre Teamarbeit wird die Kommunikation zwischen den einzelnen Abteilungen gefördert. Diese positiven Erfahrungen wirken auch außerhalb des Projektteams und nach Abschluss des Projekts im Unternehmen nach.

Kapitel 2
Value Management und Wertanalyse

Jörg Marchthaler, Tobias Wigger und Rainer Lohe

2.1 Die Methodik Value Management

Im Folgenden Kapitel werden die Grundzüge des Value Managements erläutert. Es wird auf die Besonderheiten und die ihm zu Grunde liegenden Wertziele eingegangen. Im Anschluss daran werden die Schlüsselprinzipien aufgeführt und deren Anwendungsmöglichkeiten dargelegt. Anforderungen z. B. an die Rahmenstruktur und die Geisteshaltung werden gezeigt. Zum Schluss wird kurz auf die Verwendung möglicher Tools eingegangen. Wenn Quellen nicht explizit genannt sind, so sind die Inhalte der Europäischen Value Management Norm entnommen (DIN EN 12973 2000).

2.1.1 *Einführung*

Das Konzept des Value Managements beruht auf einem besonderen Wertekonzept. Dieses Wertekonzept beinhaltet, dass eine Beziehung zwischen der Befriedigung vieler unterschiedlicher Bedürfnisse und den hierzu eingesetzten Ressourcen existiert. Der Wert ist umso höher, je weniger Ressourcen eingesetzt werden müssen. Die unterschiedlichen Anspruchsgruppen, die so genannten Stakeholder bzw. interne oder externe Kunden sind natürlich unterschiedlichster Ansicht darüber, was für sie „Wert" bedeutet. Ziel des Value Managements ist es, diese Unterschiede zu harmonisieren und miteinander in Einklang zu bringen. Mit Hilfe dieser Methode soll eine Organisation nachhaltig die Möglichkeit erhalten, den größtmöglichen Fortschritt in Richtung ihrer festgelegten Ziele zu erhalten. Dies soll unter Einsatz eines Minimums an Ressourcen erfolgen. Nach der DIN EN 12973 ist Value Management folgendermaßen definiert: „Value Management ist ein Managementstil, der besonders geeignet ist, Menschen zu mobilisieren, Fähigkeiten zu entwickeln

---

J. Marchthaler (✉)
Value Coaching Marchthaler, Blankenheim, Deutschland

sowie Synergie und Innovation zu fördern, jeweils mit dem Ziel, die Gesamtleistung einer Organisation zu maximieren" (DIN EN 12973 2000).

Value Management kann auf unterschiedlichen organisatorischen Ebenen implementiert werden. So basiert, auf Führungsebene angewendet, das Value Management auf einer wertorientierten Organisationskultur. Diese berücksichtigt den Wert der unterschiedlichen Anspruchsgruppen und Kunden.

Auf ausführungsbezogener Ebene, speziell bei projektorientierten Aktivitäten, beinhaltet das Value Management eine Vielzahl von Werkzeugen und Methoden zur Realisierung des gewünschten Ergebnisses.

Durch Value Management werden auf ganzheitliche Weise Managementziele angesprochen, positive menschliche Dynamik gefördert sowie interne und externe Umfeldbedingungen berücksichtigt.

Das Value Management umfasst drei Grundsätze:

- Ständiges Bewusstsein, was Wert für eine Organisation bedeutet. Hierbei sollten Kennzahlen (Mess- oder Schätzgrößen) zur Überwachung und Lenkung erstellt werden.
- Vor Beginn der Lösungssuche muss eine Konzentration auf Ziele und Sollvorgaben erfolgen.
- Funktionales Denken in allen Bereichen zur Maximierung innovativer und praktikabler Ergebnisse. Dies bedeutet, es findet eine Konzentration nicht auf Objekte oder Prozesse selbst, sondern nur noch auf deren Wirkung statt.

Einige Beispiele bei denen durch Anwendung von Value Management sichtbare Erfolge erzielt werden können:

- Verbesserte Geschäftsentscheidungen durch Schaffen einer sicheren Entscheidungsbasis.
- Erhöhte Wirksamkeit durch bestmögliches Nutzen von begrenzten Ressourcen.
- Verbesserte Dienstleistungen und Produkte durch vollständiges Erfassen und Gewichten der Kundenbedürfnisse
- Fördern von Innovationen und dadurch Erzielen einer erhöhter Wettbewerbsfähigkeit.
- Besseres Verständnis der Ziele der Organisation bei allen Mitarbeitern durch Definieren einer allgemeinen Wertkultur.
- Bessere Kommunikation und Leistungsfähigkeit durch interdisziplinäre und an vielfachen Aufgaben orientierte Teamarbeit.
- Entwickeln von Entscheidungen, welche von allen Anspruchsgruppen unterstützt werden.

Wird Value Management bei Entwicklungen auf Projektbasis angewendet entsteht durch das strukturierte und vor allem interdisziplinäre Vorgehen bereits in frühen Phasen ein erhöhter Aufwand (vgl. Abb. 2.1). So muss im Vergleich zum normalen Projektvorgehen bereits in der Konzeptphase mehr Zeit investiert werden.

Ob der kumulierte Aufwand im Vergleich zum normalen Projektvorgehen kleiner ist oder nicht steht hier an zweiter Stelle. Der klare Vorteil ist, dass beim Value Management die geplanten Markteintrittstermine einfacher eingehalten werden

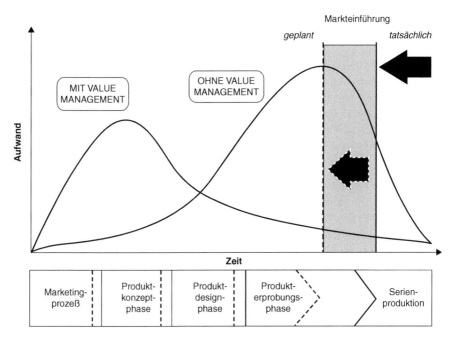

Abb. 2.1 Anwendung des Value Managements bei Entwicklungen. (Nach Brankamp 1975)

können. Zeitraubende Iterationsschleifen werden minimiert oder entfallen sogar. Im optimalen Fall verkürzen sich sogar die einzelnen Projektphasen. Dies bringt gerade in wettbewerbsträchtigen Marktsegmenten enorme Vorteile. Denn je später der Markteintritt erfolgt desto geringer ist häufig die Gewinnmarge (Brankamp 1975). Zudem kann das neue Produkt früher verkauft und damit Deckungsbeitrag generiert werden.

2.1.2 Wertziele und das Wertekonzept

Wertziele
Die Festlegung der Ziele und die Kontrolle der Zielerreichung liegen in der Verantwortung des Managements einer Organisation, eines Unternehmens oder eines Projektes. Um mit Value Management entscheidende Verbesserungen zu bewirken ist ein effektives Zielemanagement notwendig.

Auf der strategischen Ebene müssen Ziele wertbezogen definiert und als klare Grundlinien festgelegt werden. Dies ermöglicht die Formulierung von Detailzielen auf den jeweiligen untergeordneten Verantwortlichkeitsebenen.

Auf taktischer Ebene kann z. B. ein Detailziel das Ausmaß der Bedürfnisbefriedigung sein. Ebenso könnte der Ressourcenverbrauch oder eine Kombination dieser

Faktoren dazu verwendet werden. Wichtig ist, dass eine eindeutige und logische Verbindung mit den auf strategischer Ebene definierten Wertzielen vorhanden ist. Auf jeder Ebene müssen Messgrößen eingeführt werden, die die Entwicklung der Wertziele verfolgen.

Zur Steigerung der Motivation ist es sinnvoll, ambitionierte, erreichbare Ziele zu wählen. Die Erkenntnis aller Beteiligten, dass die Ziele erreicht werden müssen führt zur Akzeptanz der Ziele und sichert die Umsetzung. Eine Übereinstimmung über die jeweiligen Value Management-Ziele zu erreichen, ist ein Ergebnis wirksamer Teamarbeit.

Wertkonzept
Wie bereits zu Beginn beschrieben, besitzt der Wert eine zentrale Funktion im Value Management. Im deutschen Sprachgebrauch ist „Wert" ein allgemeiner Begriff. Im angelsächsischen Sprachraum hingegen wird zwischen „Worth" und „Value" unterschieden. Value entspricht einem Gegenwert z. B. in Tauschgütern, Dienstleistungen oder ähnlichem. Worth hingegen beschreibt eine qualitative Wertung einer Sache (Kaufman 2001). Diese Unterscheidung zeigt klar die Ausrichtung des Wertes im Value Management. Wert ist hierbei die Beziehung zwischen Befriedigung von Bedürfnissen und den Ressourcen, die für diese Befriedigung zum Einsatz kommt (vgl. Abb. 2.2)

Das Symbol „α" steht dafür, dass diese Beziehung lediglich eine Gegenüberstellung dieser beiden Größen ist. Es ist keine Gleichung mit einem „=". Die Größen müssen gegeneinander abgewogen werden, um die Relation zu finden, die den größten Nutzen bringt.

In DIN EN 1325-1 wird „Bedürfnis" als das definiert, was für einen Nutzer notwendig ist oder von ihm gewünscht wird. Hierbei kann das Bedürfnis erklärt oder unerklärt und es kann ein bestehendes oder ein potentielles sein. Das Gesamtbedürfnis umfasst normalerweise viele unterschiedliche Komponenten. Diese können in Gebrauchs- und Geltungsbedürfnisse unterschieden werden.

Gebrauchsbedürfnisse beziehen sich auf körperliche, messbare Aktivitäten. So sollte für den Produktionsmanager die Einkaufsabteilung über Abläufe verfügen, die es dem Unternehmen erlauben, Rohmaterialien und andere Güter zu den günstigsten Preisen einzukaufen. Gebrauchsbedürfnisse sind in der Regel quantifzierbar und objektiv bewertbar.

Geltungsbedürfnisse sind hingegen subjektiv, attraktiv oder moralisch. Erläutert am gleichen Beispiel, sollte die Einkaufsabteilung Eigenschaften haben, die Menschen ermuntert, mit ihr Geschäfte zu machen. Geltungsbedürfnisse sind in der Regel nicht quantifzierbar und allenfalls subjektiv bewertbar.

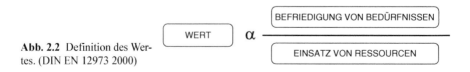

Abb. 2.2 Definition des Wertes. (DIN EN 12973 2000)

Der Wert wird hier keinesfalls als absolut betrachtet. Diese relative Größe kann von verschiedenen Beteiligten in unterschiedlichen Situationen differenziert gewichtet werden. Um einen guten Wert zu erreichen, ist normalerweise ein Abwägen von einer Anzahl miteinander in Konflikt stehender Parameter nötig.

So ist für einen externen Kunden der Wert umso höher, je besser das Verhältnis zwischen Angebotserfüllung (Bedürfnisbefriedigung) und dem Betrag ist, den er dafür aufwenden muss, um ein Produkt oder eine Dienstleistung zu erwerben (Ressourceneinsatz).

Für einen Zulieferer hingegen steigt der Wert je weniger Ressourceneinsatz er benötigt, um den jeweiligen Kunden zufrieden zu stellen.

Innerhalb eines Unternehmens kann der Ressourceneinsatz z. B. über den Faktor Zeit definiert werden. So kann durch Veränderung von Prozessen und Abläufen dasselbe Ergebnis innerhalb kürzerer Zeit erzielt werden.

Um die Wertverbesserung zum Einen effektiver zu gestalten und zum Anderen objektiv messen zu können, ist es notwendig, den Zähler und Nenner in Abb. 2.2 zu quantifizieren.

Der Einsatz von Ressourcen lässt sich meistens gut bestimmen. Bei Dienstleistungen sind es die zugeordneten Prozesskosten. Bei gegenständlichen Produkten sind es die Herstellkosten, die die zugeordneten Prozesskosten ebenfalls enthalten. Immaterielle Eingangswerte, wie z. B. geistiges Eigentum können gegebenenfalls quantifiziert und mit berücksichtigt werden.

Verglichen mit der Weiterentwicklung vorhandener Produkte müssen die zu erwartenden Aufwendungen, die für die Entwicklung und die Herstellung/Leistungserbringung benötig werden, bei Neuentwicklungen im stärkeren Maße geschätzt werden.

Die Quantifizierung der Bedürfnisbefriedigung ist unsicherer. Bei vermarkteten Gütern und Dienstleistungen ist dies im Normalfall leichter. Für Artikel, welche nicht vermarktet werden, wie z. B. Patientenbetreuung, müssen andere Wahrnehmungen in Bezug auf die Bedürfnisbefriedigung, wie etwa die Anzahl der Beschwerden, als Messgröße verwendet werden.

Allgemein müssen diese an Hand von Kriterien, Niveaus oder Flexibilitäten quantifiziert werden.

Die Optimierung des Wertes wird erreicht, indem der zur Bedürfnisbefriedigung notwendige Betrag gegenüber den zur Realisierung notwendigen Ressourcen abgewogen wird. Hierbei kann ebenso eine Wertsteigerung erfolgen, wenn mehr Ressourcen eingesetzt werden. Wichtig ist dabei nur, dass der Wert überproportional wächst. Dies ist in Abb. 2.3 verdeutlicht.

Ein Beispiel hierfür wäre die Erhöhung des Ausstoßes einer Produktion. Diese kann entweder durch Vergrößerung der Betriebsanlagen oder durch Erhöhung des Automatisierungsgrades erreicht werden. Das Ziel, also die Bedürfnisbefriedigung, wird in beiden Fällen erreicht. Der Unterschied liegt in dem Einsatz der Gesamtressourcen. Diese kann in den beiden genannten Fällen unterschiedlich ausfallen.

Wenn Bedürfnisbefriedigung und Ressourcenverbrauch entweder absolut oder in relativen Zahlen quantifiziert sind, können über das entstandene Wertmaß unterschiedliche Lösungen miteinander verglichen werden.

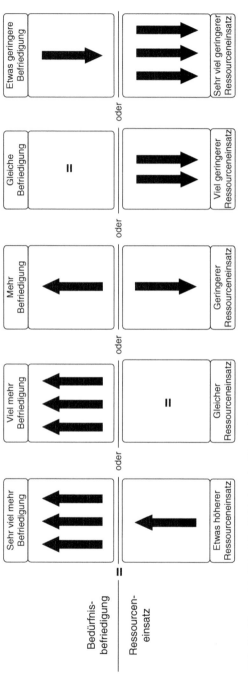

Abb. 2.3 Unterschiedliche Möglichkeiten der Wertsteigerung. (DIN EN 12973 2000)

2.1.3 Bedeutung für das Management

Value Management kann als Querschnittsansatz verstanden werden. Es ist ein allgemein angewandtes, übergeordnetes Managementsystem, welche unterschiedliche Managementmethoden für die einzelnen Unternehmensbereiche beinhaltet. Hierbei steht immer das Wertekonzept im Mittelpunkt, um operationale Ziele zu bestätigen und spezifische Strategien zu definieren.

Hierbei werden die Ziele, Aktivitäten und Bemühungen zwischen der Strategie und Ausführungsebene bzw. zwischen Topmanagement und mittlerem Management abgeglichen. Somit ist sichergestellt, dass der Wert nahtlos durch das gesamte Unternehmen hindurch im Mittelpunkt des Interesses steht. Dies wird durch eine sachliche Konzentration auf Ergebnisse, die mit den Gesamtzielen des Unternehmens übereinstimmen, sichergestellt. Lokale und kurzfristige Prioritäten sollten hierbei eine untergeordnete Rolle spielen.

2.1.4 Schlüsselprinzipien und deren Anwendung

Der Unterschied von Value Management zu anderen Managementstilen ist, dass es bestimmte Attribute gleichzeitig einbezieht, die normalerweise nicht zusammen angetroffen werden. Diese wesentlichen Faktoren werden auch weiche Erfolgsfaktoren genannt. Sie tragen dazu bei, dass der Einsatz von Value Management erfolgreich Wirkung zeigt (Jehle 1996).

Die Methodik vereint folgende Elemente in einem einzigen System (vgl. Abb. 2.4)

- Management
- Positive Menschliche Dynamik (Verhaltensweisen)
- Beachtung externer und interner Umfeldfaktoren
- Wirksamer Einsatz von Methoden und Werkzeugen

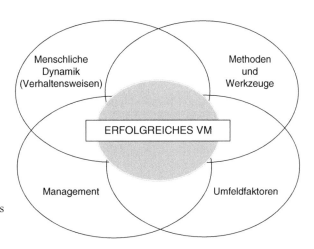

Abb. 2.4 Erfolgsfaktoren des Value Managements. (Nach DIN EN 12973 2000)

Im Folgenden soll auf die einzelnen Elemente kurz eingegangen werden.

Management

Um die Anwendung des Wert- und Funktionenkonzeptes sicherzustellen kombiniert der Value Management-Stil mehrere wesentliche Eigenschaften. Dazu zählen die Förderung von Teamarbeit und Kommunikation sowie eine Konzentration darauf, was Dinge tun und wie sie wirken und weniger darauf, was sie sind (funktionaler Ansatz). Des Weiteren wird eine Atmosphäre, die zu Kreativität und Innovation ermutigt geschaffen und ein Schwergewicht auf die Anforderungen des Kunden gelegt. Alternativen sollen quantitativ bewertet werden, um eine solide Grundlage zum Vergleich unterschiedlicher Wahlmöglichkeiten zu erhalten.

Menschliche Dynamik (Verhaltensweisen)

Die wahrscheinlich wertvollste Ressource, die jedes Unternehmen besitzt, sind die jeweiligen Mitarbeiter. Aus diesem Grund ist es enorm wichtig diese Ressource bestmöglich zu nutzen. Technische Fähigkeiten, Managementfähigkeiten und die Fähigkeit zur Kommunikation müssen individuell richtig angesprochen werden, damit die Mitarbeiter ihre beste Leistung erbringen.

Ein wesentlicher Teil, ob ein Projekt ein Erfolg wird oder nicht, hängt von der Zusammenarbeit der Mitarbeiter untereinander ab. Value Management berücksichtigt genau diese zwischenmenschlichen Beziehungen in dem es folgende Punkte ganz besonders beachtet:

Teamarbeit

Die Zusammenarbeit von Menschen wird gefördert, um gemeinsame Lösungen zu erzielen und Konfrontationen abzubauen. Teamarbeit ist für das Erreichen von wirkungsvollen Ergebnissen enorm wichtig. Ein weiterer wichtiger Punkt ist eine vernünftige Teamgröße von ca. fünf bis sieben Personen, die der Wirksamkeit der Arbeit angemessen ist. Jedes Mitglied kann einen unterschiedlichen, aber nützlichen Beitrag im Team leisten. Erfolgreiches Arbeiten ist nur mit einem neutralen Teammoderator, Spezialisten der unterschiedlichen Bereiche sowie evtl. auch weniger involvierten Mitgliedern möglich.

Ein gut ausgewähltes und geschultes Team, das wirkungsvoll kommuniziert, wird mit Synergie arbeiten, eine erhöhte Leistung erbringen und bereit sein, für das erarbeitete Ergebnis und für dessen Umsetzung Verantwortung zu übernehmen. Details zur Teamarbeit finden sich in einem separaten Kapitel in diesem Buch.

Zufriedenheit

Anerkennung und Lob für individuelle Beiträge und Teamergebnisse werden von Moderatoren und Vorgesetzten erteilt. Der Mensch wird als Ganzes betrachtet und nicht nur auf seine Arbeitsleistung reduziert. So steigt die Motivation und Zufriedenheit der Mitarbeiter und die Qualität ihrer Arbeitsergebnisse.

Kommunikation

Kommunikation bildet die Grundlage jeglicher Zusammenarbeit zwischen unterschiedlichen Menschen. Indem die zwischenmenschliche Kommunikation verbessert wird, wird ein allgemein besseres Verständnis untereinander erreicht. Das Zustandekommen von Gruppenentscheidungen wird unterstützt.

Ein großer Vorteil von Value Management ist die Verbesserung der Kommunikation zwischen den Mitarbeitern der verschiedenen Unternehmensbereiche oder Disziplinen. Dies beruht zum Einen auf der allgemeinen Förderung der Kommunikation, zum Anderen aber auch durch die häufige Anwendung von Teamarbeit.

Mut zum Wandel
Die Beschäftigten in einem Unternehmen sollten Ihr Handeln kritisch in Frage stellen und sich nicht ausschließlich am „Status quo" orientieren. Vorteilhafte Veränderungen müssen umgesetzt werden können. Dadurch steigt die Motivation der Mitarbeiter, stetig Verbesserungen zu bewirken.

Eignerschaft (Ownership)
Ein wichtiger Bestandteil ist, dass die Mitarbeiter sich mit Ihrer Aufgabe identifizieren und somit die Verantwortung für ihr Handeln übernehmen. Die Eignerschaft an den Ergebnissen von Value Management-Aktivitäten wird durch die für ihre Realisierung verantwortlichen Personen übernommen.

Umfeldfaktoren
Das Umfeld, in welchem das Unternehmen, die Organisation oder auch das Projekt agiert, muss bei jeder einzelnen Managementaktivität berücksichtigt werden.

Die Umfeldfaktoren stellen hierbei die Rahmenbedingungen innerhalb und außerhalb des Unternehmens dar.

Es müssen externe Bedingungen für das Unternehmen, die Organisation oder das Projekt, auf welche die Manager nur geringen oder keinen Einfluss haben, berücksichtigt werden. Diese Bedingungen können sowohl Chancen als auch Restriktionen (Vorgaben) sein.

Hierbei wird ebenso das weitere Umfeld berücksichtigt. Hierzu gehören z. B. Kunden und Lieferanten, Gesetzes- und Verwaltungsvorgaben, ökologische Erwägungen und vieles andere mehr.

Weitere Beispiele für externe Umfeldfaktoren sind:

- Nationale und internationale Gepflogenheiten, Verfahrensregeln, soziales und wirtschaftliches Verhalten u. a.
- Marktbedingungen, Mitbewerber und Zulieferer
- Physische Grenzen und Infrastruktur
- Begrenzte Verfügbarkeit von Ressourcen

Ebenso können innerhalb eines Unternehmens Bedingungen existieren, die evtl. nur zum Teil von den Managern beeinflusst werden können. Beispiele hierfür wären:

- Interne Politik und organisatorische Regeln
- Wissen, Erfahrung und Fähigkeiten des Personals
- Kultur des Unternehmens und Beziehungen zwischen den Menschen
- Bestehende Organisation und Geschäftsprozesse
- Finanzielle Grenzen

Die externen und internen Bedingungen legen die Freiheitsgrade innerhalb der Projektarbeit fest. Diese müssen im Vorfeld genau ermittelt und gegebenenfalls quantifiziert werden. Ein Hinterfragen der Restriktionen, besonders wenn diese sich im Projekt als hinderlich für die Zielerreichung herausstellen, ist jedoch ratsam.

2.1.5 Die Value Management Rahmenstruktur

Innerhalb eines Unternehmens, in dem Value Management effektiv angewendet werden kann, muss eine bestimmte Rahmenstruktur vorhanden sein. Diese stützt sich auf folgende Bausteine:

- Wertkultur
- Value Management Grundsätze
- Value Management Programm und Organisation
- Durchführung von Value Management Studien
- Schulung

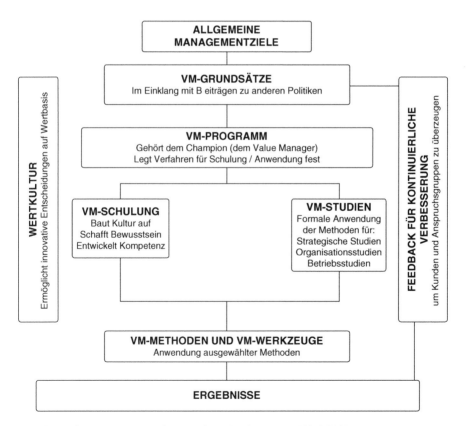

Abb. 2.5 Value Management Rahmenstruktur. (Nach DIN EN 12973 2000)

Diese greifen ineinander und setzen bei den allgemeinen Managementzielen an (vgl. Abb. 2.5).

Wertkultur
Das bereits beschriebene Wertekonzept ist in einer besonderen Wertkultur im Unternehmen verwurzelt. Diese Wertkultur muss auf Unternehmensebene präsent sein, auch wenn sie nicht unbedingt im Value Managementprozess eingebunden ist. Sie spiegelt sich in der Art und Weise wieder, wie die Geschäfte innerhalb des Unternehmens abgewickelt werden und wie der Umgang mit Chancen und Herausforderungen von ihren Mitgliedern ist. Diese Kultur umfasst eine verantwortungsbewusste Art zu denken und das Bewusstsein, was Wert für die Organisation bzw. das Unternehmen bedeutet. Mitarbeiter sollten wissen, wofür das Wertkonzept innerhalb des Unternehmens steht sowie die Konzepte und verwendeten Werkzeuge und deren Bedeutung kennen. Diese Wertkultur kann von einem Unternehmen zum anderen variieren. Innerhalb ein und desselben Unternehmens sollte jedoch ein homogenes Wertempfinden vorhanden sein.

Value Management Grundsätze
Für die praktische Umsetzung von Value Management innerhalb eines Unternehmens ist es wichtig, Value Management Grundsätze bzw. Richtlinien zu etablieren. Diese Grundsätze müssen alle Aspekte des Value Managements ansprechen. Sie sind an den Unternehmenszielen auf der Topmanagementsebene ausgerichtet, somit können sie auf alle anderen Aktivitäten und Ziele angewendet werden.

Um die Erwartungen der unterschiedlichen Anspruchsgruppen (Stakeholder), der externen Kunden und häufig auch der Finanz-Analysten zu erfüllen, muss das Topmanagement eine nach außen gerichtete Politik praktizieren. Das mittlere Management übernimmt die Verantwortung für die internen Fragen. So ist es möglich, die Ergebnisse zu liefern, die das Topmanagement unterstützt. Beide Aspekte spiegeln sich in den Value Management Grundsätzen wider.

Die Ausrichtung der Value Management Grundsätze wird auf der Ebene des Topmanagements entschieden. Die Verantwortung hierfür sollte einem Lenkungsausschuss oder einer einzelnen Führungskraft übertragen werden.

Value Management-Programm und Organisation
Um nachhaltige Value Management Grundsätze zu erwirken, muss ein gut geplantes und wohl strukturiertes Value Management-Programm im Unternehmen implementiert werden. Dieses umfasst die Aktivitäten, die der Einführung, Entwicklung und Aufrechterhaltung der Value Management-Grundsätze dienen. Die Verantwortung hierfür sollte ein einzelner Mitarbeiter, der Value Manager, übernehmen. Dieser berichtet direkt an die obersten Managementebenen und kann der Vorsitzende des Lenkungsausschusses sein.

Sein Aufgabenspektrum umfasst unter anderem:

- Sammeln und Festlegen passender Objekte für Value Management-Studien
- Definieren des jeweiligen Studienumfangs
- Schätzen des angestrebten Nutzenzieles

- Bilden passender Teams und Bestimmung von Team-Moderatoren
- Organisieren der erforderlichen Schulung
- Überwachen des Fortschritts der Studie und gegebenenfalls Unterstützen
- Sicherstellen einer effizienten Abwicklung der Studie durch Personen mit entsprechender Kompetenz

Der Lenkungsausschuss ist verantwortlich für die Aufstellung und konkrete Umsetzung des Value Management-Programms.

Dieses sollte folgende Punkte enthalten:

- Integration von Value Management in das Unternehmen und Entwicklung von Abläufen
- Quantifizierte Ziele, Erfüllungsgrade und andere Mittel zur Bewertung von Ergebnissen
- Value Management-Studien
- Angemessene Ressourcen, Teams, Zeitpläne und Budgets
- Plan für den entsprechenden Einsatz der Ressourcen
- Schulung und Bewusstseinsbildung für Mitglieder des Unternehmens
- Unterstützung von Nicht-Value Management-Studien
- Management-Aktivitätenplan zur Umsetzung der Ergebnisse von Value Management-Studien
- Mechanismen für ein Feedback der Ergebnisse und eine kontinuierliche Verbesserung (z. B. mithilfe eines Leitfadens für das Vorgehen)

In kleineren Unternehmen ist es auch möglich, dass der Lenkungsausschuss nur mit einer Person besetzt ist. Wichtig ist immer, dass klare Verantwortlichkeiten vergeben werden

Value Management-Studie
Eine Value Management-Studie beinhaltet die Anwendung von einer oder mehreren Methoden auf ein spezifisches Objekt. Dies kann ein Produkt, ein Prozess oder eine Dienstleistung sein. Hierbei werden die wirtschaftlichen, technischen, qualitativen, funktionalen, strategischen u. dgl. Aspekte integriert.

Die Studie wird von einem Leiter geführt und hat im Vorfeld fest definierte Ziele. Der Ablauf einer Studie verläuft nach folgendem Plan (vgl. Abb. 2.6):

1. Definition der Ziele der Value Management-Studie unter Bezugnahme auf die Value Management-Grundsätze und das Value Management-Programm
2. Festlegen der Methoden und der unterstützenden Prozesse, die zur Zielerreichung benötigt werden. Auswahl des Teams inklusive der eventuell erforderlichen Schulung
3. Bestimmen der Funktionen, die für die Zielerreichung wesentlich sind und zusammengenommen im angestrebten Ziel resultieren
4. Definition, wie die Zielerreichung der Studie gemessen wird, z. B. in x % mehr Deckungsbeitrag
5. Herunterbrechen der Ziele auf Funktionenebene

2 Value Management und Wertanalyse

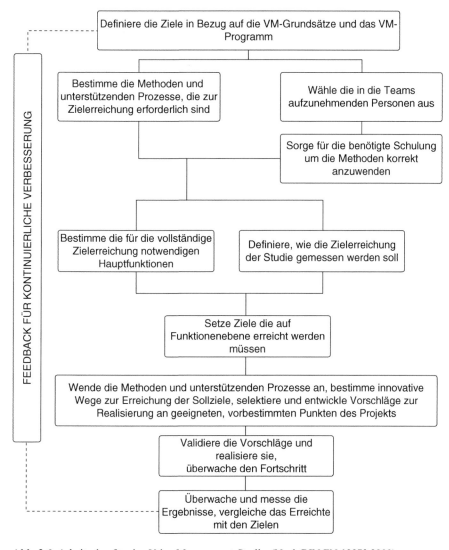

Abb. 2.6 Arbeitsplan für eine Value Management-Studie. (Nach DIN EN 12973 2000)

6. Anwenden der Methoden und der unterstützenden Prozesse zur Identifizierung innovativer Möglichkeiten der Zielerreichung
7. Auswahl und Bewerten der Verbesserungsvorschläge
8. Realisierung der Vorschläge, die vom Entscheidungsträger ausgewählt wurden
9. Erfassen und Messen der Ergebnisse und Vergleich mit den Zielen
10. Feedback der Ergebnisse zwecks kontinuierlicher Verbesserung des Value Management-Programmes

Wichtig ist die Definition von Zielen für eine Value Management-Studie. Diese können sich an den allgemeinen Managementzielen anlehnen, oder sie werden spezifisch für jede einzelne Studie definiert. Sie sollten jedoch unbedingt quantifizierbar sein.

Der oben beschriebene Arbeitsplan ist der übergeordnete Value Management-Arbeitsplan. Er kann durch spezifische Arbeitspläne der angewendeten Methoden, welche im Schritt 2 definiert werden, noch ergänzt und detailliert werden. So greift z. B. der zehnstufige Arbeitsplan der Wertanalyse homogen in das Gefüge des Value Management Arbeitsplans ein. Weitere Details zum Wertanalyse Arbeitsplan sind in Kap. 2.2.7 beschrieben.

Die Anwendung der Wertanalyse ist sicherlich die häufigste Methode innerhalb einer Value Management-Studie, ist jedoch keine Voraussetzung. Eine Studie kann ebenso eine oder mehrere andere Methoden (vgl. hierzu Kap. 2.1.6) enthalten. Sie werden entsprechend ihrer Eignung für den jeweiligen Studientyp ausgewählt. Bestehende Kompetenzen innerhalb des Unternehmens müssen hierbei natürlich berücksichtigt werden.

Neben den in Abb. 2.6 dargestellten Pflichten, ist es nötig, dass der verantwortliche Leiter der Studie einen Zeitplan erstellt und die benötigten Ressourcen festlegt. Dieser Zeitplan sollte mit den verfügbaren Ressourcen und den damit verbundenen Aktivitäten oder Ereignissen innerhalb und außerhalb des Unternehmens abgestimmt sein.

Nach Abschluss und Realisierung der Ergebnisse einer Studie, sollte der verantwortliche Leiter eine Überprüfung vornehmen. Diese stellt sicher, dass alle positiven Ergebnisse auch wirklich realisiert worden sind. Auf diese Weise wird die Basis für ein Feedback zum Vorteil künftiger Studien hergestellt.

Es gibt viele Interaktionen vom typischen Projektmanagement, wie es in den meisten Unternehmen bereits etabliert ist, und Value Management. Der Kern des

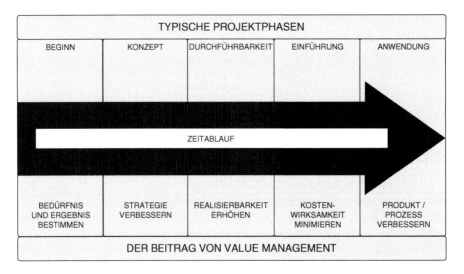

Abb. 2.7 Zusammenspiel von Value Management und Projektmanagement. (DIN EN 12973 2000)

klassischen Projektmanagements bietet die Grundlage des methodisch angeleiteten Arbeitens. Es werden Ablaufpläne erstellt und Meilensteine gesetzt (Pahl 2007). Die Beiträge des Value Managements hierzu können entweder kontinuierlich sein, oder sie konzentrieren sich auf spezifische Probleme, die eine besondere Aufmerksamkeit erfordern. Das Zusammenspiel der beiden Elemente wird in Abb. 2.7 dargestellt.

Value Management-Schulung
Besonderes Augenmerk muss auf die Schulung der Methoden gelegt werden. Es muss sichergestellt sein, dass bevor Studien innerhalb eines Unternehmens durchgeführt werden, ausreichend Fähigkeiten vorhanden sind. Dies kann entweder durch externe Hilfe, in Form von Beratern, oder durch Aufbau von internem Know-How geschehen. Schulung ist zum Einen notwendig, um die Wertkultur innerhalb des Unternehmens richtig zu entfalten und zum Anderen, um die Managementkompetenz und die Fähigkeiten zu entwickeln, die im Rahmen des Value Management-Programmes zur Anwendung kommen.

Vor Beginn müssen Kompetenzniveaus für jede Methode bestimmt werden, die im Unternehmen angewendet werden soll. Ausgehend von diesen Niveaus werden in einem weiteren Schritt die Schulungsintensitäten festgelegt. Ein besonderer Schwerpunkt sollte in folgenden Bereichen gelegt werden:

- für höhere Manager zur Unterstützung der Value Management-Aktivitäten
- für Value Management-Studienleiter und Teammoderatoren, die die Methoden später anwenden müssen
- für Teammitglieder zur Sicherstellung einer wirksamen Teilnahme an den Studien
- für andere Mitarbeiter, um diese in die Lage zu versetzen, Informationen für die Studien zur Verfügung zu stellen und ein Wertbewusstsein zu entwickeln

Bei der Schulung der Mitarbeiter der Ausführungsebene, sollte darauf geachtet werden, dass die verwendeten Beispiele für eine Schulung geeignet und nicht zu komplex sind. Wird dieser Punkt nicht beachtet ist ein Scheitern der Einführung der Value Management-Aktivitäten vorprogrammiert. Kritiker werden das nicht erfolgreiche Abschließen eines überforderten Teams als Beispiel anführen, dass die Methode ungeeignet ist für eine Anwendung in dem jeweiligen Unternehmen. Von Zeit zu Zeit, mit Zuwachs an Erfahrung der Beteiligten, kann die Methodik auch auf Prozesse und komplexere strategische Probleme angewendet werden. Durch ständiges Training mittels Anwendung der Value Management Methoden, sollen das Verständnis und die Fähigkeiten der eingesetzten Personen gesichert bzw. gesteigert werden (Zentrum Wertanalyse 1995).

2.1.6 Methoden und Werkzeuge

Die Value Management Methoden können in zwei Klassen eingeteilt werden. Zum einen die Methoden, die zum Abwickeln einer Value Management-Studie anhand des Value Management-Arbeitsplans benötigt werden. Zum anderen in die einzelnen

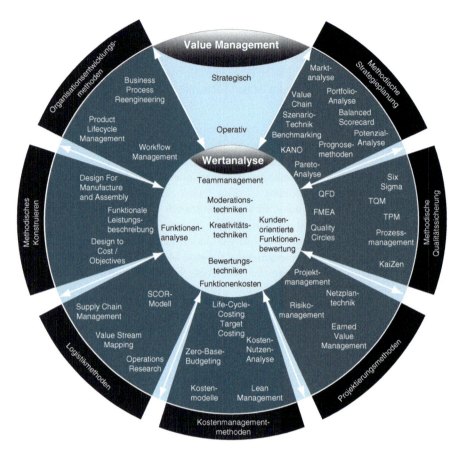

Abb. 2.8 Methodenpool des Value Managements. (Nach Marchthaler 2008)

Techniken und Methoden, die innerhalb einer Value Management Studie zum Einsatz kommen. Wie im Kap. 2.1.5 bereits beschrieben ist die Wertanalyse einer der Tools die am häufigsten angewendet wird. Eine Übersicht über die Fülle der möglichen Methoden, ist in Abb. 2.8 zu sehen. In diesem wird deutlich, dass die Methoden der Wertanalyse auch den Kern des Value Managements darstellen. Funktionales Denken, Kreativität und Teamarbeit sind wesentliche Bestandteile des Value Managements.

2.2 Wertanalyse

In diesem Kapitel werden die Grundlagen der Methode Wertanalyse hergeleitet und der geschichtliche Werdegang gezeigt. Aufbauend darauf werden die Zielsetzungen und die WA-Objekte beschrieben. Bevor auf das Kernstück, der Arbeitsplan, eingegangen wird, werden die System- und Objektvoraussetzungen beschrieben.

2.2.1 Definition Wertanalyse

Die Wertanalyse (WA) bildet den historischen Ursprung des Value Managements.

In der DIN EN 1325-1 wird die Wertanalyse als ein organisierter und kreativer Ansatz definiert, der einen funktionsorientierten und wirtschaftlichen Gestaltungsprozess mit dem Ziel der Wertsteigerung eines WA-Objektes zur Anwendung bringt (DIN EN 1325-1).

Laut dieser Aussage ist Wertanalyse eine Methode, um den Wert eines Objektes zu steigern. Konkretisiert wird diese Definition durch die Anmerkung, dass dieser Prozess von einem Team durchgeführt und durch einen festen Arbeitsplan strukturiert sein soll. In einer früheren Norm wird die Wertanalyse als ein System zum Lösen komplexer Probleme die nicht oder nicht vollständig algorithmierbar sind, dargestellt (DIN 69910). Die Methode zielt also nicht auf Probleme ab, die technisch einfach mit bewährten Verfahrensweisen zu lösen sind. Es soll sich um komplexe Probleme handeln, deren Bewältigung meist ein funktioneller und wirtschaftlicher Kompromiss der Interessen sämtlicher Anspruchsgruppen ist. Eine detaillierte Definition ist in (Zentrum Wertanalyse 1995) zu finden: „Wertanalyse ist eine schrittweise, anwendungsneutrale Vorgehensweise, bei der die Funktionen eines Objektes unter Vorgabe von Wertzielen durch interdisziplinäre Teamarbeit, ganzheitliche Problembetrachtung und mit Hilfe von Ideenfindungsmethoden hinsichtlich Nutzen und Aufwand entwickelt bzw. verbessert werden" (Zentrum Wertanalyse 1995).

Alle Wertanalysen beinhalten die gleichen Grundelemente. Die Analysen werden durch einen einheitlichen Arbeitsplan geregelt, nutzen eine funktionsorientierte Sichtweise der Objekte und arbeiten mit interdisziplinären Teams. Eine besondere Beachtung erfährt dabei der Arbeitsplan, da dieser den „roten Faden" der Analyse bildet.

2.2.2 Geschichtlicher Werdegang der Wertanalyse

Wertanalyse hat sich seit über 60 Jahren bewährt und stetig weiterentwickelt. Eine detaillierte Darstellung der einzelnen Entwicklungsphasen ist in Abb. 2.9 abgebildet.

Ins Leben gerufen wurde diese Methode von Lawrence D. Miles im Jahre 1947 (Miles 1964). Die Zeit nach dem Krieg war durch starke Nachfrage aber extreme Rohstoffknappheit gekennzeichnet. Miles entwickelte die Methode, um knappe Ressourcen zu substituieren. Er bemerkte aber schnell, dass dadurch ebenfalls beträchtliche Kosteneinsparungen, durch das Lokalisieren unnötiger Kosten möglich waren. Die Wertanalyse entwickelte sich zu einer sowohl schöpferischen als auch systematischen Methode, die unnötige Kosten von Produkten aufdecken und eliminieren kann. Miles nannte dies zu seiner Zeit Value-Analysis.

Das von ihm entwickelte System enthält grundlegende Elemente, die bis heute gelten. Dazu zählt vor allem das Loslösen von Form, Beschaffenheit und

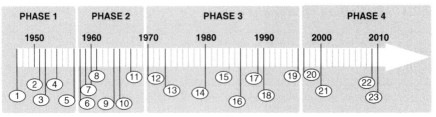

① Miles wird beauftragt, eine systematische Methode zu entwickeln
② Geburtsstunde der Methode Value Analysis.
③ Erstes WA-Seminar bei General Electric.
④ Aufnahme der WA in den Beschaffungsaufträgen der US-Marine.
⑤ Erste Publikationen in Deutschland
⑥ Geburtsjahr der WA in Deutschland, Frankreich, Belgien und England.
⑦ Bildung von SAVE (Society of American Value Engineers). Veröffentlichung des "Test for Value".
⑧ Miles wird Präsident von SAVE. Miles veröffentlicht sein Werk "Technique of Value Analysis".
⑨ Miles Werk ‚Technique of Value Analysis' wird in die deutsche Sprache übersetzt. Anreizklauseln der "Armed Procurement Regulations".
⑩ Mitte der 60er vermehrter Einsatz der WA in Deutschland.
⑪ Gründung VDI-Gemeinschaftsausschuss. Erste Differenzierung VA und VE von Benz und Seeling.
⑫ Erste deutsche Richtlinie veröffentlicht (VDI 2801).
⑬ Veröffentlichung der DIN 69910
⑭ Erstmalige Erscheinung des Begriffes ‚Value Management'
⑮ Gründung vom deutschen Zentrum WA (VDI-ZWA)
⑯ Veröffentlichung des Handbuches vom Department of Defence.
⑰ Gründung des Innovationsförderprogrammes SPRINT.
⑱ American National Standard Institute setzt VA gleich VE.
⑲ Übernahme der europäischen Norm EN 1325-1 in Deutschland, Österreich, Frankreich und Niederlande.
⑳ Gründung VDI Gesellschaft für Systementwicklung und Produktgestaltung (GSP)
㉑ Beginn der Zertifizierung PVM / TVM
㉒ Reorganisation der VDI-GSP in der VDI Gesellschaft für Produkt- und Prozessgestaltung (GPP)
㉓ Veröffentlichung endgültige Version VDI 2800 (2010)

Abb. 2.9 Entwicklungsphasen der Wertanalyse. (Eigenes Bild)

Material, um sich ausschließlich an den elementaren Funktionen der Produkte bzw. Einzelteile zu orientieren. Aber auch das Arbeiten in interdisziplinären Teams und das Anwenden eines strikt geregelten Arbeitsplans gehören zu diesen Elementen (Kaniowski und Gasthuber 1992).

Erst später rückt immer mehr die Wertgestaltung in den Mittelpunkt (Value-Engineering). Hierbei sollen bereits in der Planungsphase unnötige Kosten eingespart werden. Das Potential zur Wertsteigerung in der Produktentwicklung ergibt sich aus der bis dorthin gängigen Vorgehensweise. Neue Produkte werden durch rasches und funktionell orientiertes Konstruieren entwickelt, mit dem ausschließlichen Ziel, einen möglichst hohen Gebrauchswert für den potentiellen Kunden zu schaffen. Erst der spätere Wettbewerb ist Auslöser für Kostensenkungen (Christmann 1973). Diese Vorgehensweise ist zwar weit verbreitet, lässt aber außer Acht, dass Änderungskosten an fertigen Produkten bzw. Prozessen wesentlich höher sein können, als die Kosten einer längeren aber dafür genaueren Planungsphase (vgl. Abb. 2.10).

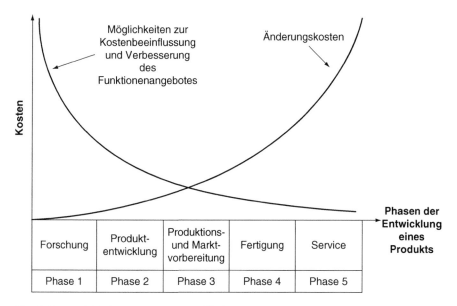

Abb. 2.10 Vergleich der Entwicklungs- und Änderungskosten. (Kaniowski und Gasthuber 1992)

Daher wird die Wertanalyse eingesetzt, um schon in der Planung dem Wertgedanken Rechnung zu tragen. Das Ergebnis ist die Einführung eines Produktes, welches sich bereits zu diesem Zeitpunkt nahe am Kostenoptimum bewegt.

Die Wertanalyse etabliert sich Ende der sechziger Jahre in Deutschland, mit der Gründung des „VDI-Arbeitskreises Wertanalyse". 1970 entsteht die erste deutsche VDI-Richtlinie zum Thema Wertanalyse mit dem Titel: Wertanalyse – Begriffsbestimmungen und Beschreibung der Methode (VDI 2801). Die weitere Entwicklung der Richtlinien ist Abb. 2.11 zu entnehmen. Die Zeit nach 1970 ist durch ein konstantes hohes Wachstum gekennzeichnet. Das vorherrschende Wirtschaftsklima lässt die Unternehmen expandieren, so dass die Wertanalyse einige Rationalisierungserfolge durch die Anwendung der Methode auf Prozesse bzw. Abläufe erzielen kann (Automatisierung bzw. Umsatzsteigerung durch Produktionssteigerung). Auch wenn sich die Methode weiterentwickelt hat, so mangelt es doch meistens an der flächendeckenden Umsetzung dieser Entwicklungen. Weiterhin ist das Haupteinsatzgebiet der Wertanalyse die Kostensenkung.

2.2.3 Ziele der Wertanalyse

Vorrangiges Ziel der Wertanalyse ist die Optimierung des Unternehmenswertes durch beispielsweise einen höheren Gewinn. Dies wird durch kostengünstigere Produkte, verbesserte Prozesse und Dienstleistungen erreicht. Wird die Wertanalyse bei der Planung von neuen Produkten oder Produktprogrammen angewendet, spricht

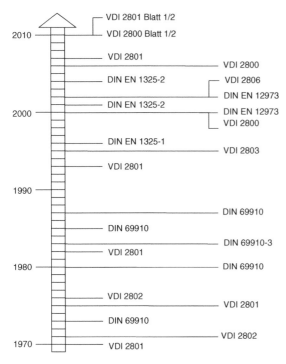

Abb. 2.11 Richtlinienentwicklung in Deutschland. (Eigenes Bild)

man von Wertplanung. Wertgestaltung wird die Anwendung von Wertanalyse in der Konzeptphase genannt. Bei bereits bestehenden Produkten hingegen spricht man von Wertverbesserung.

Dieses rudimentär formulierte Ziel der Werterhöhung sagt aber keineswegs etwas über den Weg aus, mit dem die Wertanalyse versucht, diese Ziele umzusetzen. Getreu nach dem Motto „der Weg ist das Ziel", versucht das System Wertanalyse sich von anderen Methoden nicht nur zu unterscheiden, sondern positiv abzusetzen. Die Wertanalyse bedient sich dabei einer „Ganzheitlichen Betrachtungsweise". Es sollen die Interessen und Restriktionen aller betroffenen Bereiche sowie des Umfeldes berücksichtigt werden. Dazu gehören vorrangig die Befriedigung von Nutzerbedürfnissen, aber auch ökonomische und ökologische Reglementierungen durch den Staat, das Unternehmen oder allgemein geltende Normen und Werte. Die ganzheitliche Betrachtung stellt also eine Erweiterung der zu berücksichtigenden Rahmenbedingungen dar. Die Wertanalyse soll dabei eine Methode sein, die in der Lage ist, dies besonders gut zu realisieren und wird deshalb zu einem Teil dieser Betrachtungsweise. Bevor das System in seinen Einzelheiten dargelegt wird, sind einige Voraussetzungen zu klären, die für die Wertanalyse unerlässlich sind.

2.2.4 WA-Objekte

Ein WA-Objekt ist ein entstehender oder bestehender Funktionenträger, der mit der Wertanalyse behandelt werden soll. In diesem Zusammenhang bedeutet Funktionenträger, dass ein Produkt bzw. Objekt bestimmte Funktionen (Kundenwünsche, technische Voraus- und Umsetzungen) gewährleisten muss. Folgende WA-Objekte sind möglich:

- Produkte
- Dienstleistungen
- Produktionsmittel und -verfahren
- Organisations- und Verwaltungsabläufe
- Informationsinhalte und -prozesse

Die Wertanalyse ist eine anwendungsneutrale Methode. Diese Universalität muss sich daher auch in der Art der WA-Objekte widerspiegeln. War der ausgehende Rationalisierungs- bzw. Kostensenkungsgedanke von Miles noch ausschließlich auf Produkte bezogen, so entwickelten sich die Anwendungsgebiete der Methode weiter. Die erste Erweiterung war das Einbeziehen von Dienstleistungen, die sich auch als immaterielle Produkte auffassen lassen. Bald wurde die Wertanalyse aber auch erfolgreich bei der Umgestaltung von Prozessen und Abläufen angewandt. Die Bearbeitungen von organisatorischen oder gar strategischen Problemstellungen hingegen, sind theoretisch möglich, werden aber bei einem gewöhnlichen Wertanalyse-Programm weniger vollzogen. Dies wird im Rahmen eines Value Management-Programms unter Zuhilfenahme weiterer Methoden durchgeführt.

Eine weitere Ausweitung der WA-Objekte erfolgte durch eine parallel laufende Entwicklung der Methode. Gemeint ist der bereits erwähnte Einsatz zur Wertgestaltung. Diese Problemstellungen unterscheiden sich von der Wertverbesserung dadurch, dass es keinen Ist-Zustand gibt, sondern nur einen angestrebten Soll-Zustand. Die Voraussetzungen, die die WA-Objekte erfüllen müssen, werden im Kap. 2.2.6 näher beschrieben.

2.2.5 Systemvoraussetzungen

Jedes Unternehmen, dass das System Wertanalyse benutzen bzw. mit ihm ein Problem lösen möchte, ist natürlich an einer optimalen Umsetzung interessiert. Dafür ist ein optimales Unternehmensumfeld notwendig, in das die Wertanalyse eingebettet ist. Wie beim Value Management wird das System Wertanalyse durch die drei Säulen Methodik, Management und Verhaltensweisen getragen, welche in einem spezifischen Umfeld aufgestellt sind (VDI 2800 2010). Dies wird im sogenannten Wertanalyse-Tisch in Abb. 2.12 dargestellt.

Im Bereich Methodik gilt es einige Grundregeln zu berücksichtigen (Zentrum Wertanalyse 1995):

Abb. 2.12 Systemelemente der Wertanalyse. (DIN EN 12973 2000)

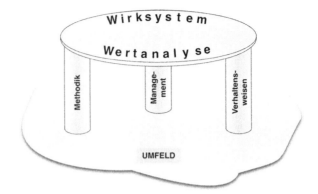

- Arbeiten in interdisziplinären Teams
- Präzise Formulierung der markt- bzw. kundenorientierten Grobziele
- Zielorientiertes Ermitteln der Objekt-Funktionen
- Funktionsorientierte Lösungssuche
- Striktes Trennen von schöpferischer und bewertender Phase
- Ganzheitliches Bewerten der Lösungsvorschläge
- Realisierung einer ausgewählten Lösung als ein im Wert gesteigertes Produkt

Diese in Kurzform dargelegten Regeln sind Teil des Arbeitsplans, der zur Wertanalyse verwendet wird. Der Arbeitsplan stellt dabei eine systematische und klar strukturierte Vorgehensweise dar, die aus logisch aufeinander folgenden Einzelschritten besteht. Das Einhalten des Arbeitsplanes ist Grundvoraussetzung für eine erfolgreiche Wertanalyse. Ein ständiger Abgleich der Ergebnisse mit den Zielen ist unabdingbar.

Die zweite Säule der Wertanalyse sind die menschlichen Verhaltensweisen. Sie beeinflussen wesentlich das Erfolgspotential. Wichtige Faktoren sind (Zentrum Wertanalyse 1995):

- Probleme erkennen, beschreiben sowie darstellen (Ermöglichen und Fördern von Lösungsansätzen)
- Kooperatives Verhalten
- Bereit sein, Informationen anzunehmen und abzugeben
- Ungewohntes akzeptieren (Lösungen, Vorgehen, Verhaltensweisen, …)
- Bisheriges ständig in Frage stellen (Suche nach dem Optimum)

Zusätzlich zu den hier aufgeführten Verhaltensweisen kommen allgemein jene noch hinzu, die eine Realisierung der Ziele begünstigen. Dies impliziert oft das Ändern bisheriger persönlicher Eigenschaften und Attitüden, egal ob es sich um Vorgesetzte oder Mitarbeiter handelt. Für Erstere ist es wichtig Fähigkeiten, wie geschicktes und verantwortliches Delegieren, zu beherrschen. Aber auch die Aneignung und das Praktizieren eines Verhaltens, welches Kreativität und eine positive Atmosphäre fördert, ist unerlässlich. Für die Mitarbeiter eines Teams hingegen gilt es, den Erfolg des Teams vor den eigenen zu stellen. Das Arbeiten in einem Team ist aber auch für jeden Beteiligten eine Chance, sich zu qualifizieren bzw. sich zu profilieren.

2 Value Management und Wertanalyse

Die dritte Säule des Systems Wertanalyse ist das Management. Aufgaben, die in diesen Bereich fallen, sind vor allem (Pauwels 2001):

- WA einführen
- Wertanalytische Weiterbildung sicherstellen
- WA-Objekte auswählen

Eine schlecht durchgeführte Wertanalyse sowie die Benutzung eines unpassenden Arbeitsplanes liefern nicht die gewünschten Ergebnisse. Diese Tatsache ist wohl selbstverständlich. Jedoch ist eine korrekte Anwendung der Wertanalyse keine Garantie für gute Ergebnisse. Die Wertanalyse ist durch ihr organisiertes und systematisches Vorgehen in der Lage, Wissen und Fähigkeiten der Beteiligten zu bündeln und in die richtige Bahn zu lenken. Die Methode allein kann allerdings kein neues Wissen oder neue Fähigkeiten generieren und kann daher auch unzureichendes Fachwissen oder fehlendes Können nicht ersetzen. Von entscheidender Bedeutung sind deshalb die bestehende Ausbildung, das vorhandene Wissen und die Weiterbildung der Beteiligten. Diese gilt es, auf lange Sicht hin zu sichern. Daraus folgt, dass die Unternehmensführung und das Topmanagement die Verantwortung für eine aktuelle und kontinuierliche Weiterbildung haben. Nur so kann ein Unternehmen, das mit der Wertanalyse operiert, auf Dauer konkurrenzfähig und erfolgreich bleiben.

Nach Kaniowski stellt Wertanalyse meistens eine mittelfristige Investition dar (Kaniowski und Gasthuber 1992). Gerade Neuentwicklungen verschlingen immense zeitliche wie finanzielle Mittel, bevor sie sich amortisiert haben und Gewinn abwerfen. Über die Chancen und Risiken müssen sich alle Beteiligten, vor allem aber die Unternehmensleitung, im Klaren sein. Die Methode muss im ganzen Unternehmen akzeptiert und von allen unterstützt werden. Nur dann kann eine wertsteigernde Umsetzung gewährleistet werden. Wird die Wertanalyse als Spielerei bzw. Beschäftigungstherapie betrachtet oder erhält von der Leitung keinerlei Rückendeckung, so ist eine erfolgreiche Umsetzung sicher nicht zu erwarten und der Aufwand wäre sinnlos. Es gilt also, bei allen Beteiligten ein wertanalytisches Bewusstsein zu entwickeln und zu pflegen.

Auch positive Erfahrungen, gerade bei und nach der Einführung, spielen eine große Rolle. Verlaufen die ersten Analysen positiv, wird das Vertrauen in die Wertanalyse wachsen. Ist der Einstieg hingegen fehlgeschlagen, fällt auch das Motivieren der Angestellten für weitere Analysen immer schwerer. Schafft es das Management also eine positive Atmosphäre zu erzeugen, die die beschriebenen Elemente

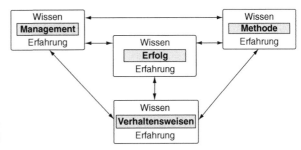

Abb. 2.13 Gegenseitige Beeinflussung der Systemelemente. (DIN EN 12973 2000)

begünstigt, lässt sich die Wertanalyse erfolgreich durchführen und der Unternehmenswert steigern. Das Gesamtsystem besteht demnach aus dem Zusammenspiel dieser drei hier aufgeführten Elemente. Um ein möglichst positives Ergebnis zu erhalten, muss berücksichtigt werden, dass sich diese Elemente auch gegenseitig beeinflussen (siehe Abb. 2.13).

Aber auch jede durchgeführte Wertanalyse trägt zur Entwicklung des Gesamtsystems bei. Gute und schlechte Erfahrungen können einen positiven oder negativen Einfluss auf die Systemelemente haben. Erfahrungen, die durch Wertanalysen gewonnen werden, übertragen sich nicht direkt, sondern erst nach einiger Zeit bzw. nach vielen Wertanalysen. Zusammenfassend lässt sich also festhalten, dass eine erfolgreiche Wertanalyse auf folgende Eigenschaften baut:

- Wertorientierte Unternehmensorganisation (-führung, -philosophie, -kultur)
- Fachliches Wissen der einzelnen Beschäftigten bzw. der am Team Beteiligten
- Methodisches Wissen bezüglich der Wertanalyse (WA-Manager/WA-Entscheidungsträger)
- Erfahrungen (Analysen, Methoden, Verhaltensweisen, Management)

Zu den wertanalytischen Fähigkeiten der Entscheidungsträger gehört auch eine erfolgsversprechende Auswahl des WA-Objektes. Dies verlangt besonders viel Erfahrung. Bei der Einführung der Wertanalyse sollten unerfahrene Unternehmen daher bei der Wahl eines WA-Managers auf externe Spezialisten zurückgreifen, die in der Methodik der Wertanalyse geschult und auf dem neuesten Stand sind.

2.2.6 Objektvoraussetzungen

Auch das zu diskutierende Problem bzw. das Wertanalyse-Objekt muss einigen Bedingungen genügen, um den Einsatz der Wertanalyse zu rechtfertigen. So muss es sich um ein nur interdisziplinär zu lösendes Problem handeln, das den Einsatz eines interdisziplinären Teams erfordert. Betrifft das Problem nur einen einzelnen Unternehmensbereich und hat keine Auswirkungen auf andere, so sollte dieses Problem auch individuell in diesem Bereich gelöst werden (Bronner 2006).

Des Weiteren sollte es sich um ein vernetztes Problem handeln, zu dessen Lösung ein Kompromiss nötig ist. Setzt sich ein optimales Ergebnis aus den optimalen Einzellösungen der verschiedenen am Team beteiligten Abteilungen zusammen, könnten die Einzelprobleme auch autark bearbeitet werden. Der Einsatz der Wertanalyse macht an dieser Stelle weniger Sinn. Es ist generell vorteilhaft, den Einsatz der Wertanalyse zu überdenken, wenn sich bereits andere, auf das spezifische Problem zugeschnittene, Methoden mehrfach bewährt haben.

2.2.7 Der Wertanalyse-Arbeitsplan

Kernstück der Methode bildet der anzuwendende Arbeitsplan. Genauso wie sich die Methode im Lauf der Zeit weiterentwickelt hat, so hat auch der Arbeitsplan eine Anpassung erfahren.

Arbeitsplan nach L. D. Miles

Neben dem gedanklichen Lösen vom Produkt und dem Arbeiten in interdisziplinären Teams, gehört auch das strukturierte und systematische Vorgehen durch einen Arbeitsplan zu den Eckpfeilern der Wertanalyse. Miles hat die folgenden Phasen definiert (Miles 1964):

1. Phase: Orientierung
2. Phase: Information
3. Phase: Möglichkeiten
4. Phase: Analyse
5. Phase: Programmplanung
6. Phase: Programmausführung
7. Phase: Zusammenstellung und Schlussfolgerung

Das Orientieren an einem strikten Vorgangsplan (Arbeitsplan) hat den Vorteil der Transparenz für jeden direkt und indirekt Beteiligten.

Der 6-Stufen und 10-Stufen Arbeitsplan

Der zurzeit am meisten in Deutschland verbreitete Arbeitsplan für die Wertanalyse ist der 6-Stufen Arbeitsplan aus der VDI 2800 2000. Dieser wurde jedoch im Zuge der Normung auf europäischer Ebene im Jahr 2010 in der Aktualisierung der VDI 2800 Richtlinie erweitert. Häufig wird der alte Arbeitsplan, als der der Wertanalyse und der neue Arbeitsplan als der des Value Managements bezeichnet. Dies ist in der Form allerdings nicht korrekt. Beide Varianten stellen Formen des Arbeitsplans der Wertanalyse dar. Der Value Management Arbeitsplan besitzt hingegen einen wesentlich geringeren Detaillierungsgrad und ist für ein breiteres Spektrum an Aufgaben vorgesehen (vgl. hierzu Kap. 2.1.5).

Die Überarbeitung des Arbeitsplans der Wertanalyse wurde nötig, da im Zuge des Value Managements die Wertanalyse immer mehr auch auf strategische Problemstellungen angewendet wird.

Stellt man den neuen und den alten Wertanalysearbeitsplan gegenüber, so stellt man fest, dass die Ausrichtung des Arbeitsplans aus der VDI 2800 2010 verändert ist. Besonders deutlich wird der Unterschied, bei Betrachtung der jeweiligen Detailschritte. Eine Gegenüberstellung der Grundschritte ist in Abb. 2.14 dargestellt, die Detailschritte des neuen Arbeitsplans werden im folgenden Kap. 3 genauer behandelt.

Vereinfacht ausgedrückt ist der aktuelle Plan genauer und ausführlicher in der Beschreibung, sowie für ein erweitertes Objektfeld vorgesehen. Dies bedeutet eine wichtige Weiterentwicklung, da die Wertanalyse zwar auch für erweiterte Problemstellung als Lösungsmethode theoretisch bereitsteht, der Arbeitsplan allerdings nicht immer auf eine Erweiterung zugeschnitten ist.

Der neue Arbeitsplan zeigt diese Erweiterung deutlich, vor allem aber die Ausrichtung auf eine marktorientierte Sichtweise. Dies zeigt sich schon in der Startphase der beiden Pläne. Hier setzt der aktuelle Plan früher an, indem eine detaillierte Projektbeschreibung vorangeschaltet wird. Bei dem 6-Stufen Plan werden die Objekte von den Entscheidungsträgern ausgewählt. Diese Entscheidung sollte natür-

Abb. 2.14 Wertanalyse-Arbeitsplan aus VDI 2800 (2000) und VDI 2800 (2010)

lich auf einer eingehenden Analyse des Objektes beruhen, der Arbeitsplan berücksichtigt dies allerdings nicht explizit.

Er beginnt mit der Übernahme des beschriebenen Projektes. Für Kostensenkungen an bereits bestehenden Produkten muss eine ausführliche Vorabanalyse auch nicht unbedingt erfolgen. Bei einer Erweiterung der behandelten Objekte in eine strategisch-wirtschaftliche Richtung sind vorgeschaltete Analysen dringend erforderlich, um das Objekt in einen sinnvollen Rahmen zu setzen und die Aussicht auf eine erfolgreiche Umsetzung zu steigern. Eine Garantie, das richtige Objekt zu definieren, kann allerdings auch der 10-Stufen-Plan nicht geben. Die Vorgehensweise ist jedoch weitaus detaillierter (Grundschritt 0). Dazu gehört nicht nur die Beschreibung des Objektes, sondern vor allem auch Machbarkeitsanalysen auf hohem Niveau, die Sinnhaftigkeit und Dringlichkeit genauso klären sollen wie Chancen, Risiken und erwartete Effekte am Markt. Erst wenn alle das Objekt betreffenden Vorbereitungen abgeschlossen sind, werden der Projektleiter und die Entscheidungsträger festgelegt. Dann erst beginnt der Teil der Studie, der mit dem ersten Grundschritt des alten Plans gleichzusetzen ist.

Der neue Arbeitsplan zeigt schon in seiner Anfangsphase die Orientierung an strategischen Problemen, indem detailliert auf marktwirtschaftliche Aspekte eingegangen wird. Dies zeigt bereits, dass die Ausrichtung an wirtschaftlichem Erfolg mindestens gleichbedeutend zu nutzwertverbessernden Zielen behandelt wird. Es erfolgt eine verstärkte Orientierung an Markt und Wettbewerb und nicht länger an einer reinen Nutzensteigerung. Das Ausnutzen von Trends und Marketingstrategien sind relevante Einflussfaktoren, die bisher nur peripher betrachtet oder gesondert behandelt wurden. Diese Ausrichtung kommt in jeder Phase des neuen Arbeitsplanes zum Ausdruck. Die Worte Wirtschaft, Wettbewerber, Kundenanforderungen und Position am Markt tauchen in den Teilschrittbeschreibungen 3, 4 und 7 immer wieder auf. Eine solche Orientierung ist gerade bei strategischen Problemstellungen wichtig.

Der aktuelle Arbeitsplan geht aber nicht nur auf die veränderte Objektstruktur ein, sondern auch auf die Zielsetzungen. Soll die Wertanalyse ein praktikables System sein, dessen Anwendung auch bei der heutigen wirtschaftlichen Situation gerechtfertigt ist, muss dieser Dynamik im Arbeitsplan Rechnung getragen werden. Am deutlichsten wird dies bei den Schritten 3 und 4 des neuen Arbeitsplanes, die den Teilschritten 2 und 3 des alten gleichzusetzen sind. Der alte Arbeitsplan ist in diesem Bereich stark an der Wertverbesserung bestehender Objekte ausgerichtet. Die Vorgehensweise „Ist-Informationen" zu suchen, daraus Funktionen abzuleiten und Kosten zuzuordnen, legt die Untersuchung eines schon vorhandenen Produktes/Objektes nahe, auch wenn dies nicht explizit ausgesprochen wird. Beim neuen Arbeitsplan dient die äquivalente Phase nur zum Sammeln von Informationen, einerseits über das Objekt selbst und andererseits über die Wettbewerbs- und Marktsituation. Ob es sich bei den Informationen um die eines Ausgangsobjektes handelt oder ob sie genereller Natur sind, wird hier offen gelassen. Aus diesen Daten werden im Schritt danach sofort Bedürfnisse bzw. deren Funktionen ermittelt. Diese Vorgehensweise ist auf innovative Wertgestaltungen ohne Ausgangsobjekt zugeschnitten.

Der dritte Unterschied der beiden Arbeitspläne ist der Abschluss der Analyse respektive der Studie. Auch hier geht der neue Arbeitsplan weiter als der alte. Es wird nicht nur die Realisierung des Projektes begleitet und dokumentiert, sondern auch detaillierte Erfahrungen mit den WA-Methoden sollen angelegt sowie Kontrolldaten festgelegt werden. Diese sollen eine Kontrolle des Objektes über längere Zeit ermöglichen, um eventuelle Abweichungen von prognostizierten Daten errechnen zu können. Eine solche systematische Sicherung wichtiger Daten ist selbstverständlich von Vorteil.

Bibliographie

Brankamp (Hrsg) (1975) Handbuch der modernen Fertigung und Montage. München: Verlag Moderne Industrie
Bronner A, Herr S (2006) Vereinfachte Wertanalyse, 4. Aufl. Schmidt, Berlin
Christmann K (1973) Gewinnverbesserung durch Wertanalyse. Poeschel, Stuttgart
DIN EN 12973 (2002) Value Management. Deutsche Fassung EN 12973: 2000 rev. Beuth, Berlin
DIN 69910 (1975) Wertanalyse-Begriffe, Methoden, bereits zurückgezogen

DIN EN 1325-1 (1996) Management, Wertanalyse, Funktionenanalyse Wörterbuch, Teil 1: Wertanalyse und Funktionenanalyse, Deutsches Institut für Normung e. V.
Jehle E, Willke M (1996) Value Management und Kaizen als Instrumente des Kostenmanagements. Kostenrechnungspraxis 40(5):255–260
Kaniowski H, Gasthuber H (1992) Das Arbeiten mit Wertanalyse. Schriftenreihe des Wirtschaftsförderinstitutes, Wien
Kaufman JJ (2001) Value management. Financial World Publishing, Canterbury
Miles LD (1964) Value engineering, 3. Aufl. Springer, München
Marchthaler J, Wigger T, Lohe R (2008) Innovatives Potenzial von Wertanalyse und Value Management. In: Maschinenbau – MB Revue 2008 – Jahreshauptausgabe des Maschinenbau, S. 30–33
Pahl G, Beitz W, Feldhusen J et al (2007) Konstruktionslehre, 7. Aufl. Springer, Berlin
Pauwels M (2001) Interkulturelle Produktentwicklung. Shaker, Aachen
VDI-Richtline (2010) VDI 2800 – Wertanalyse. Beuth, Berlin
Zentrum Wertanalyse (1995) Wertanalyse, 5. Aufl. VDI, Düsseldorf

Kapitel 3
Der Wertanalyse-Arbeitsplan

Reiner Wiest

3.1 Grundsätzliches zum Wertanalyse-Arbeitsplan

Das Herz des Systems Wertanalyse ist der zehnstufige Arbeitsplan (vgl. Abb. 3.1).

Er gliedert sich in zehn logisch aufeinander abgestimmte Arbeitsschritte. Die Logik bestimmt die Struktur des Arbeitsplans durchgängig. Sie macht die einzelnen Arbeitsschritte in ihrer Sequenz so voneinander abhängig, dass alle Schritte auf dem Weg einer erfolgreichen Problemlösung zu sehen sind. Für ein systemgerechtes Vorgehen bei der Wertanalyse sind deshalb nur die beiden folgenden Regeln wichtig:

- Kein Arbeitsschritt sollte ausgelassen werden und
- die Sequenz der Arbeitsschritte sollte eingehalten werden.

Der Wertanalyse-Arbeitsplan mit den zehn zu durchlaufenden Arbeitsschritten ist wie ein Roter-Faden-Weg zu verstehen, dessen Ziel nur dann zu erreichen ist, wenn die Systematik nicht verlassen wird.

In welcher Art der Rote-Faden-Weg des Wertanalyse-Arbeitsplans vollzogen wird und welche methodischen Instrumente in den einzelnen Arbeitsschritten bei der Projektarbeit zur Anwendung gebracht werden, bleibt der Methoden-Erfahrung des projektbegleitenden Wertanalyse-Moderators überlassen. Ein eindeutiges Erfolgs-Merkmal des Systems Wertanalyse/Value Management ist, dass innerhalb der einzelnen Arbeitsschritte die Zielorientierung der Anwendung von methodischen Instrumenten auf die Zweckmäßigkeit in der jeweiligen Projektsituation ausgerichtet ist.

In jeder Arbeitsschritt-Bezeichnung ist langjährige und vielfältige praktische Projekterfahrung in der wertanalytischen Anwendung enthalten. Aufgrund eines dauerhaften Erfahrungsaustausches und einer praxisorientierten Entwicklungsarbeit in den für die Wertanalyse zuständigen Gremien des VDI wurden und werden die beschreibenden Inhalte der einzelnen Arbeitsschritte an die globalen Anforderungen von wertanalytischen Anwendungsfeldern adaptiert und systemgerecht innoviert.

R. Wiest (✉)
Reiner Wiest Unternehmensberatung, Kirchheim unter Teck, Deutschland

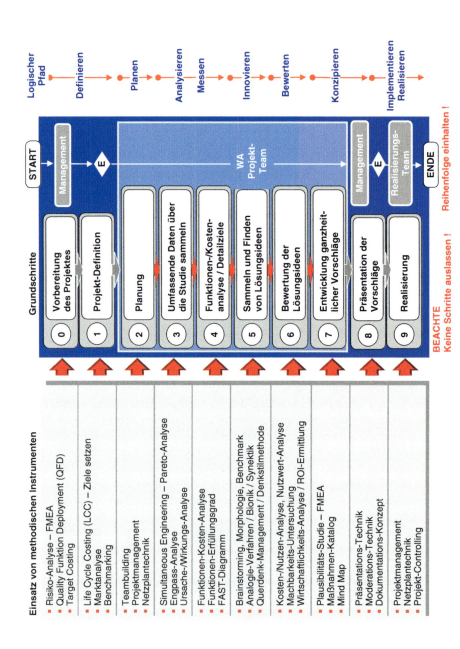

Abb. 3.1 Wertanalyse-Arbeitsplan nach EN 12 973

In den folgenden Ausführungen wird nun auf die einzelnen Arbeitsschritte des Wertanalyse-Arbeitsplanes erklärend eingegangen.

3.2 Der Arbeitsschritt 0 „Vorbereitung des Projektes"

In diesem Arbeitsschritt ist vorrangig der Auftraggeber oder das Auftraggeber-Gremium für das Wertanalyse-Projekt gefragt. Es müssen folgende für die Projektarbeit ausschlaggebenden Voraussetzungen geklärt werden:
Bei der Benennung bzw. Auswahl des Projektleiters und des Wertanalyse-Moderators in seiner Aufgabenstellung als organisatorischer Koordinator und methodischer Betreuer des Projektteams und als Effizienz-Manager der durchgängigen Projektarbeit können gegebenenfalls die beiden vorgenannten Verantwortlichkeiten auf eine Person verlagert werden. Wichtig allerdings ist, dass die Moderations-Funktion von einer Persönlichkeit wahrgenommen wird, die die erforderliche Fach-, Methoden- und Sozialkompetenz für das System Wertanalyse/Value Management und für die bei Wertanalyse-Projekten anzuwendenden methodischen Instrumente mitbringt.

Aus dem situationsbedingten ökologischen und ökonomischen Unternehmensumfeld sind Projektbearbeitungs-Notwendigkeiten für Produktsortimente, Technologien und organisatorische Geschäftsabläufe analytisch festzustellen. Innovations-, Diversifikations- oder Reengineering-Felder sind im Rahmen der jeweiligen Unternehmenspotentiale konzeptionell zu beschreiben und hinsichtlich des Risikos einer zu definierenden Projektaufgabe zu untersuchen.

In einer statischen Amortisationsabschätzung ist abzuklären, ob es sich finanziell lohnt, eine Aufgabenstellung für ein Wertanalyse-Projekt zu definieren.

Es ist von hohem Nutzen, wenn die vorgenannten Voraussetzungen für die Definition einer wertanalytischen Projektaufgabe aus der Strategie des jeweiligen Unternehmens entspringt, deren tragende Säulen autonom aus dem Wissens- und Erfahrungspotential der Unternehmensleitung entstanden sind und selbst als eigenes und spezifisches Kursbuch entwickelt wurden. Die Komplexität der Unternehmensumwelt macht es erforderlich, dass selbst entwickelte Strategien regelmäßig insbesondere hinsichtlich der jeweiligen wirtschaftlichen und politischen Marktsituation überprüft oder gegebenenfalls verändert werden.

Methodische Instrumente, die sinnvoller Weise in diesem Arbeitsschritt des Wertanalyse-Arbeitsplanes zur Anwendung gebracht werden können, sind Portfolio-Modelle, die ABC-Analyse, die SWOT-Analyse, die Szenario-Technik, Quality Function Deployment (QFD), Target Costing sowie Risiko- und Rentabilitätsbetrachtungen.

3.3 Der Arbeitsschritt 1 „Projektdefinition"

Wenn in dem Arbeitsschritt 0 „Vorbereitung des Projektes" folgende Fragen geklärt sind, kann in den nächsten Arbeitsschritt 1 übergeleitet werden:

- Welche Produkte, welche Technologien, welche Organisationsstrukturen, welche internen und externen Dienstleistungen werden von aktuellen und zukünftigen Märkten bzw. Kunden nicht mehr akzeptiert?
- Wo brechen die Umsätze ein und aus welchen Gründen?
- Wo und warum hat der Wettbewerb die Nase vorn?
- Wo muss innoviert werden?
- Wo muss verändert werden?
- Wo muss erneuert werden?
- Wo muss repariert werden?
- Wo und warum geht der Ertrag zurück?

Fragenlisten (vgl. Abb. 3.2 und 3.3) sind sicherlich hilfreich, um in dem Arbeitsschritt 1 des Wertanalyse-Arbeitsplanes die zu bearbeitende Projekt-Aufgabenstellung bzw. das Wertanalyse-Objekt so einzukreisen, dass sie mit den strategischen Vorgaben aus dem Arbeitsschritt 0 übereinstimmt.

Die Definition der Aufgabenstellung für das Wertanalyse-Projekt muss folgenden Detailanforderungen gerecht werden:

Die Zielsetzungen, die im Rahmen der Aufgabenstellung zu erreichen sind, müssen möglichst quantifiziert und ganzheitlich festgelegt werden. Nicht nur allein Kosten- bzw. Effizienzzielsetzungen sind deutlich zu machen, sondern auch Qualitäts-, Markterwartungs-, Aktualitäts-, Verfügbarkeit-, Zeit-, ökologische sowie humane Ziele (vgl. Abb. 3.4).

Für die Aufgabenstellungen müssen Schnittstellen definiert werden. Der Aufgabenumfang muss hinsichtlich seiner Projektbearbeitung machbar sein. Bei Produkt-Wertanalysen sind Produktfamilien, einzelne Produkte sowie Produktgruppen, Produktkomponenten oder Produktbereiche so abzugrenzen, dass sie nicht die Projektlaufzeit weit über ein Jahr verlängern. Dies gilt auch für technologische oder verfahrenstechnische Wertanalyse-Projekte sowie für Projekte mit strukturorganisatorischen oder ablauforganisatorischen Aufgabenstellungen. Im Sinne einer gezielten und zeitnahen Projektdurchführung ist auch hierbei eine Schnittstellen-

Abb. 3.2 Fragen für Themen von Wertanalyse-Projekte im Produktbereich

- Wo Produkte nicht mehr wettbewerbsfähig sind (zu teuer, mangelhafte Funktionen, schlechte Qualität).
- Wo Produkte mit zusätzlichen Funktionen (Zusatznutzen) benötigt werden.
- Wo neue aussichtsreiche Betätigungsfelder für das Unternehmen gefunden werden müssen.
- Wo neue gewinnbringende Produkte benötigt werden.
- Wo Produkte zu lange Lieferzeiten haben.
- Wo die Entwicklung neuer Produkte zu lange dauert.
- Wo die Produktionskapazität zu gering ist.
- Wo der Umweltschutz nicht ausreichend gewährleistet ist.
- Wo Rüstzeiten zu lang sind.
- Wo die Ausschussquoten zu hoch sind.
- Wo Lagerbestände zu hoch sind.
- Wo alte Technologien durch neue ersetzt werden müssen.
- Wo Zukunftsstrategien entwickelt werden müssen.
- Wo Dienstleistungsfunktionen nicht marktgerecht verkauft werden.

3 Der Wertanalyse-Arbeitsplan

Abb. 3.3 Fragen für ablauforganisatorische Themen von Wertanalyse-Projekten

- Wo ständig gewechselt wird.
- Wo ständig improvisiert wird.
- Wo die Arbeit sich staut.
- Wo oft Hektik herrscht.
- Wo Rückstände auftreten.
- Wo viel gelaufen wird.
- Wo immer gefragt werden muss.
- Wo niemand richtig Auskunft geben kann.
- Wo viel gesucht wird.
- Wo viel geredet wird.
- Wo Leute nie Zeit für ihre eigentliche Aufgabe haben.
- Wo viel gewartet wird.
- Wo Leute nie Zeit haben.
- Wo dauernd Fehler vorkommen.
- Wo zuviel geschrieben wird.
- Wo Termine nicht eingehalten werden.
- Wo immer wieder Überstunden gemacht werden.

Abb. 3.4 Das ganzheitliche Blickfeld für Wertkriterien

Abgrenzung erforderlich. Kurz gesagt: Die Projektdefinition gemäß Arbeitsschritt 1 des Wertanalyse-Arbeitsplanes ist umfassend in Form eines Anforderungspflichtenheftes so festzulegen, dass alle Einflussfaktoren der Marktbedürfnisse, der Wettbewerbssituation, der Mengen- und Datengerüste, der Informations- und Materialflüsse, der Hard- und Software-Strukturen sowie der Wirtschaftlichkeitsbedingungen darin enthalten und zielsetzend vorgegeben sind.

Die in der Aufgabenstellung definierten Zielsetzungen sind weitgehend quantifizierbar in messbaren Einheiten vorzugeben (vgl. Abb. 3.5).

Folgende methodischen Instrumente können in dem Stufenschritt 1 zur Anwendung gebracht werden:

- QFD (Quality Function Deployment)
- FMEA
- Life Cycle Costing (LCC)

Abb. 3.5 Mögliche Zielrichtungen für WA-Projekte, die in quantifizierten Mess-Einheiten vorgegeben werden

- Kostensenkung
- Funktionsverbesserungen
- Qualitätsverbesserungen
- Reklamationsreduzierung
- Terminverbesserung
- Kapazitätssteigerung
- Produktivitätserhöhung
- Ablaufzeitverkürzung
- Designverbesserung
- Neue Anwendungsmöglichkeiten
- Vorteile gegenüber der Konkurrenz

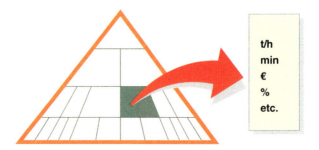

- Ziele setzen
- Marktanalyse
- Benchmarking
- Wettbewerbsanalyse
- Anforderungspflichtenheft

3.4 Der Arbeitsschritt 2 „Planung"

Erst dann, wenn die Aufgabenstellung und die Ziele des durchzuführenden Wertanalyseprojektes eindeutig durch den oder die Auftraggeber festgelegt sind, kann das Projektteam in dem Arbeitsschritt 2 gebildet werden. Da die wertanalytischen Aufgabenstellungen thematisch sehr komplex sind und deshalb immer in interdisziplinärer Teambesetzung erarbeitet werden müssen, ist die Auswahlentscheidung der Projektteammitglieder eine Angelegenheit des oder der Auftraggeber (Management). Ein wertanalytisches Projektteam ist mit Personen aus denjenigen Unternehmensdisziplinen zu bilden, die über Projekterfahrung und Fachkompetenz zum Projektthema verfügen. Das Projektteam sollte sich, je nach Komplexitätsgrad des Projektthemas aus maximal acht und minimal vier Personen zusammensetzen. Der zeitliche Ablauf für das Wertanalyse-Projekt muss durch den Projekt-Moderator in Übereinstimmung mit dem Auftraggeber geplant und hinsichtlich der erforderlichen personellen Arbeitskapazitäten budgetiert werden. In einer einführenden Kickoff-Projektsitzung, zu der die Projektteammitglieder durch das Management eingeladen werden, werden folgende Tagesordnungspunkte besprochen:

TOP 1: Vorstellung des Projekt-Themas und der Zielsetzungen mit Klärung von offenen Fragen
TOP 2: Vorstellung des Zeit- und des Kapazitätsplanes
TOP 3: Thematische und organisatorische Planung der Projektteam-Sitzungen
TOP 4: Sammlung von Arbeitspaketen, die für die erste Projektteamsitzung vorzubereiten sind und nun in dem folgenden Arbeitsschritt 3 des Wertanalyse-Arbeitsplanes zu bearbeiten sind.

Folgende methodischen Instrumente können in dem Arbeitsschritt 2 zur Anwendung gebracht werden:

- Teambildung
- Projektmanagement
- Netzplantechnik
- Kapazitätsplanungs-Techniken

3.5 Der Arbeitsschritt 3 „Umfassende Daten sammeln"

In diesem Arbeitsschritt beginnt die Projektteamarbeit. Alle relevanten Daten zum Projektthema werden gesammelt, durch die Teammitglieder aufbereitet und in der Projekt-Sitzung analysiert. Informationen zur Ist-Situation in Bezug auf Schwächen des eigenen Produktes und Stärken der Wettbewerbsprodukte werden dargestellt und bewertet. Alle direkt das Wertanalyse-Projekt beeinflussbaren Ist-Kosten werden erfasst und sortiert. Je nach Projekt-Thema können dies sein:

- Herstellkosten
- Prozesskosten
- Logistikkosten
- Materialflusskosten
- Arbeitsplatzkosten
- Entwicklungskosten
- Vertriebskosten
- Kommunikationskosten
- Kapitalbindungskosten
- Dienstleistungskosten etc.

Aber auch der immaterielle Nutzen relevanter Daten sind in diesem Arbeitsschritt bezogen auf das jeweilige Projektthema zu sammeln und zu konkretisieren, wie z. B. Qualitätsmängel, Beschränkungsprobleme durch Gesetze, Richtlinien etc., Verschwendungsprobleme, lange Wege, hohe Prozess- und Durchlaufzeiten, Technologie-Probleme, Duplizitäten, Kapazitätsengpässe, Verfügbarkeits-Probleme, Informations- und Kommunikationsprobleme, Transparenz-Probleme etc.

Auch Mengengerüste bezüglich des vorgenannten Kosten- und destruktiven Nutzungsbereiches müssen quantitativ und qualitativ ermittelt werden.

Folgende methodischen Instrumente können in dem Arbeitsschritt 3 angewendet werden:

- Pareto-Analyse
- Engpass-Analyse
- Design to Cost
- Ursache-/Wirkungs-Diagramme (ISHIKAWA-Diagramm)
- Simultaneous Engineering etc.

3.6 Der Arbeitsschritt 4 „Funktionen-Analyse/Kosten-Analyse/Detailziele"

Unter Einbeziehung der in dem vorhergehenden Arbeitsschritt 3 erfassten und sortierten Problemfelder hinsichtlich der Kosten, destruktiver Nutzen und der relevanten Mengengerüste erfolgt nun in dem Arbeitsschritt 4 die wertanalytische Strukturgebung in Markt- bzw. Nutzer-Funktionen. Hierbei gilt der spezifisch wertanalytische Denkansatz, dass jede Aufgabenstellung für ein Wertanalyse-Projekt in diejenigen Funktionen (Wirkungen) bzw. Anforderungen zu gliedern ist, die vorrangig den Markt bzw. den Nutzer interessieren, egal, ob sich die Projektthemen auf Produktinnovationen, Produktverbesserungen, Dienstleistungen, Geschäftsabläufe, Organisationsstrukturen oder Kommunikationsprozesse beziehen. Deshalb wird das jeweilige Projektthema in Markt- bzw. Nutzer-Funktionen so umfassend aufgegliedert, dass keine nutzerrelevante Funktion vergessen wird und somit ein vollständiges nutzergerechtes Anforderungsprofil vorliegt und der Ausgangspunkt für sämtliche weiteren Aktivitäten im Rahmen des wertanalytischen Vorgehens ist. Den jeweiligen nutzerbezogenen Funktionen werden die relevanten Kosten zugeordnet, so dass hierdurch die nutzerbezogenen Funktionen-Kosten als Sollzielfeld für materielle Verbesserungsansätze aufgezeigt werden (vgl. Abb. 3.6).

Desgleichen wird jede nutzerbezogene Funktion hinsichtlich ihres Funktionserfüllungsgrades bewertet (vgl. Abb. 3.7), das heißt es wird abgefragt, wie ist der Markt bzw. der Nutzer mit dem Ist-Zustand der jeweiligen nutzerbezogenen Funktion zufrieden oder unzufrieden. Hierbei kommt es auf die tatsächliche Graduierung der Kundenzufriedenheit an. Deshalb ist hier die reale Bewertung des Marketing/Vertriebs-Fachmanns im Projektteam für die Beseitigung von Kundenproblemen von ausschlaggebender Bedeutung. Bei widersprüchlichen Bewertungen sollte deshalb auf direkte Kundenbefragungen zurückgegriffen werden.

Um Ziel- bzw. Suchfelder zur Innovation oder Verbesserung der nutzerbezogenen Funktionen in dem folgenden Arbeitsschritt 5 des Wertanalyse-Arbeitsplanes zu erarbeiten, ist es insbesondere für Produktthemen zweckmäßig, die vergleichbaren Produkte eines bedeutenden Wettbewerbers in gleicher Art bzgl. der Funktionskosten und des funktionalen Erfüllungsgrades zu analysieren. Durch den direkten Vergleich der niedrigsten Kosten und der 100 %-Erfüllungen kann auf Grund des

3 Der Wertanalyse-Arbeitsplan

Nutzerbezogene Funktionen	Herstellkosten (in €) für:					Funktions-Kosten	Funktionskosten Schwerpunkt
	Material	Verzinken	Schweißen	Bitumen-Besch.	Prüfen		
Öl auffangen	30% 243 €		25% 88 €		30% 135 €	466 €	2
Kabelanschluss ermöglichen	10% 81 €		15% 53 €		10% 45 €	179 €	7
Funktionselemente aufnehmen	10% 81 €		20% 70 €		10% 45 €	196 €	5
Trafo-Station tragen	20% 162 €		20% 70 €		10% 45 €	277 €	3
Transport ermöglichen	25% 203 €				5% 22 €	225 €	4
Wasserdichtheit geben	5% 40 €		15% 53 €		20% 90 €	183 €	6
Korrosionsfestigkeit ermöglichen	—	100% 550 €	5% 18 €	100% 280 €	15% 68 €	916 €	1
Gesamt (€)	810 €	550 €	352 €	280 €	459 €	2.442 €	

Abb. 3.6 Ermittlung der Funktionskosten auf Basis der Herstellkostenkalkulation beim eigenen Produkt

Nutzerbezogene Funktionen	Technische Detailanforderungen	Funktionaler Erfüllungsgrad	Erläuterungen f.d. Erfüllungsgrad-Bewertung
Öl auffangen	500 l mindestens	100%	Nutzergerecht
Kabelanschluss ermöglichen	–40 + 40 NS/MS	90%	nur bis + 35 MS
Funktionselemente aufnehmen	Trafo/NS-bzw. MS-Schalter Gehäuse	100%	Nutzergerecht montagegerecht
Trafo-Station tragen	Sand-/Kies-/Beton-Bett	100%	Nutzergerecht
Transport ermöglichen	Anhebe-und Verzurr-Punkte	100%	Nutzergerecht
Wasserdichtheit geben	NS-Raum = wasserdicht	100%	Nutzergerecht
Korrosionsfestigkeit ermöglichen	Lebensdauer 30 Jahre RAL 3011	100%	Umwelt- und L.D.-gerecht

Abb. 3.7 Ermittlung des Erfüllungsgrades pro nutzerbezogener Funktion eines Wettbewerbsproduktes oder eines artähnlichen „Best-Practice-Produktes"

Vergleichs mit Wettbewerbern die theoretische Optimierungsrichtung eines Lösungsweges gefunden werden (vgl. Abb. 3.8).

Folgende methodischen Instrumente müssen in dem Arbeitsschritt 4 zur Anwendung gebracht werden:

- Funktionen-Analyse
- Funktionenkosten-Analyse

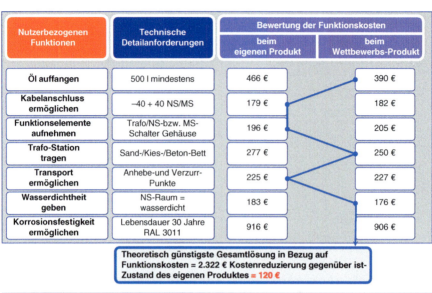
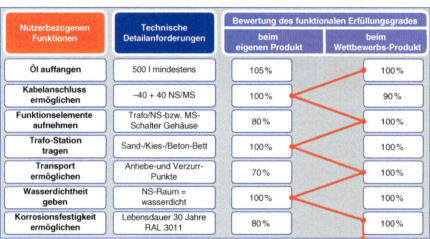

Abb. 3.8 Funktionenkosten und Erfüllungsgrad-Vergleich mit dem Wettbewerb

- Funktionen-Erfüllungsgradbewertung
- FAST-Diagramm
- Kundenbefragungs-Verfahren
- Wettbewerbsvergleiche
- Benchmarking für Marktfunktionen
- Kunden-/Lieferanten-Audits

3.7 Der Arbeitsschritt 5 „Sammeln und Finden von Lösungsideen"

Nach konsequenter Bearbeitung der Arbeitsschritte 3 und 4 ist die Analyse des Ist-Zustandes soweit aufbereitet, dass nun in dem Arbeitsschritt 5 des Wertanalyse-Arbeitsplanes in den herausgearbeiteten Soll-Ziel- bzw. Suchfeldern mit allen Freiheitsgraden der Kreativität Lösungsideen zu ermitteln sind. In dieser Phase des wertanalytischen Vorgehens ist es von ausschlaggebender Bedeutung, dass konsequent und nicht nachlassend die menschlichen Kreativitätspotentiale des Projektteams und auch Außenstehender (z. B. Kunden, Lieferanten, Technologen etc.) zum Einsatz gebracht werden. Nicht allein mit Hilfe von Brainstormings, sondern durch weiter ausholende Kreativ-Verfahren müssen Lösungsideen gesucht werden. Der Kreativprozess darf in diesem Arbeitsschritt nicht durch vorzeitige „Killer"-Bewertungen abgewürgt werden. Auch das Kombinieren von Lösungsideen zu Lösungsalternativen in Form von morphologischen Matrizen muss beachtet werden (vgl. Abb. 3.9).

Ein breites Feld von folgenden methodischen Instrumenten kann in diesem Arbeitsschritt die Kreativität des Projektteams fördern:

- alle Brainstorming-Verfahren
- Brainwriting (Methode 635)
- Morphologie
- Benchmarking/best practice
- Analogie-Verfahren/Bionik/Synektik
- Triggerpool

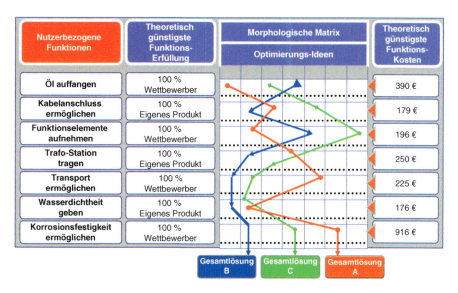

Abb. 3.9 Anwendung der Morphologischen Matrix zur Bildung von Lösungs-Alternativen

- Querdenken in best practice-Richtung
- Mindmapping
- Relevanzbaum-Verfahren etc.
- TRIZ
- Suchfeld-Checklisten

3.8 Der Arbeitsschritt 6 „Bewertung der Lösungsideen"

Nach der kreativen Ermittlung von gesammelten oder auch von bereits sortierten Lösungsideen in dem Arbeitsschritt 5 setzt die „nüchterne" Phase der Bewertung ein. Die vielen Lösungsideen werden nun nach dem Prinzip „vom Groben zum Detail" in Bezug auf die in dem Arbeitsschritt 1 festgelegten Zielsetzungen für das jeweilige Wertanalyse-Projekt systematisch bewertet. In der Grobbewertungsphase wird der „Weizen vom Spreu" nach zunächst nur wenigen Kriterien getrennt. In den danach folgenden Bewertungsstufen muss die Plausibilität und die Machbarkeit der Lösungsideen oder der Lösungsalternativen auch hinsichtlich des Umsetzungsrisikos kritisch betrachtet werden. Selbstverständlich spielen hierbei auch Kosten und Effizienz relevante Bewertungskriterien eine entscheidende Rolle.

In diesem Arbeitsschritt können folgende methodischen Instrumente angewendet werden:

- Nutzwert-Analyse
- Kosten-Nutzen-Analyse
- Machbarkeitsuntersuchungen
- Break-Even-Point-Analyse
- FMEA
- Wirtschaftlichkeitsanalysen
- ROI-Ermittlung
- Target-Costing
- Prozesskosten-Rechnung
- Platzkosten-Rechnung etc.

3.9 Der Arbeitsschritt 7 „Entwicklung ganzheitlicher Vorschläge"

In diesem Arbeitsschritt wird auf die Bewertungserkenntnisse des vorangegangenen Arbeitsschrittes 6 des Wertanalyse-Arbeitsplanes zurückgegriffen. Aus den positiv bewerteten Lösungsvorschlägen wird ein ganzheitliches Lösungskonzept zusammengestellt, das aus einzelnen Lösungsempfehlungen besteht und die jeweiligen Zielsetzungen des Projektthemas mindestens erfüllen bzw. verbessern müssen. Die einzelnen Lösungsempfehlungen müssen sich gegenseitig ergänzen bzw. plausibel

3 Der Wertanalyse-Arbeitsplan

zueinander passen. In jeder Lösungsempfehlung müssen folgende projektrelevanten Daten dokumentiert sein:

- Kurzbeschreibung der Ist-Situation
- Kurzbeschreibung der Lösungsempfehlung
- erforderlicher Investitionskostenaufwand
- relevantes Mengengerüst
- Soll/Ist-Kosten-Rechnung mit Darstellung der Kosten- und Deckungsbeitragsverbesserung
- Soll/Ist-Nutzen-Betrachtung in Bezug auf Verbesserung des Qualitäts-/Markt-/Zeit- und Aktualitätsnutzens
- Risikobewertung
- veranschlagte Realisierungszeit
- Realisierungsverantwortlicher bzw. Besetzung der Realisierungsteams

Folgende methodischen Instrumente können in diesem Arbeitsschritt Anwendung finden:

- Ausführungspflichtenheft
- Maßnahmenkatalog
- Mind Map
- Plausibilitätsprüfung
- FMEA etc.

3.10 Der Arbeitsschritt 8 „Präsentation der Vorschläge"

In dem Arbeitsschritt 8 wird das in dem Arbeitsschritt 7 entwickelte ganzheitliche Lösungskonzept dokumentiert und von den Auftraggebern des Wertanalyse-Projektes präsentiert. Bei der Präsentation sollte das gesamte Projektteam anwesend sein. Das in der Präsentation vorgeschlagene ganzheitliche Konzept-Ergebnis ist durch die Auftraggeber kritisch zu hinterfragen und hinsichtlich der Zielerfüllung zu bewerten. Durch die Auftraggeber muss die Entscheidung zur Realisierung des Konzept-Ergebnisses getroffen werden.

3.11 Der Arbeitsschritt 9 „Realisierung"

Sofern die Auftraggeber entschieden haben, das präsentierte und dokumentierte Konzept-Ergebnis gemäß dem Maßnahmenplan in die Praxis umzusetzen, muss in dem anschließenden Arbeitsschritt 9 die Realisierung eingeleitet werden. Damit das bis zu diesem Arbeitsschritt erarbeitete konzeptionelle Projektergebnis nicht zum „Papiertiger" wird, ist es als Ausführungspflichtenheft nicht nur zu verstehen, sondern auch dementsprechend in die Praxis umzusetzen.

In der Realisierungsphase sind die konzeptionellen Vorgaben des Ausführungspflichtenheftes konsequent so verwirklichen, wie sie durch das Wertanalyse-Team erdacht, versuchsweise erprobt und rechnerisch ermittelt wurden. Es ist deshalb sinnvoll, wenn die Realisierungsphase weiterhin in Projektart durch ein Team vollzogen wird. Es gelten demzufolge auch jetzt die Prinzipien des Projektmanagements beginnend mit der Planung und endend mit der vollständigen Umsetzung der zu realisierenden Maßnahmen.

In diesem Arbeitsschritt sollten folgende methodischen Instrumente zum Einsatz gebracht werden:

- Projektmanagement
- Netzplantechnik
- Design to Cost
- Projekt-Controlling
- Teambildung
- Simultaneous Engineering

3.12 Zusammenfassung

Unternehmensspezifisch ist es sinnvoll, die Hilfsmittel (Formblätter, Formulare, Masken, usw.) für die einzelnen Arbeitsschritte standardisiert und flexibel je nach Aufgabenstellung des WA/VM-Projektes anzuwenden. Folgende Regeln sind jedoch bei Anwendung der zehn Arbeitsschritte des Wertanalyse-Arbeitsplans unbedingt zu beachten:

- keine Arbeitsschritte auslassen
  und
- die Reihenfolge der Arbeitsschritte einhalten.

Bibliographie

Wiest R (2005) WA/VM-Lehrgangshandbuch, Modul 1, Unternehmensberatung Reiner Wiest, Kirchheim unter Teck

Kapitel 4
Auswahlkriterien für Wertanalyse-Projekte

Reiner Wiest

Für den Erfolg eines Wertanalyse-Projektes ist die positive Beantwortung der folgenden Fragen von ausschlaggebender Bedeutung:

- Ist das in dem Wertanalyse-Projekt zu bearbeitende Problem so vielschichtig, dass es nur unter Mitwirkung von kompetenten Experten eines Unternehmens in interdisziplinärer Teamarbeit ziel- und praxisgerecht gelöst werden kann? Die Neuentwicklung oder die marktgerechte Veränderung eines Produktsortiments, eines einzelnen Produktes, eines organisatorischen Ablaufes oder einer innerbetrieblichen Dienstleistung ist in diesem Sinne ein geeignetes Thema für wertanalytisches Vorgehen (Abb. 4.1).
- Hat das in einem Wertanalyse-Projekt zu bearbeitende Thema strategische Relevanz und geht es um Produkte, Technologien, veränderte Marktanforderungen oder um organisatorische Ablauf- und Aufbaustrukturen, ertragsgerechter Wertschöpfung sowie um situativen Life-Cycle-Erfordernisse? Dazu helfen u. a. Portfolio-Betrachtungen (Abb. 4.2).
- Liegt für die Bearbeitung des Problems die Notwendigkeit eines ganzheitlichen Lösungsansatzes unter Integration von Analyse- und Ideenfindungs-Phase gemäß dem 10-stufigen Wertanalyse-Arbeitsplan vor?
- Gibt es für das Problem bereits einen Lösungsansatz oder ein konzeptionelles Lösungskonzept? Bei einer positiven Frage sollte die Durchführung eines entsprechenden „Alibi"-Wertanalyse-Projektes vermieden werden. Eine positive Beantwortung der vorgenannten Fragen ist als grundsätzliche Voraussetzung für die Durchführung von Wertanalyse-Projekten zu verstehen (Abb. 4.3).

Von großer Wichtigkeit für das Gelingen eines Wertanalyse-Projektes ist die Berücksichtigung folgender Grundvoraussetzungen:

R. Wiest (✉)
Reiner Wiest Unternehmensberatung, Kirchheim unter Teck, Deutschland

Abb. 4.1 Wertanalytische Aufgaben im Maschinenbau mit unterschiedlichem Schwierigkeitsgrad

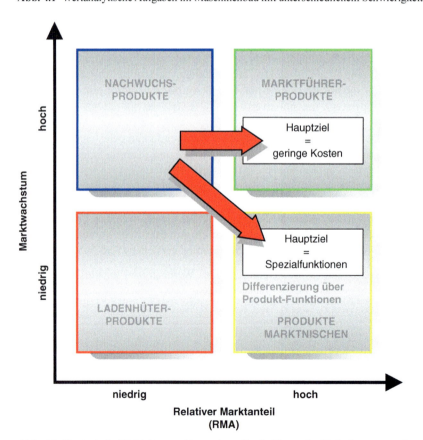

Abb. 4.2 Strategische Zielrichtungs-Alternativen für die Neu- oder Veränderungsgestaltung von Produkten

4 Auswahlkriterien für Wertanalyse-Projekte

Abb. 4.3 Ergebnisbeeinflussende Voraussetzungen für Wertanalyse-Projekte

- **Vorbereitung des Projektes gemäß der Grundschritte 0 und 1 des Wertanalyse-Arbeitsplanes nach EN 12973:**
  Die Herleitung der Projektthematik aus dem jeweiligen strategischen Umfeld und die eindeutige Beschreibung der Aufgabenstellung mit Vorgabe der quantifizierten Projektziele liegt immer in der übergeordneten Zuständigkeit und im Blickfeld der Verantwortung des Managements. Deshalb ist von Anfang an die Einbringung der Entscheidungsträger eines Unternehmens unausweichlich notwendig.
- **Organisatorische Planung des Projektes:**
  Im Rahmen der organisatorischen Projektplanung muss der Ressourcen-Aufwand für ein Wertanalyse-Projekt veranschlagt werden. Hierfür gehören folgende planerischen Einschätzungen:

  – Die Projektdauer
  – Die erforderlichen Arbeitskapazitäten
  – Die Besetzung des interdisziplinär gebildeten Projektteams

Hierfür können folgende Kennzahlen herangezogen werden:

Kennzahlen zur Veranschlagung des personellen Aufwandes für die Durchführung von Wertanalyse-Projekten			
Planungs-Bezug	Von	Bis	Durchschnittlich
Projektteam-Größe	4	8	6
Anzahl der Teamsitzungen	6	15	8
Teamsitzungs-Turnus	Wöchentlich	3-wöchig (maximal)	2-wöchig
Dauer des Projektes (Monate)	3	8	6
Dauer der Teamsitzungen	4	8	6
Gesamt-Aufwand für Teamsitzungen (Mann/Frau-Std.)	96	960	288
Gesamt-Aufwand für Aufgabenerledigung zwischen den Teamsitzungen (Mann/Frau-Std.)	~ 100	~ 1.000	~ 300

- **Berufung einer Person für die moderative und methodische Steuerung des Projektes:**
  Zur ziel- und ergebnisorientierten Durchführung eines Wertanalyse-Projektes ist die Berufung einer hierfür ausgebildeten Person mit entsprechend einschlägiger Erfahrung erforderlich. Es empfiehlt sich, hierfür entweder eine externe oder interne Persönlichkeit einzusetzen, die die Kompetenz (z. B. durch die Ausbildung zum zertifizierten „Wertanalytiker VDI") für folgende Zuständigkeiten einbringen kann:

  - Fokussierung der gedanklichen Ideen, Emotionen und Informationen eines interdisziplinär besetzten Projektteams, auf das vorgegebene Projektthema und dessen Ziele.
  - Einhaltung des Wertanalyse-Arbeitsplans nach EN 12973.
  - Beherrschung der situativ einzubringenden methodischen Instrumente
  - Einbringung der erforderlichen Sozialkompetenz für die Steuerung eines Projektteams mit unterschiedlichen Menschen-Typen.

Zusammenfassung Es wird auf Auswahlkriterien hingewiesen, die das Management als Initiatoren für Wertanalyse-Aktivitäten wissen muss, um eine durchgängige Wertkultur mit Hilfe des Systems Wertanalyse/Value Management erfolgreich zur Anwendung zu bringen. Schon viele wertanalytische Vorhaben sind bei der praktischen Umsetzung deshalb gescheitert, weil die aufgezeigten Auswahlkriterien für Wertanalyse-Projekte keine Beachtung gefunden haben.

Bibliographie

Wiest R (2005) WA/VM-Lehrgangshandbuch, Modul 1, Unternehmensberatung Reiner Wiest, Kirchheim unter Teck

Kapitel 5
Methodische Instrumente

Jürg M. Ammann, Jörg Marchthaler, Tobias Wigger, Rainer Lohe, Kurt Götz, Udo Geldmann, Sigurd Jönsson, Horst R. Schöler, Günter Kersten, Roland Mathe und Reiner Wiest

5.1 Funktionen

Jürg M. Ammann

Kunden beschaffen in der Regel ihre Produkte, Prozesse und Dienstleistungen unter sehr funktionalen Gesichtspunkten. Sie sind bereit für die Funktionen Geld auszugeben, die ihren Bedürfnissen am ehesten entsprechen. Der Kunde kauft also in erster Linie eine Funktion (Wirkung, Zweck, Konzept) und nicht eine Anzahl von Bauteilen (Platinen, Schalter, Kabel, …).

Am Beispiel eines Fernsehers wird deutlich, dass der Kunde bei seiner Beschaffung keine Bauteile einkauft, sondern Funktionen für die er auch bereit ist, den für ihn akzeptablen Preis zu bezahlen. Sein Fernseher soll fernsehen ermöglichen, ein bestimmtes Design haben, die Außenmaße einhalten, fernbedienbar sein, Anschlüsse bereitstellen usw.

Er kauft also Funktionen und keine Bauteile. Damit interessiert er sich primär für den Preis der Funktionen und nicht der Bauteile, sonst müsste er zu Bauteilkontrolle den Fernseher öffnen und hätte damit die Garantie verloren.

Abbildung 5.1 verdeutlicht, dass für den Kunden vorerst die Funktion bzw. das „Was" im Vordergrund steht, in zweiter Linie aber auch das „Wie", das heißt wie kreativ und alleinstellend die Funktionen umgesetzt sind.

Je klarer das „Was" eines Soll-Zustandes definiert ist, desto lösungsorientierter ist das „Wie" umzusetzen.

5.1.1 Funktionenbegriff (in der WA/im VM)

Unter Funktionen sind im Sinne der Wertanalyse/Value Management Wirkungen zu verstehen, die von einem bestehenden oder noch zu entwickelnden Erzeugnis, einer

---

J. M. Ammann (✉)
ammann projekt management, Karlsruhe, Deutschland

Abb. 5.1 Funktionen (Was?), Bauteile (Wie?)

Dienstleistung oder einem Teil davon ausgehen bzw. ausgehen sollen. Sie werden durch ein Substantiv und ein Verb im Infinitiv beschrieben, z. B. „Drehmoment übertragen".

Ist-Funktionen sind die Funktionen, die zu Beginn einer WA-Untersuchung am Ist-Zustand ermittelt werden.

Soll-Funktionen: Funktionen, die das WA-Objekt erfüllen soll im Soll-Zustand. Soll-Funktionen sind primär abnehmerorientiert und geben den angestrebten Endzustand an.

Träger von Funktionen nennt man Funktionenträger. Bei technischen Objekten stellt das jeweilige Bauteil, die Baugruppe oder das Gesamterzeugnis den Funktionenträger dar.

5.1.2 Funktionenbeschreibung

Die Funktionen beschreiben Wirkungen und keine Lösungen. Sie werden beschrieben durch Substantiv (Hauptwort) und Verb (Tätigkeitswort). Die Formulierung soll möglichst knapp, lösungsneutral und zielführend erfolgen.

Beispiel:
„Bleche verschrauben" nicht gut, da nicht lösungsneutral.
„Teile verbinden" richtig, da lösungsneutral.

Das Substantiv bezeichnet den Wirkungsträger, das Verb die Ausprägung der Wirkung. Das Verb sollte möglichst ein aktives Verb sein, z. B.:

- Ventil drehen
- Knopf drücken
- Werte anzeigen

Funktionen	Wirkungsbestimmende Größen
Kraft aufnehmen	Druck 150 N
Strom leiten	Nennstrom 20 mA
Belege sammeln	5000 Stück/Monat
Daten speichern	160 KByte

Abb. 5.2 Wirkungsbestimmende Größen

Formulierungen wie z. B.

- Ventildrehung ermöglichen,
- Knopfdrücken ermöglichen,
- Knopfdrücken verhindern,
- Knopfdrücken vermitteln oder
- Knopfdrücken zulassen,

sind nicht zielführend und sagen über die Wirkung zu wenig aus. Funktionen sollen quantifizierbar sein. Diese quantitativen Bemessungsdaten (z. B. messtechnische Größen) gewährleisten, dass die vom Markt geforderten Bedingungen eingehalten bzw. erfüllt werden.

Diese wirkungsbestimmenden Größen sollen so dargestellt werden, dass sie Aufschluss über den Grund der Zielerfüllung geben (vgl. Abb. 5.2).

Beispiele:
Funktionen werden immer zuerst für das Gesamtobjekt ermittelt. Im zweiten Schritt werden durch Betrachtung von Gruppen oder Teilen des Gesamtobjektes die weiteren Funktionen festgelegt.

Ermitteln der Ist-Funktion
Ausgangssituation   Ist-Zustand
Fragestellung   Welche Aufgaben erfüllt das Objekt
                                     bzw. Teile davon im gegenwärtigen
                                     Zustand? Was tut es?
Antwort   Tatsächlich ausgeübte Ist-Funktion

Definition der Soll-Funktion
Ausgangssituation   Soll-Zustand
Fragestellung   Welche Aufgaben soll dieses Objekt
                                     ausüben? Was soll es tun?
Antwort   Man erhält die erforderlichen
                                     Funktionen im Soll-Zustand

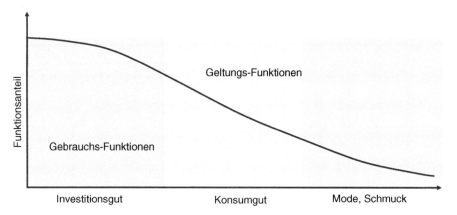

Abb. 5.3 Anteil der Gebrauchs- und Geltungsfunktionen bei verschiedenen Gütern

5.1.3 Funktionenarten

In der Wertanalyse/im Value Management unterscheidet man zwei Arten von Funktionen (vgl. Abb. 5.3):

Gebrauchsfunktion: Diese Funktion ist zur technischen und wirtschaftlichen Nutzung des WA-Objektes erforderlich. Sie ist in der Regel quantifizierbar.

Geltungsfunktion: Diese Funktion erfüllt nur ästhetische oder prestigeorientierte Ansprüche und beeinflusst die Gebrauchsfunktion nicht. Sie ist meist nur subjektiv quantifizierbar.

Beispiele:
Gebrauchsfunktion:

- Strom leiten
- Gemische trennen
- Energie speichern

Geltungsfunktion:

- Träger schmücken
- Anmutung erzeugen
- Status geben

Bei einer WA-Untersuchung sind beide Funktionenarten zu berücksichtigen, denn sehr viele Kaufentscheidungen werden aus Prestigegründen oder aufgrund geschmacklicher Gesichtspunkte getroffen.

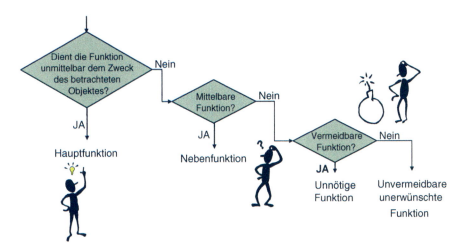

Abb. 5.4 Haupt- und Nebenfunktionen

5.1.4 Funktionenklassen

Um die ermittelten Funktionen gliedern zu können, unterscheidet man zwischen Haupt- und Nebenfunktion eines WA/VM-Objektes (vgl. Abb. 5.4).

Hauptfunktionen: Sie beschreiben den Verwendungszweck eines Objektes. Ihre Erfüllung ist unerlässlich.

Nebenfunktionen: Sie beschreiben weitere notwendige Aufgaben und unterstützen die Hauptfunktion. Nebenfunktionen sind meist durch das Lösungskonzept bestimmt. Die Anzahl der Nebenfunktionen legt die Einfachheit des Konzeptes fest. In besonderen Fällen ist es sinnvoll, die Nebenfunktionen (NF) noch aufzugliedern in

- abnehmerorientierte NF und
- herstellerorientierte NF.

Abnehmerorientierte Nebenfunktionen (aNF) geben an, wie die Hauptfunktion aus der Sicht der Abnehmer durch die NF unterstützt wird bzw. unterstützt werden soll. Die aNF ist für den Kunden noch erkennbar als unterstützende Funktion und kann noch Entscheidungskriterium sein (vgl. Abb. 5.5).

Herstellerorientierte Nebenfunktionen (hNF) werden vom Hersteller festgelegt und dienen der Umsetzung (vgl. Abb. 5.5).

Diese Betrachtungsweise erlaubt eine Gliederung der Funktionen in

- Gesamtfunktionen (HF),
- abnehmerorientierte Nebenfunktionen und
- herstellerorientierte Nebenfunktionen.

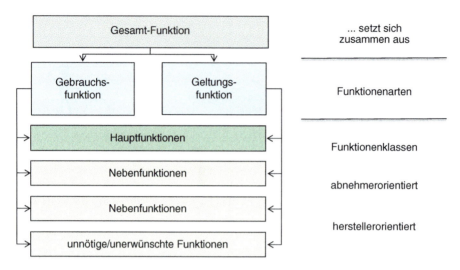

Abb. 5.5 Abnehmer- und herstellerorientierte Funktionen

Ziel dieser Vorgehensweise ist es, den Konflikt zwischen Herstellerinteressen, Abnehmerinteressen und der Gesamtoptimierung des WA/VM-Objektes zu verdeutlichen.

Grundsätzlich kann gesagt werden, dass Funktionen nur richtig erfasst werden können, wenn die Zielsetzung (objektorientiert) für die Untersuchung aus Abnehmersicht festgelegt ist.

Unerwünschte Funktion (nach EN 12973) Die unerwünschte Funktion ist eine

- vermeidbare (also nicht der gewollten Nutzung dienende) oder eine
- aus unumgänglichen Gründen unvermeidbare, nicht gewünschte Wirkung des Wertanalyse-Objektes.

5.1.5 Lösungsbedingende Vorgaben

Lösungsbedingende Vorgaben sind Anforderungen und Eigenschaften eines Produktes oder einer Dienstleistung, die nicht durch Funktionen ausgedrückt werden können. Diese Vorgaben können Funktionen, Systemeigenschaften und Anforderungen, wie z. B. quantifizierte Größen (Gewicht, Raum, Fläche …), Gesetze, Vorschriften, Normen, Modulforderungen usw. quantitativ beschreiben.

5.1.6 Funktionenbaum

Das Zusammenwirken der Haupt- und Nebenfunktionen kann graphisch dargestellt werden. Dabei werden die ermittelten Funktionen einander nach Rang und Abhängigkeit zugeordnet. Ziel der graphischen Darstellung ist, die Funktionenstruktur

5 Methodische Instrumente

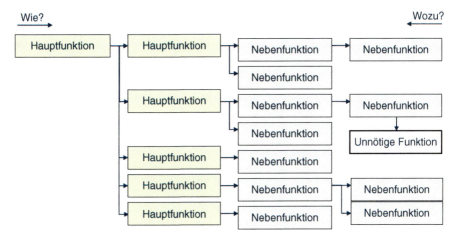

Abb. 5.6 Funktionenbaum

sichtbar zu machen, das heißt Abhängigkeiten und Vernetzungen aufzuzeigen (vgl. Abb. 5.6 und 5.7). Die Ordnung der einzelnen Funktionen wird durch die Fragen

- Wie wird die betrachtete Funktion erfüllt?
- Wozu wird die betrachtete Funktion erfüllt?

vorgenommen.

Eine Antwort auf die Frage „Wie?" ergibt eine untergeordnete Funktion.
Eine Antwort auf die Frage „Wozu?" ergibt eine übergeordnete Funktion.

5.1.7 Funktions-Analyse-System-Technik (F.A.S.T.)

Was ist F.A.S.T.? Die Funktionen-Analyse-System-Technik (F.A.S.T.) ist im Gegensatz zum Funktionenbaum eine Diagrammtechnik. Diese Technik macht die Beziehungen und Abhängigkeiten der Funktionen transparent (vgl. Abb. 5.8 und 5.9). Sie zeigt außerdem den Zusammenhang zwischen den zu erfüllenden Funktionen und der Aufgabenstellung (vgl. Abb. 5.10).

Ziel der F.A.S.T.
Ziel ist es:
- die technischen Funktionen, administrativen Leistungen oder gar komplexe Prozesse graphisch darzustellen,
- festzustellen, welche Funktionen im Ist-Zustand erfüllt werden oder in einem Soll-Zustand zu erfüllen sind,
- die Logik der Funktionszusammenhänge und gegenseitigen Abhängigkeiten aufzuzeigen,
- unnötige Funktionen zu erkennen um sie eliminieren zu können,
- sicherzustellen, dass keine notwendigen Funktionen vergessen werden und die funktionalen Zusammenhänge im Rahmen der Aufgabenstellung aufzuzeigen.

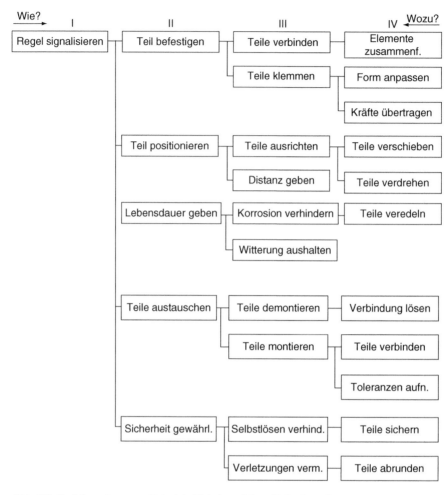

Abb. 5.7 Funktionenbaum am Beispiel „Verkehrszeichen- Befestigung"

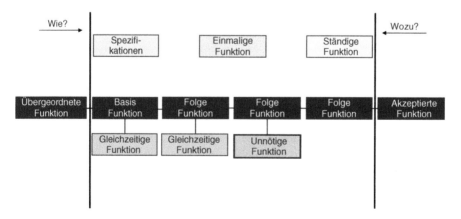

Abb. 5.8 Das F.A.S.T Diagramm

Abb. 5.9 F.A.S.T. am Beispiel „Heftklammernentferner"

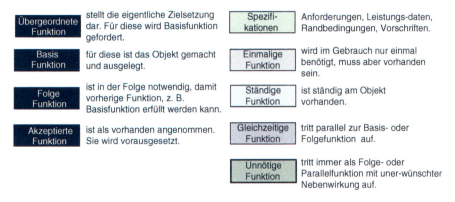

Abb. 5.10 Die Bedeutung der Funktionen im F.A.S.T.

Erstellen eines F.A.S.T. – Diagrammes
Fahrplan
1. Definition des zu untersuchenden Objektes.
2. Definition dessen, was innerhalb und außerhalb des Untersuchungsrahmen („scope") liegt.

   – Übergeordnete Funktionen
   – Akzeptierte Funktionen

3. Beschreiben der Funktionen.
4. Aufbau des F.A.S.T. – Diagramms.

   – Klärung über den logischen Funktionspfad durch die Fragestellungen „Wie?" und „Wozu?" schaffen.

5. Differenzierung der Funktionen.
   - Basisfunktionen
   - Folgefunktionen
   - Unnötige Funktionen
6. Diskussion der Aufgabenstellung aus der funktionalen Sicht.

Einsatz von F.A.S.T. F.A.S.T. eignet sich ausgezeichnet zur Klarstellung der vorliegenden Aufgabenstellung. Das heißt, schon in den ersten WA-Arbeitsschritten bringt F.A.S.T. die Klarheit, welche Funktionen innerhalb der Aufgabenstellung zu erfüllen sind und welche außerhalb stehen (z. B. akzeptierte, übergeordnete Funktionen). Speziell bei der Darstellung von Prozessen als Funktionen hat sich in der Praxis F.A.S.T. bewährt.

5.1.8 Funktionenanalyse

Die Funktionenanalyse beschreibt einen Prozess in der Wertanalyse mit der Zielsetzung, Wirkungen eines Objektes darzustellen, um der Konzentration auf das wesentliche Problem gerecht zu werden. Mit dem Funktionenbaum, wie auch mit der Darstellung als F.A.S.T., wird dabei erreicht, dass sich die Problembearbeiter von vorhandenen Lösungsansätzen frei machen können. Im weiteren Verlauf eines Wertanalyse Projektes wird man sich nun auf neue effiziente Lösungsansätze für das Wertanalyse-Objekt konzentrieren können.

Die eigentliche Funktionenanalyse wird dabei in sieben Teilschritten durchgeführt:

1. *Aufgabe(n) des Objektes erkennen*
   (bei Wertplanungen und Wertgestaltungen „Was soll es tun?" und bei Wertverbesserungen „Was tut es?")
2. *Aufgaben eines Objektes als Funktionen beschreiben*
3. *Funktionen klassifizieren*
   (Hauptfunktionen – Nebenfunktionen)
4. *Funktionen gliedern*
   (Hauptfunktionen – abnehmerorientierte Nebenfunktionen – herstellerorientierte Nebenfunktionen) mit den Fragen „Wozu?" und „Wie"?
5. *Bei Wertverbesserungen: Funktionsaufwand ermitteln*
   (Kosten bei materiellen Objekten, Mengengerüste o.ä. bei immateriellen Objekten) ungeachtet der Kosten- bzw. Aufwandsart sind alle beeinfluss-baren Faktoren zu berücksichtigen.
   Bei Wertplanung und Wertgestaltung: Funktionen bemessen (z. B. mittels Nutzwertanalyse)
6. *Soll-Funktionen ermitteln*
   („Ist die betrachtete Funktion erforderlich?" oder „Was soll es tun?")
7. *Aufwand der Soll-Funktionen definieren*

5 Methodische Instrumente

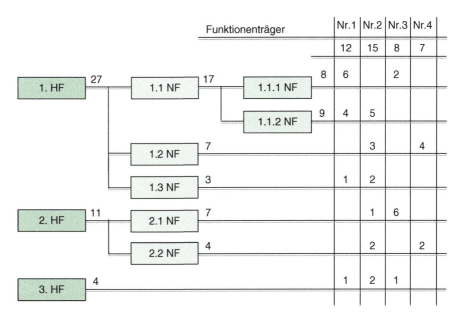

Abb 5.11 Vereinfachte Matrix zur Ermittlung des Ist-Aufwandes

Die Differenz zwischen Ist-Aufwand und Soll-Aufwand ergibt das vorhandene Veränderungspotential einer Funktion. Je größer die absolute Differenz im Vergleich der Funktionen, desto höher ist die Priorität bei der weiteren Bearbeitung im Rahmen des Wertanalyse-Projektes. Es wird hierdurch ermöglicht, sinnvolle Ansatzpunkte für die Lösungssuche mit Hilfe der Kreativitätstechniken zu erkennen. Bewährt hat sich hierbei die Darstellung in einer entsprechenden Matrix, in der die Aufwendungen der Funktionenträger den einzelnen Funktionen zugeordnet werden (vgl. Abb. 5.11).

5.1.9 Zusammenfassung

Funktionen als Basis für die Funktionenanalyse sind ein wesentlicher und unabdingbarer Bestandteil eines Wertanalyse-Projektes. Der Abnehmer honoriert nicht eine bestimmte Leistung (Material oder immateriell), sondern vielmehr die Wirkungen und somit die Funktionen einer Leistung. Für die Wettbewerbsfähigkeit am Markt ist der Grad der Funktionserfüllung entscheidend, da sich der Nutzen für den Abnehmer an gewünschten und akzeptierten Funktionen einer Leistung orientiert. Hieraus leitet sich der Wert eines Wertanalyse-Objektes aus Sicht des Abnehmers ab.

5.2 Funktionen-Potenzial-Analyse und Funktionenkostenanalyse

Jörg Marchthaler, Tobias Wigger und Rainer Lohe

Um das weitere Vorgehen nach der Analyse des Ausgangszustandes effizient zu gestalten, ist eine Priorisierung erforderlich. Dies kann durch die Bildung der Bedeutsamkeit der Funktionen geschehen oder aber unter Einbeziehung der von der Funktion verursachenden Kosten. Idealerweise werden diese beiden Aspekte in der Funktionen-Potential-Analyse kombiniert. Dieser Ablauf soll im Folgenden kurz erläutert werden.

5.2.1 Der Paarweise Vergleich (Dualvergleich)

Das Ermitteln von Rangfolgen und Gewichtungen kann grundsätzlich durch reine Diskussion und Durchlaufen mehrerer Iterationsschleifen geschehen. Allerdings hat sich in der Praxis gezeigt, dass diese Vorgehensweise im Team bezüglich der Konsensbildung Schwierigkeiten bereiten kann.

Das Verfahren des paarweisen Vergleichs erlaubt das Ermitteln von Rangfolgen für Funktionen, Bewertungskriterien sowie aller denkbaren Gegenstände oder Aktivitäten, die miteinander verglichen oder gegeneinander gewichtet werden sollen.

Wenn man die Bedeutsamkeit verschiedener Funktionen bewerten will, werden die zu vergleichenden Funktionen jeweils paarweise einzeln anhand einer Bewertungsskala miteinander verglichen. Abb. 5.12 zeigt neben einem möglichen Bewertungsschema auch die Entscheidungsmatrix des differenzierten Dual-Vergleichs.

Charakteristisch für die verwendbaren Bewertungsschemata ist die Verwendung der Zahl 1 als Indikator für eine gleichgewichtige Bewertung. Diese wird ebenfalls bei den Feldern der Diagonalen eingetragen. Es wird nur die obere Hälfte der Matrix (oberhalb der Diagonalen) bearbeitet. Die Werte der unteren Hälfte der Matrix ergeben sich als reziproke Werte der oberen. Im Anschluss werden die Zeilensummen in der Spalte „Summe" eingetragen. Mit der Zeilensumme wird für jede Funktion eine prozentuale Gewichtung gebildet, die ihren Anteil an der Gesamtbewertung widerspiegelt. Die in der Spalte „Gewichtung" berechnete Prozentzahl ist die Bedeutsamkeit der Funktion. Diese sollte in Summe 100 % betragen.

5.2.2 Funktionen-Kosten-Analyse

Herkömmliche Verfahren kalkulieren Kosten auf Basis einer bauteilbezogenen Betrachtung. Die Funktionen-Kosten-Analyse erweitert diesen Ansatz. Hierbei werden die Kosten den einzelnen Funktionen zugeordnet.

5 Methodische Instrumente

Bewertungsschema
differenzierter Dual-Vergleich ➡

1/5	viel schlechter als
1/3	schlechter als
1	gleich gut wie
3	besser als
5	viel besser als

Bewertungs-gegenstand	1	2	3	4	5	Summe	Gewichtung
1	1	1/3	1/3	3	5	Σ1 = 9,66	9,66 / 43,92 = 22 %
2	3	1	3	3	5	Σ2 = 15	15 / 43,92 = 34,1 %
3	3	1/3	1	3	5	Σ3 = 12,33	12,33 / 43,92 = 28,1 %
4	1/3	1/3	1/3	1	3	Σ4 = 5	5 / 43,92 = 11,4 %
5	1/5	1/5	1/5	1/3	1	Σ5 = 1,93	1,93 / 43,92 = 4,4 %
					Σ	43,92	100 %

Abb. 5.12 Schema des differenzierten Dual-Vergleichs

Dieser Ansatz kann zu vielfältigen Erkenntnissen über Optimierungspotenziale führen.

5.2.2.1 Funktionenkosten

Funktionenkosten sind definiert als „die einer Funktion zugeordneten Anteile der Kosten eines Funktionenträgers", wobei unter Funktionenträgern Gegebenheiten verstanden werden, die Funktionen realisieren (VDI 2800 2010).

Die Höhe der Kosten einer Funktion ergibt sich also aus der Summe der einzelnen Aufwendungen (Ressourceneinsatz), die zur Realisierung der jeweiligen Funktion benötigt werden. Die Gesamtkosten des Objektes ergeben sich damit aus der Summe der Kosten der einzelnen Funktionen. Die Kosteninformationen hierzu werden i. d. R. aus den Daten der klassischen Teilekalkulation (Kostenrechnung) gewonnen.

5.2.2.2 Erstellung einer Funktionen-Kosten-Analyse

Die Erstellung der Funktionen-Kosten-Analyse geschieht in drei Schritten:
1. Auswahl der zu bewertenden Funktionen
2. Prozentuale Verknüpfung der Bauteile mit den Funktionen
3. Berechnung der Kostenanteile der Funktionen an den Gesamtkosten

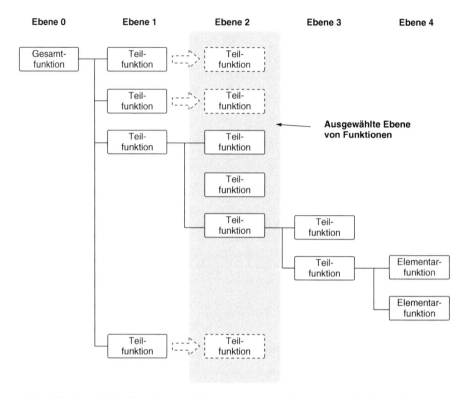

Abb. 5.13 Auswahl der Funktionen zur Funktionenkostenanalyse aus dem Funktionenbaum

Im ersten Schritt werden die Funktionen ausgewählt, die für das untersuchte Objekt wichtig sind. In Abb. 5.13 ist dies dadurch geschehen, dass im Funktionenbaum eine komplette Ebene gewählt wurde. Das muss nicht formalistisch geschehen. Es kann fallweise entschieden werden, welcher Detaillierungsgrad für eine Funktion aus der Ebene 1 zur Kostenanalyse sinnvoll ist. Ist bei einer Funktion der Ebene 1 ein höherer Detaillierungsgrad gewünscht, so werden anstatt der Funktion der Ebene 1 Funktionen der Ebene 2 gewählt. Das gilt sinngemäß auch für alle weiteren Ebenen. Ist eine Funktion der Ebene 1 aus Sicht der Kosten oder der Bedeutsamkeit unwichtig, kann dieser Ast unberücksichtigt bleiben. Durch das Rechenschema ist garantiert, dass sämtliche Kosten auf die ausgewählten Funktionen aufgeteilt werden. Für die Entscheidung, eine Funktion aufzunehmen oder eine höhere Detaillierungsstufe zu wählen, können folgende Testfragen hilfreich sein:

1. Wird die Aussage der Kostenzuordnung weniger aussagekräftig, wenn man eine gröbere Detaillierungsstufe wählt?
2. Ist die Funktion für die Gesamtwirkung des Objektes wichtig genug?
3. Ist die Funktion im Verhältnis zu den Gesamtkosten des Objektes kostspielig genug?

Im zweiten Schritt der Funktionen-Kosten-Analyse werden den ausgewählten Funktionen Anteile an den Bauteilen zugewiesen. Hierbei folgt man der Fragestel-

5 Methodische Instrumente

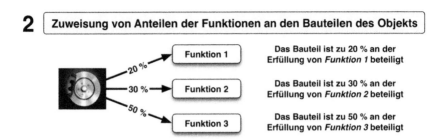

Abb. 5.14 Prozentuale Verknüpfung der Bauteile mit den Funktionen

lung, inwieweit das betrachtete Bauteil an der Ausführung der jeweiligen Funktion mit welchem Anteil beteiligt ist (siehe Abb. 5.14).

Diese Zuordnung bildet die Basis für die Berechnung der Kostenanteile, daher ist der zweite Schritt der eigentlich Entscheidende bei der Festlegung der Anteile. Die Diskussion über die Zuweisung der Anteile der Bauteile ist dabei für die Bearbeiter häufig mit einem Lernprozess verbunden.

Im dritten Schritt werden dann die Kostenanteile der einzelnen Funktionen berechnet. Hierbei werden die Gesamtkosten des jeweiligen Bauteils mit dem in Schritt 2 definierten Anteil der Funktion multipliziert.

Aus der Gesamtsumme der zugewiesenen Kostenanteile ergeben sich dann die Kosten der Funktionen. Die Gesamtsumme der Kosten aller Funktionen muss dabei den Gesamtkosten des zu betrachtenden Objekts entsprechen. Der komplette Vorgang kann in Form einer Tabelle wie in Abb. 5.15 durchlaufen werden.

Die einzelnen Kostenanteile geben damit ein Bild über die Kostenverteilung im Objekt in Bezug auf den benötigten Aufwand zur Realisierung von dessen Funktionen.

	Kosten Bauteil	Funktion 1		Funktion 2		Funktion 3		Summe der Zeile
		in %	in €	in %	in €	in %	in €	
Bauteil 1	40 €	20 %	8 €	30 %	12 €	50 %	20 €	100 %
Bauteil 2	60 €	10 %	6 €	60 %	36 €	30 %	18 €	100 %
Bauteil 3	30 €	40 %	12 €	30 %	9 €	30 %	9 €	100 %
Bauteil 4	40 €	10 %	4 €	5 %	2 €	85 %	34 €	100 %
Bauteil 5	10 €	50 %	5 €	20 %	2 €	30 %	3 €	100 %
Summe	180 €	19 %	35 €	34 %	61 €	47 %	84 €	100 %

Abb. 5.15 Berechnung der Kostenanteile der Funktionen

5.2.2.3 Kostentreibende und potenzialbehaftete Funktionen

Die Funktionen des behandelten Objektes unterscheiden sich bezüglich ihrer Kosten, aber auch bezüglich ihrer Bedeutsamkeit für Nutzer. Es ist das Ziel, dass das Verhältnis zwischen dem Kostenanteil einer Funktion und ihrer Bedeutung im Einklang steht. Dieses Verhältnis wird mit Hilfe der Funktionenpotenzialanalyse ermittelt. Steht es nicht im Einklang, ist das ein Hinweis auf mögliche Verbesserungen. Die Funktionenpotenzialanalyse wird also dazu verwendet, diejenigen Funktionen zu ermitteln, die für eine Optimierung der Kosten sehr aussichtsreich sind. Diese Funktionen sollten folglich im weiteren Projektverlauf als erstes behandelt werden.

Im ersten Schritt werden dazu mit Hilfe der zuvor beschriebenen Funktionen-Kosten-Analyse die Kosten ermittelt. Im zweiten Schritt sind ihre Bedeutsamkeiten der Funktionen für den Nutzer festzulegen. Empfehlenswert ist dafür ein paarweiser Vergleich (Dualvergleich s. o.) oder die Methode des Quality Function Deployment QFD.

Im dritten Schritt wird für jede Funktion das Kosten/Bedeutungs-Verhältnis gebildet.

$$\frac{\text{Kosten der Funktion}}{\text{Bedeutung der Funktion}}$$

Sind die Kosten für eine Funktion im Vergleich zu ihrer Bedeutsamkeit zu hoch, handelt es sich um eine **kostentreibende** Funktion:

$$\frac{\text{Kosten der Funktion}}{\text{Bedeutung der Funktion}} > 1$$

Dem Nutzer ist diese Funktion nicht entsprechend wichtig und es muss an einer Kostensenkung um so dringlicher gearbeitet werden, je größer das Missverhältnis ist.

Sind die Kosten für eine Funktion im Vergleich zu ihrer Bedeutsamkeit zu niedrig, handelt es sich um eine **potenzialbehaftete** Funktion:

$$\frac{\text{Kosten der Funktion}}{\text{Bedeutung der Funktion}} < 1$$

Dem Nutzer ist diese Funktion vergleichsweise wichtig. Wahrscheinlich kann mit geringem Mehraufwand ein hoch geschätzter zusätzlicher Kundennutzen erzeugt werden.

Das Kosten/Bedeutungs-Verhältnis identifiziert die kostentreibenden und die potenzialbehafteten Funktionen und zeigt auf, welche Funktionen bei der Optimierung vorrangig behandelt werden sollten. Der Fokus liegt hierbei allerdings auf der Optimierung der kostentreibenden Funktionen, da in vielen Optimierungsprojekten die Kostensenkung das Hauptziel oder ein wichtiges Nebenziel darstellt.

5 Methodische Instrumente

Abb. 5.16 Positionierung von kostentreibenden und potenzialbehafteten Funktionen

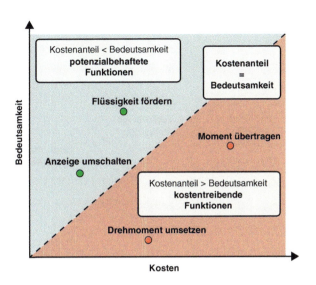

Eine Optimierung von potenzialbehafteten Funktionen erfolgt eher bei neuen Entwicklungen bzw. sehr „jungen" Objekten, wenn aktiv nach Potenzialen für Nutzenerhöhungen zur Steigerung der Attraktivität gesucht wird.

Neben dem einfachen Balkendiagramm eignet sich besonders das Portfolio-Diagramm wie in Abb. 5.16 zu einer übersichtlichen Darstellung. In der Nähe der Diagonale liegen die Funktionen mit ausgeglichenem Kosten/Bedeutung-Verhältnis. Primär besteht hier kein Handlungsbedarf. Oberhalb der Diagonalen liegen die potenzialbehafteten Funktionen, bei denen eine erweiterte Funktionalität mit mäßigen Mehrkosten eine sehr positive Nutzerakzeptanz bewirken kann.

Unterhalb der Diagonalen liegen die kostentreibenden Funktionen, die zu aufwändig und zu teuer realisiert werden. Mit wachsendem Abstand zur Diagonalen wird die Notwendigkeit zur Kostensenkung immer größer. Wenn es gelingt, diese Funktionen kostengünstiger zu realisieren, führt das zwangsläufig zu dem angestrebten Ausgleich. Durch die Senkung der Gesamtkosten rücken auch die potenzialbehafteten Funktionen näher an die Diagonale.

5.3 Funktionale Leistungsbeschreibung (FLB)

Kurt Götz

Lastenhefte sind häufig eine Ansammlung von Forderungen aus der Befragung von Kunden, Aussagen des Vertriebs, Einschätzungen des Marketings und internen Vorgaben. Dabei sind oft qualitative Wünsche, quantitative Merkmale, Produktfunktionen und teilweise auch Lösungsvorschläge vermischt aufgelistet. Außerdem gibt es keine Priorisierung, aus denen die Wichtigkeit der Forderungen hervorgeht. Ein

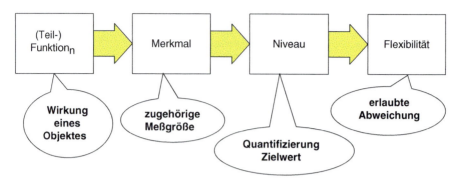

Abb. 5.17 Formulierung der Kundenbedürfnisse

probates Mittel dagegen ist die Funktionale Leistungsbeschreibung. Der Abb. 5.17 ist die Erarbeitung einer Funktionalen Leistungsbeschreibung zu entnehmen.

Zuerst sind die Wirkungen eines Objektes in Form von Substantiv und aktivem Verb darzustellen, z. B. Flüssigkeit fördern. Anschließend werden Merkmale definiert, welche die Funktionserfüllung spezifizieren, wie z. B. Durchfluss, Druck, Temperaturspanne. Idealerweise sind diese mit einer physikalischen Einheit messbar (l/s, bar, °C). Als nächstes sind diese Eigenschaften mit Zielwerten zu quantifizieren, z. B. 20 l/s, 100 bar, von −20 bis 120 °C. Abschließend ist noch die Verhandelbarkeit der Merkmalswerte anzugeben. Diese können folgende Stufen annehmen:

- F0 = keine Flexibilität, der Zielwert ist absolut verbindlich
- F1 = minimale Flexibilität, der angegebene Wert ist geringfügig variierbar
- F2 = mittlere Flexibilität, die Zielgröße ist verhandelbar
- F3 = hohe Flexibilität, es ist nur eine Größenordnung angegeben

Wie die Funktionale Leistungsbeschreibung in den gesamten Produktentstehungsprozess eingebettet ist, kann Abb. 5.18 entnommen werden.

Der Ersteller einer Funktionalen Leistungsbeschreibung sollte vor allem nutzerbezogene Funktionen erfassen, die den Kunden in besonderer Weise interessieren. Selbstverständlich müssen auch gesetzliche Anforderungen und technische Standards Eingang finden.

Ein wesentliches Kennzeichen der FLB ist die Lösungsneutralität. Es wird in keiner Weise vorgegeben, wie die Funktion zu realisieren ist. Dadurch ergeben sich einige Vorteile:

- Die Randbedingungen und Einschränkungen treten deutlich zutage
- Der Lieferant bzw. der Hersteller des Produktes hat völlig freie Hand bei der Auswahl der Lösungsprinzipien
- Zwischen Ersteller der FLB und der Realisierer kann es zu fruchtbaren Dialogen kommen, um die Lösung zu optimieren
- Konflikte und Widersprüche bei der Funktionserfüllung werden klarer

5 Methodische Instrumente

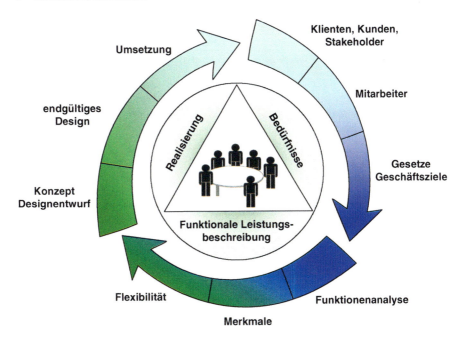

Abb. 5.18 Einbindung der FLB in die Produktentstehung

- Mögliche Varianten werden erarbeitet und dargestellt
- Innovationen werden gefördert

Allerdings ist eine wesentliche Voraussetzung, dass auf beiden Seiten genügend Know-how und Know-why vorhanden ist, um das erreichbare Optimum zu finden.

Die FLB lässt sich auf ein materielles Produkt, ein System, auf Software, einen industriellen Prozess eine Verwaltungstätigkeit, ein Organisationsproblem, eine Dienstleistung, ein Managementsystem und anderes anwenden. Damit kann sie für einen weiten Anwendungsbereich zum Einsatz kommen. Die FLB kann entweder im Rahmen einer Kunden-Lieferanten-Beziehung angewendet werden oder sie kann intern zum Einsatz kommen.

In Deutschland ist die FLB noch kaum ein Thema, mit einer Ausnahme: Die Ausschreibung und Vergabe von Bauaufträgen mit funktionaler Leistungsbeschreibung bzw. mit Funktionalausschreibung, haben einen festen Stellenwert in der Bauwirtschaft eingenommen. Im englischsprachigen Raum ist der Ansatz weiter verbreitet. Bereits 1988 gibt es Beispiele für die Anwendung von FLB an einem externen Computer System Simulator oder einem Trägheitsnavigationssystem. Auf der SAVE-Konferenz (Society of American Value Engineers) 2006 berichtete ein Vortragender über die Anwendung von VM (Value Management) und FPS (Functional Performance Specification) für ein Verkehrsinformationssystem. Ein Auszug daraus ist in Tab. 5.1 dargestellt.

Fazit: Die Funktionale Leistungsbeschreibung (FLB) ist ein Dokument, in dem Nutzeranforderungen in Form von Funktionen mit deren Erfüllungsgraden lösungs-

Tab. 5.1 FLB für ein Verkehrsinformationssystem

Number	Function	Criteria	Level	Flex	Comments
1.1.1.1	Keep track of counts	History	Forever	F0	It is important to be able to eventually go back to any year
		Archives	After 20 years	F0	Anything before that is available at any time
3.1.2	Moniter collection process	View of data	15 min	F1	
		Communication achieved	Yes or no	F1	
4.5.3.3	Select best suited curve	Number of best choices	5	F1	

neutral beschrieben werden. Sie unterstützt damit wirkungsvoll die Suche nach optimalen Lösungen.

5.4 Design to cost (DTC), Design to Objectives (DTO)

Kurt Götz

In vielen Unternehmen – vor allem bei technologieorientierten – stehen bei der Produktentstehung die Eigenschaften und die Performance des Produktes (= Funktionserfüllungsgrad) im Vordergrund. Diese Denkweise könnte man Design to Function nennen. Häufig zeigt sich dann kurz vor dem geplanten Produktionsstart, dass die Herstellkosten zu hoch sind. Dadurch werden zusätzliche Aktivitäten erforderlich, welche meist auch die Termine nach hinten schieben. Eine Priorisierung in der Reihenfolge Funktion, Termin und Kosten ist daher nicht zielführend. Die Herstellkosten sollten nicht als Ergebnis betrachtet, sondern frühzeitig als eigenständiges Ziel im Produktentstehungsprozess festgelegt und permanent verfolgt werden, denn das Produktkonzept legt ca. 80 % der Kosten fest.

Dafür hat sich der Begriff Design to Cost (DTC) etabliert. DTC ist eine Denkweise, die ein effizientes Kostenmanagement ermöglicht. Die Produktkosten werden zum wesentlichen und gleichberechtigten Ziel in Balance mit anderen Zielen wie Funktionalität und Termine bei der Produktentwicklung (siehe Abb. 5.19).

Auf folgenden Elementen basiert DTC:

- Alle Beteiligten im Produktentstehungsprozess kennen die Zahlungsbereitschaft der Kunden bzw. die Preiserfordernisse im Wettbewerb.
- Zielkosten sind mittels Target Costing/Funktionskostenanalyse auf einen Detaillierungsgrad heruntergebrochen, bei dem die Kosten direkt beeinflussbar sind.

Abb. 5.19 Produktspezifische Ziele bei der Produktentstehung

- Zielkosten und Entwicklungsbudget sind von allen akzeptiert.
- Kundenforderungen sind auch im Hinblick auf künftige Veränderungen komplett erfasst und werden abhängig von der Kundenanwendung ausbalanciert und priorisiert.
- Die Produktfunktionen sind analysiert, um den Produktnutzen in Relation zu den Kosten vollständig zu verstehen.
- Kostentreiber sind identifiziert, werden in der Spezifikation berücksichtigt und sind Gegenstand von Aktivitäten zur Kostensenkung.
- Alternative Konzepte werden intensiv gesucht, um kostengünstige Lösungen zu finden.
- Kosten sind allen Beteiligten bekannt und werden laufend aktualisiert.
- Geeignete Methoden werden eingesetzt, um die Ziele zu erreichen, vor allem Wertanalyse.

Bei bekannten Lösungsprinzipien gibt es für den Konstrukteur bei der Auswahl von kostenoptimalen Lösungen das Hilfsmittel der Relativkosten. Die Anwendung ermöglicht eine Abschätzung der relativen Kosten von Werkstoffen, Halbzeugen und Zukaufteilen, indem eine Bezugsgröße mit einem Faktor für den spezifischen Fall beaufschlagt wird. Verschiedene Alternativen lassen sich so ohne Ermittlung der genauen Kosten relativ schnell vergleichen. Allerdings sind solche Kostensammlungen häufig aufwendig zu erstellen, benötigen einen hohen Aktualisierungsaufwand und haben nur firmenspezifische Aussagekraft. Anwendungen für Relativkosten finden sich unter anderem in DIN 32 991 Teil 1 am Beispiel von Schraubenverbindungen. Auch wenn in den vergangenen Jahren die Bedeutung der Relativkostenkataloge gesunken ist, könnten softwaregestütze Systeme und unternehmensübergreifende Ansätze der Methodik wieder einen Aufschwung verschaffen.

Ein weiterer Ansatz ist die Sammlung von Konstruktions- und Gestaltungsregeln. Dabei werden Ergebnisse und Erfahrungen aus Vorgängerprodukten ausgewertet und abstrahiert dokumentiert. Dabei geht es natürlich nicht nur um Kosten, sondern auch um funktionale und produktionstechnische Erkenntnisse.

Eine Variante im Vorgehen zur kostenoptimalen Gestaltung von Produkten ist das Design for Life Cycle Cost. Dabei werden nicht nur die Herstellkosten, sondern alle Kosten im Produktlebenszyklus einbezogen. Vor allen bei langlebigen Investitionsgütern, bei denen die laufenden Kosten (und eventuell die Außerbetriebnahme inklusive Entsorgung) eine wichtige Rolle spielen, kommt dieser Ansatz mehr und

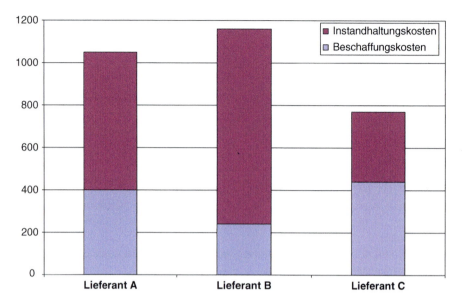

Abb. 5.20 Angebote mit unterschiedlichen Einmal- und Folgekosten

mehr zur Anwendung. Seit einigen Jahren beschafft die Daimler AG ihre Produktionsanlagen nur noch auf Basis von TCO-Verträgen (TCO = Total Cost of Ownership).

Abbildung 5.20 verdeutlicht, dass bei einem rein preisbasierten Entscheidungsverfahren der Lieferant B den Kaufzuschlag auf Grund des geringsten Anschaffungspreises erhalten wird. Wird aber die Summe aus Beschaffungs- und Instandhaltungskosten über die ersten x Jahre bei den Lieferanten angefragt und als Vertragsbestandteil im Kaufvertrag verbindlich festgeschrieben, so hat der Lieferant C das mit Abstand beste Angebot.

Die Problematik bei der Ermittlung der Lebenszykluskosten ist, dass im frühen Stadium der Produktentstehung keine oder nur sehr ungenaue Kosteninformation vorliegen. Das betrifft nicht nur die Kosten für Betrieb und Entsorgung, sondern meist auch die Herstellkosten. Künftig wird es erforderlich sein, eine intensivere Zusammenarbeit mit Kostenexperten zu pflegen und bessere Kostenmodelle unterstützt durch praktikable Software-Werkzeuge einzusetzen. Zudem sind die Anreizsysteme für den Einkauf so zu modifizieren, dass nicht nur die einmaligen Beschaffungskosten als Optimierungsgröße berücksichtigt werden, sondern auch die laufenden Kosten in die Bewertung und Entscheidung einfließen.

Für jedes Produkt gibt es spezifische Hauptforderungen. Abhängig davon hat jedes Entwicklungsprojekt Schwerpunkte (Design to Objectives oder Design to X). Es soll spezifischen Anforderungen oder Gerechtheiten erfüllen.

Folgende Gerechtheiten sind häufig anzutreffen (alphabetisch angeordnet):

- ausdehnungsgerecht
- ergonomiegerecht

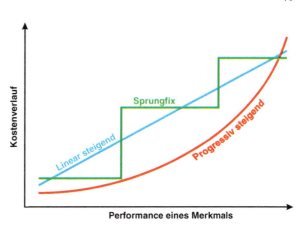

Abb. 5.21 Mögliche Kostenverläufe mit steigendem Funktionserfüllungsgrad

- fertigungsgerecht
- festigkeitsgerecht
- instandhaltungsgerecht (relevant für LCC)
- korrosionsgerecht
- kriech- und relaxationsgerecht
- montagegerecht
- normgerecht
- risikogerecht
- sicherheitsgerecht
- tribologiegerecht
- umweltgerecht
- verbrauchsgerecht
- verschleißgerecht
- werkstoffgerecht

Um die richtige Entscheidung zwischen Kostenziel und Performancezielen treffen zu können, sollten die Abhängigkeiten zwischen Kosten und Performance bekannt sein. Abbildung 5.21 zeigt drei prinzipielle Kostenverläufe.

Fazit: Für das kostenoptimale Konstruieren ist es erforderlich, permanent Kosteninformationen bereitzustellen, geeignete Methoden einzusetzen und vor allen das Bewusstsein aller Beteiligten für die Markterfordernisse zu schärfen.

5.5 Target Costing

Udo Geldmann

Das Target Costing (Zielkostenmanagement) ist eine Methodik innerhalb des strategischen Kostenmanagement, das zur umfassenden Planung und Steuerung von Produktkosten zur Anwendung kommt. Der Ansatz des Target Costing begründet sich im Wandel vom Verkäufermarkt zum Käufermarkt. In diesem Zusammenhang geht es nicht mehr um die Frage: „Was wird ein Produkt kosten?", sondern man ist gezwungen, schon am Beginn der Produktentwicklung sich die Frage zu stellen: „Was darf ein Produkt bzw. die Produktkomponenten kosten?".

Aus diesem Grund muss die Kostenplanung bzw. die Bewertung der Produkte nicht erst in der Produktionsphase einsetzen, sondern bereits in der frühen Phase der Produktentstehung.

Das methodische Vorgehen des Target Costing unterteilt sich in folgende drei Schritte:

- Zielkostenfindung
- Zielkostenspaltung
- Zielkostenerreichung

1. Schritt: Zielkostenfindung Bei der Zielkostenfindung werden ausgehend von Marktuntersuchungen (Market into Company) die Eigenschaften eines Produktes festgelegt und gleichzeitig ein marktkonformer, hypothetischer Verkaufspreis (Target Prices) ermittelt, den der Kunde für die angebotenen Leistungskomponenten zu zahlen bereit ist. Zieht man von diesem (erlaubten) Preis die angestrebte Zielrendite (Target Profit) ab, so gelangt man zu den vom Markt erlaubten Kosten, den Benchmarkpreis (Allowable Costs).

Diese Kosten können als Zielkosten (Target Costs) angesetzt werden und geben den Kostenrahmen für den Produktentwicklungsprozess vor. Damit spiegeln sie in monetärer Weise die Markt- und Kundenanforderungen wider.

Häufig liegen die Allowable Costs jedoch unter den mit den aktuellen Verfahrensweisen und Strukturen erreichbaren Kosten, Kostenmanagement variantenreicher Produkte den sogenannten Standardkosten (Drifting Costs).

Die Zielkosten werden den Drifting Costs gegenübergestellt, wodurch sich die Ziellücke (Target Gap) ergibt. Sie zeigt einerseits die Diskrepanz zwischen Marktanforderungen und dem derzeitigen Unternehmenspotenzial und weist andererseits den quantitativen Handlungsbedarf zur Kostensenkung mittels geeigneter Maßnahmen aus.

2. Schritt: Zielkostenspaltung In der Zielkostenspaltung erfolgt die Aufteilung der ermittelten (Darf-) Gesamtzielkosten in Teilzielkosten. Teilzielkosten können für Funktionen, Baugruppen oder Bauteile bestimmt werden. Dazu werden die einzelnen Leistungskomponenten gewichtet. Durch die Multiplikation der gewichteten Leistungskomponenten mit den (Darf-) Gesamtzielkosten, erhält man die sogenannten Darfkostenanteile (Teilzielkosten). Hierzu eignet sich im besonderen Maße die erstellte Funktionengliederung.

3. Schritt: Zielkostenerreichung Mit der Zielkostenerreichung wird versucht, aktuelle Ist-Kosten zu verringern und die einzelnen Teilzielkosten durch Kostensenkungsmaßnahmen zu erreichen. Das Konzept des Target Costing ist in Abb. 5.22 vereinfacht dargestellt.

Die Vorteile des Target Costing liegen in der Markt- und Kundenorientierung, denn angesichts hart umkämpfter Käufermärkte müssen Kostenrechnungssysteme immer mehr durch marktorientierte (das heißt an den Kunden des Unternehmens ausgerichtete) Konzeptionen ergänzt werden.

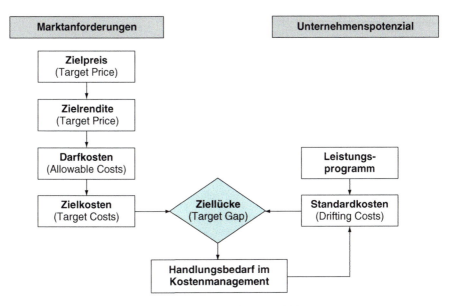

Abb. 5.22 Konzept des Target Costing. (Vgl. Kremin-Buch 2004)

Zudem stellen die Zielkostenanteile eine präzise Kostenvorgabe für alle am Entwicklungsprozess beteiligten Mitarbeiter dar. Hierbei wird der gesamte Lebenszyklus eines Produktes betrachtet.

Als Problem wird vor allem die Subjektivität bei der Ermittlung der Zielkosten von Produkten angesehen, da es sich bei den Zielkosten nicht um eine objektive Größe handelt, sondern um Kosten, die von subjektiven Einschätzungen (wie z. B. dem geschätzten Zielpreis) abhängen.

5.6 Balanced Scorecard – Prinzipien und Nutzen

Sigurd Jönsson

Das Managementinstrument „Balanced Scorecard" (BSC) wurde ursprünglich entwickelt, um das Problem der Messung und Steuerung von nichtfiskalischen Einflussfaktoren in mehr und mehr wissensbasierten Organisationen zu lösen. Solche, mit konventionellen Methoden quantitativ schwer fassbare Einflussgrößen, sind beispielsweise die Fähigkeiten und Fertigkeiten der Mitarbeiter, die Effizienz und Reaktionsgeschwindigkeit betrieblicher Prozesse oder auch die Art der Einbettung eines Unternehmens in die umgebende Gesellschaft (Abb. 5.23).

Im Verlauf der Anwendung und weiteren Ausarbeitung der Methode entwickelte sich die BSC zu einem ganzheitlichen Führungsinstrument, das geeignet ist, strategische Defizite in der Führung zu überwinden und die immateriellen Vermögenswerte einer Unternehmung messbar zu machen und zu steuern.

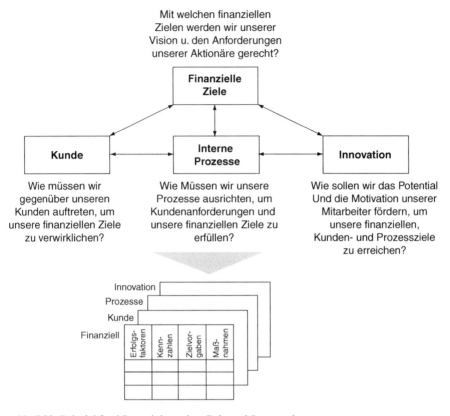

Abb. 5.23 Beispiel für 4 Perspektiven einer Balanced Scorecard

5.6.1 Historie

Die Ursprünge der BSC gehen auf das Jahr 1990 zurück, als das Nolan Norton Institute, der Forschungszweig der KPMG in den USA, eine Studie zum Performance Measurement in Unternehmen der Zukunft begleitete. Die Studie wurde von David Norton, Geschäftsführer von Nolan Norton, geleitet. Akademisch unterstützt wurden die Arbeiten von Robert Kaplan, Harvard Business School. Die Ergebnisse dieser Arbeiten und die sich daraus entwickelnden Prinzipien und Anwendungsbeispiele der BSC wurden in zahlreichen Fachartikeln und Büchern veröffentlicht (Kaplan und Norton 1992, 1993, 1997, 2004).

5.6.2 Prinzipien und Nutzen

Die Einführung einer BSC erfolgt stringent top-down: Aus den Zielgrößen des Unternehmens ergeben sich die Zielgrößen der Divisionen, daraus die der Ge-

5 Methodische Instrumente   83

schäftsbereiche etc. Der Start einer BSC-Zielkaskade muss nicht zwangsläufig bei der Unternehmensspitze beginnen. Einzelne Bereichsleiter können die BSC zur Steuerung ihres Bereichs einsetzen, während der Rest des Unternehmens weiter mit konventionellen Methoden gesteuert wird. Der Hauptnutzen der BSC ist die Mess- und Steuerbarkeit der nichtfiskalischen Einflussgrößen eines Unternehmens. Die BSC bietet zudem weiteren Nutzen, der im Folgenden kurz erläutert wird.

5.6.3 Operationalisierung von Vision und Strategie eines Unternehmens

Visionen und Strategien werden von den Topführungskräften eines Unternehmens entwickelt. In der Regel sind die daraus resultierenden Handlungsgrundsätze wenig konkret. Über die Entwicklung der logischen Zusammenhänge, die sich bei der Erstellung einer BSC über die verschiedenen Hierarchiestufen zwangsläufig ergeben, werden die allgemeinen Grundsätze der Vision und Strategie in konkrete Realisierungsprojekte transformiert. Dadurch wird die Unternehmensstrategie für alle konkret und transparent. Nach der Erstellung einer BSC weiß jeder Mitarbeiter, was er konkret zu tun hat und wie er zur Realisierung der Unternehmensziele beiträgt.

5.6.4 Ganzheitliche Steuerung des Unternehmens unter Einbeziehung von Frühindikatoren

Die zur Unternehmenssteuerung üblichen Finanzkennzahlen haben den Charakter von Spätindikatoren. Das heißt wenn beispielsweise der Umsatz für ein Produkt zurückgeht, ist es für das Einleiten einer Maßnahme, die das verhindern könnte, zu spät. Die im Rahmen des Einsatzes einer BSC zu entwickelnden nichtfiskalischen Kennzahlen haben den Charakter von Frühindikatoren. Beispiel: Wenn die Zufriedenheit der Mitarbeiter im Unternehmen sinkt, führen unzufriedene Mitarbeiter früher oder später zu unzufriedenen Kunden, unzufriedene Kunden führen schließlich zum Rückgang des Umsatzes. Wurden Kennzahlen zur Beurteilung der Mitarbeiterzufriedenheit in die BSC mit aufgenommen, bleibt nach der Feststellung des Absinkens dieses Messwertes in der Regel noch genug Zeit, mit geeigneten Maßnahmen gegenzusteuern, bevor es zu Auswirkungen auf den Umsatz kommt.

5.6.5 Analyse der Ursache-Wirkungs-Zusammenhänge im Unternehmen

In einem Unternehmen hängt alles miteinander zusammen und beeinflusst sich gegenseitig. Bei der Erstellung einer BSC werden diese Abhängigkeiten zwischen

Früh- und Spätindikatoren analysiert und gewichtet. Dies lenkt die Aufmerksamkeit der Unternehmensführung auf die Schwerpunktthemen innerhalb der Geschäftsprozesse und erzeugt bei den betroffenen Mitarbeitern ein tiefes Verständnis für die Faktoren, die für den Unternehmenserfolg von ausschlaggebender Bedeutung sind.

5.6.6 Nutzung der Balanced Scorecard im Rahmen des Value Management

Wie eingangs erwähnt, liegt einer der Hauptnutzen der Balanced Scorecard in der Steuerbarkeit von immateriellen Vermögenswerten einer Unternehmung. Durch das Einbeziehen von Frühindikatoren in das Controllingsystem und die klare Analyse der Wirkungszusammenhänge der betrachteten Einflussfaktoren, erhält die Unternehmensleitung ein wirkungsvolles Instrument zur langfristigen strategischen und wertorientierten Unternehmenssteuerung.

Bei der BSC werden die Analysen und Maßnahmen ganzheitlich unter Einbeziehung der betroffenen Mitarbeiter erarbeitet. Sie entspricht damit den Grundsätzen des Value Management. Die BSC entwickelt eine große Realisierungskraft: Die Mitarbeiter wissen warum bestimmte Maßnahmen durchgeführt werden. Über die Zielkaskade ist für sie leicht nachzuvollziehen, wie ihre Arbeit zum Unternehmenserfolg beiträgt.

5.7 Quality Funktion Deployment (QFD)

Horst R. Schöler

Aufgabe und Ziel von QFD ist es, die Kundenforderungen und Nutzenvorstellungen an die zu entwickelnde Leistung (Produkt, Dienstleistungen, Prozesse, Abläufe, etc.) in die einzelnen Bereiche des Unternehmens zu transportieren, sie dort verständlich zu machen und die Umsetzung ganzheitlich sicherzustellen. Dies geschieht durch abgestimmte Planungs- und Kommunikationsschritte, die systematisch alle Betroffenen am Entwicklungsprozess beteiligen.

Der Begriff *Kundenforderung* kann sich auf externe wie interne Kunden (z. B. Fertigung, Vertrieb) beziehen. QFD ist eine Methodik (Basiskonzept vorgestellt von Akao 1966)

- die durch Anwendung unterschiedlicher Charts
- Planungs- und Kommunikationsschritte vorgibt, um
- alle Bereiche und Betroffene im und außerhalb des Unternehmens am Produktentwicklungsprozess zu beteiligen,
- damit die Kundenforderungen allen Beteiligten bewusst und anforderungsgerecht realisiert werden können.

Die Planungs- und Kommunikationsschritte bestehen aus einer Anzahl von Tableaus, auch Charts oder Matrizen genannt. Diese Charts verknüpfen Eingabe- und Ausgabewerte.

In der Praxis kommt es häufig vor, dass zu Beginn einer Produktentwicklung ausführlich Produktdaten erhoben und gesammelt und in den Produktentwicklungsprozess eingebracht werden. Nach Abschluss und bei Betrachtung des fertigen Produktes sucht man sehr oft die zuvor erhobenen Parameter vergebens. Der Grund für diese unbefriedigende Situation ist, eine häufig wechselnde Verantwortung für die gesamte technische Umsetzung von Produktkonzepten in Produkte. QFD bietet die Möglichkeit, dass kundenwichtige Merkmale während der Entwicklung im Zentrum der Bemühungen bleiben.

5.7.1 Methodische Ansätze

Grundsätzlich unterscheidet man zwei Ansätze und Vorgehensweisen:

1. Phasenmodell:
   Die einzelnen Schritte bestehen aus einer Anzahl von Tableaus, die die Kundenforderungen in die einzelnen Produktentwicklungsphasen transportieren. Abbildung 5.24 zeigt diese Vorgehensweise. Dieser Ansatz wurde von Macabe entwickelt.

   Stufe 1: Produktplanung:
   Umsetzen der Kundenforderungen in lösungsneutrale technische Merkmale. Die Kundenforderungen werden in die Sprache des Entwicklers transformiert (deployment).

   Stufe 2: Teileplanung:
   Ableiten aus den technischen Merkmalen die wesentlichen Komponentenmerkmale bzw. Komponenten/Teile.

   Stufe 3: Prozessplanung:
   Die Komponenten/Teile sind Ausgangspunkt für die Planung von Prozessmerkmalen.

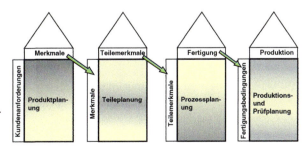

Abb. 5.24 Stufen im Phasenmodell. (Ansatz nach American Supplier Institute, ASI)

Stufe 4: Produktions- und Prüfplanung:
Festlegen der Fertigungsprozesse einschließlich Montage und Prüfplanung.

Nachteil dieses Phasenmodells, das die Stimme des Kunden bis in die Fertigung überträgt, ist die sehr hohe Komplexität. Wenn überhaupt, gelingt diese Übertragung nur bei sehr wenigen Merkmalen.

2. Modell nach Akao (Verknüpfungsmodell)
   In diesem Modell werden die Matrizen und Tableaus nicht in der Reihenfolge der Produktentwicklungsschritte abgearbeitet, sondern einzelne Tableaus werden je nach Schwerpunktsproblemen gebündelt, z. B. das House of Quality zu Beginn einer Produktentwicklung zur Darstellung der Kundenforderungen einschließlich deren Merkmale und der marktorientierten Wettbewerbsanalyse zur Ermittlung einer Entwicklungsstrategie.

Ein zentrales Problem in der gesamten Produktentwicklung ist das Einbringen der Kundenforderungen und deren Verfolgung bis zur Produktfertigstellung. Im Rahmen der Produktplanung werden die Kundenforderungen in die technischen Merkmale überführt. Diese Schnittstelle zwischen Kunden und Unternehmen bietet viele Möglichkeiten, Kundenforderungen unterschiedlich zu verstehen und zu bewerten. Dadurch ergeben sich für ähnliche Anforderungen oftmals unterschiedliche Produktkonzepte.

Je komplexer ein Produkt nach außen ist (Schnittstelle Kunden – Produkt), umso anspruchsvoller und schwieriger ist es, die Kundenforderungen zu erkennen, richtig zu wichten und in attraktive Produktkonzepte zu übersetzen. Aus diesem Grunde befasst sich die weitere Beschreibung der Methode QFD auf die Darstellung des wichtigsten und bekanntesten Charts, das House of Quality.

Das **House of Quality (HoQ)** ist eine Strukturierungshilfe, um komplexe Zusammenhänge in der Produktplanungsphase komprimiert darzustellen und transparent zu machen. Mit „House of Quality" bezeichnet man die erste Matrix im QFD-Prozess.

Als Matrix, welche die Schnittstelle zum Markt darstellt und die Kundenforderungen korrekt und vollständig erfassen soll, ist sie für die marktorientierte Produktentwicklung von entscheidender Bedeutung.

In der frühen Phase der Produktentwicklung, der Produktplanung, wird ein großer Teil der späteren Kosten festgelegt. Aus diesem Grunde ist es notwendig, ein durchdachtes und zielgerichtetes Produktkonzept mit den relevanten Kundenforderungen zu erarbeiten. Auch bei einer Produktkostenoptimierung mittels Wertanalyse kann es von Vorteil sein, sich mit dieser Schnittstelle zum Kunden zu befassen, da die größten Kostentreiber in der Entwicklungsphase festgelegt werden.

Folgende Basisschritte sind notwendig, um das HoQ zu erstellen (vgl. Abb. 5.25):

0. Marktsegmentierung und Bestimmen der Kundenzielgruppe(n)
1. Erfassen der Kundenforderungen für die spezielle Kundenzielgruppe
2. Gewichtung der Kundenforderungen aus Kundensicht

5 Methodische Instrumente

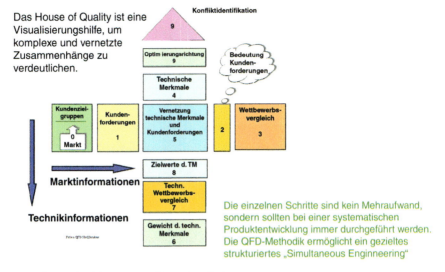

Abb. 5.25 Basisschritte zur Erstellung eines HoQ

3. Wettbewerbsvergleich aus Kundensicht hinsichtlich der Kundenforderungen und -wünsche und Auswertung des Vergleichs.
4. Ableiten der technischen Merkmale aus den Kundenforderungen
5. Aufzeigen der Zusammenhänge zwischen technischen Merkmalen und Kundenforderungen (Korrelationen)
6. Gewichtung der technischen Merkmale
7. Technischer Wettbewerbsvergleich
8. Festlegen der Zielwerte der technischen Merkmale
9. Festlegen der Konfliktsituation der technischen Merkmale untereinander (Optimierungsrichtung festlegen, Lösungen zur Bereinigung der Konflikte suchen)
10. Diagnose und Überprüfung des HoQ

Die einzelnen Schritte sind kein Mehraufwand, sondern sollten bei einer systematischen Produktentwicklung immer durchgeführt werden. Die QFD-Methodik ermöglicht ein gezieltes strukturiertes „Simultaneous Engineering".

Nachdem alle erforderlichen Werte ermittelt und in das HoQ eingetragen wurden, ist die Arbeit am HoQ noch nicht beendet. Es werden noch fehlende Informationen ergänzt, „überflüssige" Informationen entfernt oder Inkonsistenzen genauer analysiert und bereinigt. Die Vernetzung der eingetragenen Informationen und Daten erlaubt eine ganzheitliche Analyse im Planungsstadium. Abbildung 5.26 zeigt die Basisstruktur eines House of Quality am Beispiel eines Klimagerätes.

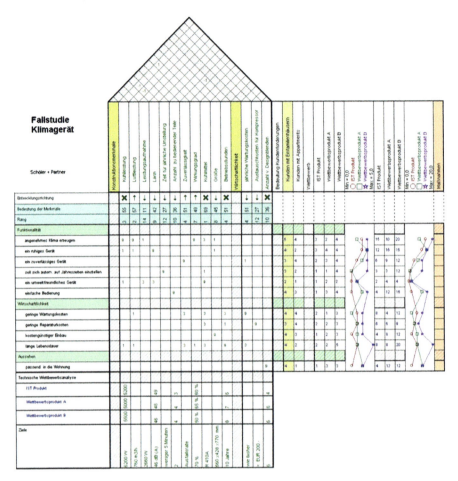

Abb. 5.26 Gesamtdarstellung eines House of Quality (Basisdarstellung)

5.7.2 Management von QFD

Wie schon bei der Definition von QFD beschrieben, ist Kommunikation zwischen den einzelnen Mitarbeitern und Bereichen der wichtigste Erfolgsfaktor, neben dem Verstehen der Methode und der Fähigkeit, die Systematik richtig einzusetzen. QFD ist strukturierte Kommunikation. Schwierigkeiten bei der Einführung und Anwendung entstehen demnach auf der sachlichen wie auf der emotionalen Ebene.

Die Anwendung von QFD im Projekt erfordert eine sorgfältige Vorbereitung und Planung der einzelnen Schritte. Da meistens noch kein methodisches Wissen der einzuführenden Methode im Unternehmen vorliegt und gewisse Veränderungsmaßnahmen und Anforderungen erfüllt werden müssen, hat sich die Beteiligung von externen Sachverständigen bei Training, Einführung und Durchführung der dazu notwendigen Schritte als vorteilhaft erwiesen.

Die situationsgerechte Einführung der Methoden im Unternehmen umfasst auch die zeitlich richtige Anwendung innerhalb des Entwicklungsprozesses. Falsches Timing kann zu zeitintensiver und kostentreibender Doppelarbeit führen. Die Qualität und die Marktfähigkeit eines Produktes entstehen schon in der Planungsphase in der Kundenanforderungen, Funktionen und Eigenschaften festgelegt werden. Aus diesem Grunde ist es Aufgabe jeder erfolgreichen Produktentwicklung und Produktkostenoptimierung:

- das richtige und vollständige Empfinden, Erkennen und Formulieren von Kundenanforderungen und
- die Umsetzung dieser Anforderungen in Produktmerkmale und Qualitätsziele durch die verantwortlichen Bereiche im Unternehmen.

QFD bietet die Chance, alle verantwortlichen Bereiche in diesem Sinne stärker in die Produktentwicklungsarbeit und Realisierungstätigkeiten einzubinden. Besonders positiv wirkt sich dies auf die Schnittstelle Marketing/Verkauf und Entwicklung aus.

5.8 FMEA

Günter Kersten und Roland Mathe

Ziele und Forderung der FMEA Ursprung für rationales Problem-Management waren seit 1952 die Kepner-Tregoe-Methoden mit den vier grundlegenden Analysemethoden wie Situations-, Problem- und Entscheidungsanalyse sowie der Analyse potenzieller Probleme. Daraus wurde Anfang der 60er Jahre in den USA die FMEA (Failure Mode and Effects Analysis oder Fehler-Möglichkeits- und Einfluss-Analyse) für das Apollo-Projekt der NASA entwickelt. Seit den 80er Jahren findet die Methode weltweit breite Anwendung in Qualitätsmanagementsystemen. Die ISO/TS 16949 vereint weltweit existierende Forderungen der Automobilindustrie an die Qualitätsmanagementsysteme ihrer Lieferanten. Zu diesen Forderungen gehören zum Beispiel die Richtlinien VDA 4, QS 9000 und DIN EN 60 812.

Das Ziel der FMEA ist es, bei der Entwicklung und Planung neuer Produkte und Prozesse potenzielle, kritische Fehler frühzeitig zu erkennen und deren Fehlerquellen konsequent zu vermeiden. Denn Fehler, die nicht entstehen, verursachen auch keine Probleme.

5.8.1 Ablauf der FMEA

Beim Einstieg in die FMEA werden die zu erfüllenden Funktionen exakt und komplett beschrieben. Dies ist eine wichtige Voraussetzung für die richtige und vollstän-

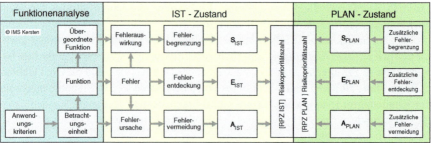

Abb. 5.27 Logische Struktur der vollständigen FMEA-Methodik

dige Fehleranalyse. Potenzielle Fehler werden durch Antizipation aus der Funktion abgeleitet. Danach wird der Fehler zur Ursache-Wirkungs-Kette mit Fehlerauswirkung einerseits und Fehlerursachen andererseits erweitert. Nun werden die bereits im Ist-Zustand realisierten Gegenmaßnahmen, wie Fehlerbegrenzung, -entdeckung, und -vermeidung den drei Stationen der Kausalkette eindeutig zugeordnet und entsprechend mit „S"=Schwere/Bedeutung der Auswirkung, „E"=Entdeckungswahrscheinlichkeit und „A"=Auftretenswahrscheinlichkeit bewertet. Das Produkt aus den drei Bewertungen ergibt die Risikoprioritätszahl (RPZ). Das Produkt aus „S" und „A" stellt das Risiko dar. Falls ein für die Bewertung festgelegtes Limit überschritten wird, sind weitere Gegenmaßnahmen im Plan-Zustand in der priorisierten Reihenfolge – Fehlervermeidung vor Fehlerbegrenzung vor Fehlerentdeckung – zu erarbeiten. (Abb. 5.27)

5.8.2 Darstellungsformen

Die konventionelle FMEA wird als Baumstruktur in Formblättern dargestellt. Die Forderung nach hochgradiger Fehlervermeidung erfordert möglichst vollständige Analysen, die durch zusätzliche methodische Elemente inzwischen realisiert werden können. Um eine methodisch vollständige FMEA abbilden zu können, wird das in Abb. 5.28 dargestellte, strukturierte, selbsterklärende Formular verwendet.

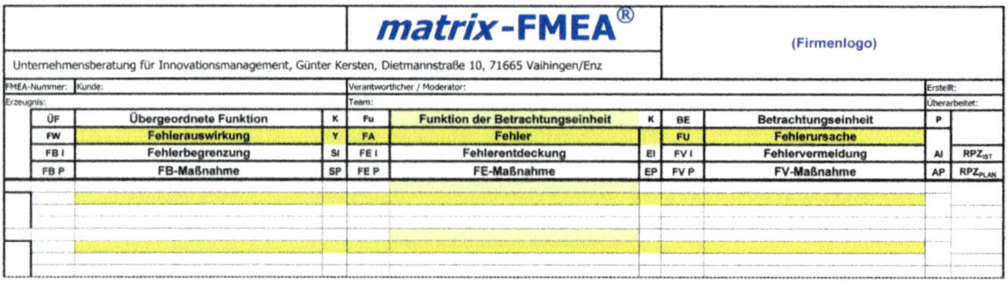

Abb. 5.28 Strukturiertes, selbsterklärendes FMEA-Formular

5 Methodische Instrumente

Um bei diesen umfangreichen Analysen sowohl Wiederholungen als auch Multiplikationen der Daten zu vermeiden, werden diese in äußerst kompakter Weise in einem Matrizensystem dargestellt. Das Matrizensystem ermöglicht alternativ die Durchführung von FMEA oder Risikoanalyse/funktionale Sicherheit. Mit der nach Prioritäten entlang dem kritischen Pfad gesteuerten Analyse findet das Team direkt und vollständig die kritischen Punkte bei gleichzeitig wesentlich geringerem Teamaufwand. (Abb. 5.29)

Die in der Risikoanalyse erstellten Daten werden jeweils nach den höchsten Risikopotenzialen aufgestellt und ermöglichen dadurch eine optimale Risikominimierung mit wenigen, aber synergetisch wirkenden Maßnahmen.

FMEA-Kreis nach Kersten: Die matrix-FMEA® unterstützt die gewünschte interaktive Kommunikation und interdisziplinäre Kooperation verschiedener Unternehmensbereiche, sowie die Zusammenarbeit mit Kunden bzw. Lieferanten im Rahmen des Supply-Chain-Management (SCM). (Abb. 5.30)

Zur bereichsübergreifenden Zusammenarbeit wird die FMEA entsprechend den FMEA-Arten auf verschiedenen Ebenen durchgeführt. Neben der Unterscheidung zwischen funktionsorientierten (System-, Konstruktions-FMEA) und prozessorientierten (Prozess-, Montage-, Logistik-FMEA) Analysen, ist eine weitere hierarchische Spezifizierung der FMEA-Begriffe zwingend notwendig. Die einzelnen Ebenen werden durch einen automatischen Datentransfer miteinander verbunden. Neben dem dadurch entstandenen Rationalisierungseffekt wird damit erreicht, dass

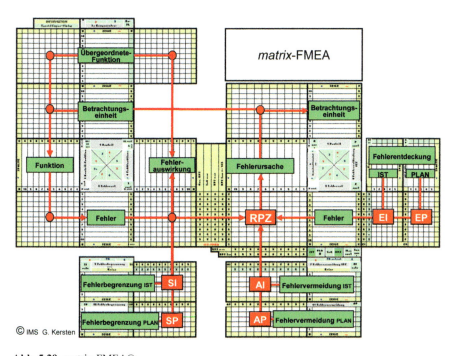

Abb. 5.29 matrix-FMEA®

Abb. 5.30 FMEA-Kreis

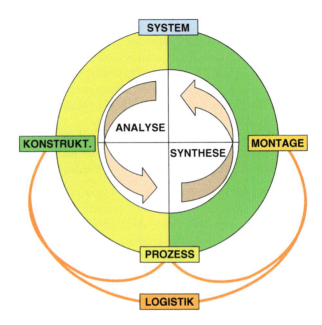

die FMEA-Arten im FMEA-Kreis im eindeutigen methodischen Zusammenhang stehen.

- **System-FMEA** untersucht das funktionsgerechte Zusammenwirken der Systemkomponenten und ihrer Verbindungen zur Vermeidung von Systemfehlern.
- **Konstruktions-FMEA** analysiert die pflichtenheftgerechte Gestaltung, Auslegung der Komponentenbauteile zur Vermeidung von Konstruktionsfehlern.
- **Prozess-FMEA** untersucht die zeichnungsgerechte Prozessplanung und Herstellung der Bauteile zur Vermeidung von Prozessfehlern.
- **Montage-FMEA** untersucht die Montage von Bauteilen zu einer Komponente zur Vermeidung von Montagefehlern.
- **Logistik-FMEA** untersucht vorgabengerechte Logistikprozesse zur Vermeidung von Logistikfehlern.

Zusammenfassung Ziel der FMEA ist es, Qualität, Zuverlässigkeit und Sicherheit von Produkten und Prozessen wirksam zu verbessern und das bereits beginnend im Produktentstehungsprozess, also in einer möglichst frühen Phase des Produktlebenszyklus.. Hierbei wird einerseits die Kundenzufriedenheit erhöht, aber auch die Funktionserfüllung aus Herstellersicht bzw. Leistungsanbieters verbessert durch die Vermeidung von Aufwendungen für erforderliche Fehlerkorrekturen. Der Fokus der FMEA richtet sich weniger auf die Fehlerentdeckung sondern auf die Vermeidung der Fehlerursache und eventuell Begrenzung der Fehlerauswirkung.

Dazu ist es notwendig, vollständige Risikoanalysen durchzuführen, die kompakt und übersichtlich dokumentiert und darüber hinaus einfach und schnell durchzuführen sind.

Mit der beschriebenen *matrix*-FMEA® steht eine Methode zur Verfügung, die sogar die konfliktären Anforderungen hinsichtlich Effektivität und Effizienz erfüllt.

5.9 Wertstromdesign

Udo Geldmann

5.9.1 Zur Entstehung des Wertstromdesign

Prozessabläufe durch einfache Skizzen zu visualisieren stellt eine verbreitete Form der Analyse bei Toyota im Bereich der Produktion dar. Diese Vorgehensweise war zwar seit je her verbreitet, ohne jedoch eine eigenständige Bedeutung zu erhalten.

Es waren zwei Amerikaner, Mike Rother und John Shook, die das Potenzial dieser Darstellungsart erkannt, aufgegriffen und in einem Buch mit dem Titel „Learning to see" im Jahr 1998 unter dem Namen „Value Stream Mapping" veröffentlicht Rother und Shook (1998) haben. Aufgrund des großen Erfolges in den USA hat das Fraunhofer Institut für Produktionstechnik und Automatisierung (IPA) zusammen mit Mike Rother im Dezember 2002 eine deutsche Version des Buches mit dem Titel „Sehen lernen" herausgebracht Rother und Shook (2000) und das Konzept, zu Deutsch „Wertstromdesign", publiziert.

5.9.2 Was ist das Wertstromdesign?

Wertstromdesign ist ein Werkzeug für ganzheitliche Optimierungen von Prozessen, mit dessen Hilfe der gesamte Wertstrom zur Herstellung eines Produktes vom Lieferanten über die Produktion und die Montage bis hin zum Kunden aufgezeigt und verbessert werden kann.

Unter einem Wertstrom versteht man hierbei alle Aktivitäten (sowohl wertschöpfende als auch nicht-wertschöpfende), die notwendig sind, um ein Produkt vom Rohmaterial bis in die Hände des Kunden zu bringen.

5.9.3 Die Ziele des Wertstromdesigns!

Ziel des Wertstromdesigns ist es, in einer „einfachen Darstellung" Verschwendungen des existierenden Wertstroms (Ist-Zustand/Wertstromanalyse) wie z. B. durch hohe Bestände, hohe Durchlaufzeiten, Überproduktion, häufige Transporte, Nacharbeiten etc. zu identifizieren. Anschließend wird nach Möglichkeiten gesucht, den vorhandenen Ist-Zustand zu optimieren, so dass ein effizienterer und somit kundenorientierter Wertstrom (Soll-Zustand/Wertstromdesign) entsteht.

5.9.4 Welches sind die Merkmale des Wertstromdesigns?!

Die signifikanten Merkmale im Wertstromdesign sind:

- die ganzheitliche Betrachtung des Wertstroms
- die anschauliche und visuelle Art der Darstellung
- die Darstellung sowohl von Material- als auch von Informationsflüssen
- die bereichsübergreifende Zusammenarbeit und
- die zielorientierte Vorgehensweise

5.9.5 Die sieben Schritte in einem erfolgreichen Wertstromdesignprojekt

Die Schritte zu einem erfolgreichen Wertstromdesign Spanagel et al. (2004) unterscheiden sich nicht wesentlich von dem klassischen Vorgehen in einem Optimierungsprojekt. Es lassen sich grundlegend folgende Schritte definieren:

1. die Zieldefinition
2. die Ist-Analyse
3. die Schwachstellenanalyse
4. die Lösungsfindung (inklusive Umsetzungsplan)
5. die Implementierung
6. die Verifikation und Modifikation
7. die Standardisierung

Speziell soll hier ein wichtiger und in der Regel auch zeitaufwändiger Schritt (2. die Ist-Analyse) näher beschrieben werden. Die Abbildung mittels Computerprogrammen hat sich hier als wenig effizient erwiesen, so dass sich zweierlei Darstellungsarten durchgesetzt haben.

Der Ist-Zustand des betrachteten Wertstroms wird gewöhnlich im Team erarbeitet, aufgenommen und visualisiert. Um ein übergreifendes Bild des Prozesses zu erhalten, müssen dabei sowohl die Material- als auch die Informationsflüsse entlang des Wertstroms dargestellt werden. Dazu wurden von Rother und Shook (vgl. Rother und Shook (1998)) spezielle, standardisierte Symbole definiert, die mit „Bleistift und Radiergummi" skizziert werden. Die Weiterentwicklung dieser Symbole und Vorgehensweise stellen farblich codierte Haftnotizen mit entsprechend zu füllenden – relevanten – Datenfeldern dar. Dies ermöglicht es, die Analyse des bestehenden Prozesses zu vereinfachen und die Übersichtlichkeit, die Transparenz und den Zeitaufwand weiter deutlich zu verbessern. Die für den Anwendungsfall entwickelten Haftnotizen werden als EPit's Spanagel et al. (2004) bezeichnet.

Unter Anwendung der EPit's erfragt der Moderator den Ablauf sowie Zahlen, Daten und Fakten (ZDF) bezüglich des zu analysierenden Prozesses. Durch die vorgegebenen Felder der EPit's ist gewährleistet, dass diese Abfrage von Daten effizient und zielorientiert erfolgt. Gleichzeitig dienen die EPit's als Grundlage für

5 Methodische Instrumente

Abb. 5.31 Wertstrom. (Spanagel et al. 2004)

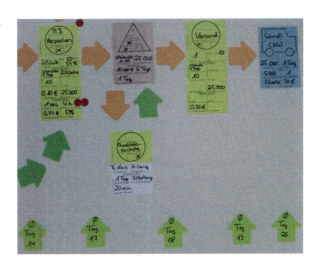

„Hausaufgaben", die die Teammitglieder übernehmen müssen. So gelingt es recht schnell den Ist-Zustand zu erfassen, zu visualisieren und erste Optimierungsansätze zu identifizieren. (Abb. 5.31)

5.9.6 Die Implementierung, die Verifikation und die Standardisierung

Eine Implementierung des Lösungskonzeptes alleine reicht in der Regel nicht aus, um eine nachhaltige Verbesserung zu erzielen. Vielmehr ist es an dieser Stelle erforderlich, die implementierte Lösung zu verifizieren, gegebenenfalls nochmals zu modifizieren und anschließend zu standardisieren. Dazu gehören beispielsweise die Überarbeitung von Arbeitsanweisungen, Arbeitsplatzbeschreibungen, die Festlegung von Prozessmessgrößen sowie Toleranzen und Spezifikationen. In der Regel hat es sich auch bewährt, den neuen Standard zu auditieren.

5.9.7 Zusammenfassung: Die „methodischen Parallelen"

Auf Basis der Ist-Analyse (systematisch ermittelte, visualisierte Information im bereichsübergreifenden Team) kommen nun die ähnlichen Ansätze zur Anwendung (Kreativitäts-, Visualisierungstechniken) um nach optimierten Alternativen zu suchen. Mit Bewertungstechniken wird die Prüfung auf Umsetzungsrelevanz ermittelt, um dann Entscheidungsvorlagen zu generieren oder gleich zu verabschieden. Das heißt während in der Wertanalyse/dem Value Management das Alleinstellungsmerkmal in den Funktionen und der Funktionenkostenanalyse liegt ist es beim Wertstromdesign die einfache Visualisierungsform des „Wertstromes" mit standardisierten Elementen. So kann auf Basis von beiden Ergebnissen (Funktionenkosten, bewertete Prozessschritte) nach einer optimierten Lösung bezüglich Herstellernutzen und oder Kundennutzen gesucht werden, das heißt entweder Reduzierung des Aufwandes (Herstell-, Prozess-, Bestandskosten, etc.) oder aber eine Erhöhung des Nutzens aus Sicht des Kunden (mehr Funktionen, schnellere Belieferung, etc.) oder beides.

5.10 Benchmarking im Sinne von Querdenken als Ansatz für best practice an Beispielen der Standardisierung

Reiner Wiest

Unter der englischen Wortbezeichnung „benchmarking"=„Maßstäbe setzen", wird eine vergleichende Analyse mit einem festgelegten „benchmark"=„Referenzwert" verstanden, der immer auf die beste Praktik (best practice) oder auf absolute Spitzenleistung ausgerichtet ist.

Benchmarking stellt sich im Vergleich zu Marktforschung und Wettbewerbsanalysen wie in Abb. 5.32 dar:

In der wertanalytischen Projektarbeit dient Benchmarking als methodisches Instrument zum konsequenten Sammeln und Sichten von denjenigen Informationen,

Vergleichs-kriterien	Marktforschung	Wettbewerbsanalyse	Benchmarking
Allgemeiner Zweck	Analyse von Märkten	Analyse der Strategien der Wettbewerber	Analyse des Was, Warum und Wie gut führende Unternehmen aus anderen Branchen agieren
Üblicher Schwerpunkt	Kundenbedürfnisse	Analyse der Stärken von Wettbewerbern	Analyse von Geschäftspraktiken, die in anderen Branchen Kundenbedürfnisse befriedigen
Einsatz	Produkte, Dienstleistungen, Technologien	Analyse von Kundenfunktionen bzgl. der Funktionskosten und des funktionalen Erfüllungsgrades bei Wettbewerbern	Analyse von Kunden und Markfunktionen bzgl. der Kosten und der funktionalen Erfüllungsgrade bei Unternehmen aus anderen Bereichen
In der Regel beschränkt auf	Grad der Kundenzufriedenheit	Aktivitäten im Markt	Nicht eingeschränkt
Informations-quellen	Kunden	Strategien und Verhalten von Wettbewerbern	Informationen über branchenübergreifende F+E-Berichte

Abb. 5.32 Gegenüberstellung von Marktforschung, Wettbewerbsanalyse und Benchmarking

die von den Kunden benötigt werden, um ständig besser zu werden und der Konkurrenz voraus zu sein.

Da beim wertanalytischen Vorgehen die Praxis stets den Vorrang vor der Theorie hat, ist folglich Wertanalyse der „best practice"-Orientierung sehr ähnlich bzw. in einem identischen Kontex zu verstehen.

Durch die globalisierte Ausrichtung der Märkte ist Benchmarking in allen Bereichen der Wirtschaft zu einem zielführenden methodischen Werkzeug geworden. Besonders bei der Durchführung von WA/VM-Projekten öffnet Benchmarking die zukunftsorientierte Sicht nicht nur auf Vergleiche mit dem unmittelbaren Wettbewerb, sondern auch auf neue, praktizierte Technologien, Konstruktionsprinzipien, Organisationsstrukturen, Prozessabläufe, Vorgehenskonzepte, Dienstleistungsmodelle oder Strategien in branchenfremden oder ähnlichen Industrie- und Wirtschaftsbereichen.

Bei Wertanalyse-Projekten gibt es strategische Gründe für die Anwendung von Benchmarking, z. B. um bestimmte Zielsetzungen zu erreichen (vgl. Abb. 5.33).

Benchmarking wird durch innovatives Querdenken vollzogen, das hinsichtlich der Kenntnisse über eine Ausgangssituation auf die „Suche ohne Grenzen" für best practice-Lösungen ausgerichtet ist.

Um Benchmarking im Rahmen eines Wertanalyse-Projektes konsequent anzuwenden, empfiehlt sich das in Abb. 5.34 dargestellte Vorgehen:

Da bei der Durchführung von WA/VM-Projekten immer die Analyse einer Ausgangssituation und die konsequente Lösungssuche systemgetreu vollzogen wird,

Angestrebte Ziele	ohne Benchmarking	mit Benchmarking
wettbewerbsfähig werden	Interner Focus	Sicht auf neue Ideen mit bewährten Praktiken und Technologien
„best practices" der Industrie erreichen	Scheuklappensicht nur auf direkte Wettbewerber	Initiative für Veränderungen aus anderen Branchen
		Viele Optionen
		Durchbrüche für neue Strukturen
		Orientierung an Spitzenleistungen
Kundenanforderungen definieren	Erkenntnisse über Kundenfunktionen nur im direkten Wettbewerbsvergleich	Sicht auf praktikable kundenorientierte Lösungen aus anderen Branchenbereichen
Festlegen von Zielen und Zielvorgaben	Als Reaktion auf Probleme mit den Wettbewerbern	auf globale Industrieführer in allen Branchen orientiert
	hinterherhinkend	
echte Produktivitätsmaße entwickeln	Bohren dünner Bretter	Lösen echter Probleme
	Stärken und Schwächen nicht verstanden	Prozessleistungen werden verstanden
	Weg des geringsten Widerstands	auf der Basis von Bestleistungen

Abb. 5.33 Strategische Gründe für Benchmarking

Vorgehensphase	Schritt Nr.	Vorgehensschritte
Analyse	1	Aufspüren von Top-Praktiken in anderen Branchen-Bereichen
	2	Erkennen von funktionalen Kostentreibern
	3	Erkennen von nicht oder gering erfüllten Kunden-Funktionen
	4	Bilden von Suchfeldern für best practice-Lösungen
Lösungssuche	5	- Vergleichen der unter Schritt 1 identifizierten Top-Praktiken in anderen Branchen-Bereichen gemäß Schritt 4 - Entwickeln von Lösungs-Ideen durch kreative ‚Analogie-Verfahren, Querdenk-Management oder Standardisierungs-Denken
Bewertung	6	Bewertung von best practice-Lösungsideen in Bezug auf Machbarkeit

Abb. 5.34 Das Benchmarking-Vorgehen in einem WA/VM-Projekt

liegt es auf der Hand, dass bei wertanalytischen Aktivitäten oft in die methodische „Trick-Kiste" des Benchmarkings im Sinne von best practice gegriffen wird.

Der Nutzen hiervon zeigt sich nahezu in allen Anwendungsbereichen dann, wenn die Zielsetzung eines Wertanalyse-Projektes auf strategische Marktführerschaft und Top-Leistungen ausgerichtet ist.

Die wertanalytische Anwendung von Benchmarking trägt dazu bei, folgende ergebnisorientierte Fragestellungen zu beantworten:

- Welche Dienstleistungen werden den heutigen und zukünftigen Kunden zur Verfügung gestellt?
- Welche internen Dienstleistungen machen andere besser?
- Welche Faktoren bestimmen die Kundenzufriedenheit in anderen Branchen?
- Welche Art der Leistungsmessung wird eingesetzt?
- Welche Marktfunktionen werden in anderen Branchen kostengünstiger durchgeführt?
- Welche Marktfunktionen werden in anderen Branchen prozessgünstiger, einfacher und schneller durchgeführt?
- Welche Kunden-Funktionen müssen verändert werden?
- Welche Kunden-Funktionen können standardisiert, flexibilisiert und modular gestaltet werden?

Die Anwendung des methodischen Instrumentes Benchmarking ist bei einem Wertanalyse-Projekt dann von großem Nutzen, wenn die Projektaufgabe auf folgende ganzheitliche Zielsetzungen fokussiert ist:

- Erreichung der Technologieführerschaft für Produkt-Nischen
- Erreichung von best practice bei allen Dienstleistungen innerhalb eines Unternehmens, z. B. Instandhaltung, Kundenservice, Logistik

5 Methodische Instrumente

- Erreichung von Innovations-Kompetenz und Fitness für marktnotwendige Veränderungen
- Erreichung von Human Resources (HR)-Kompetenz für offene Augen und Ohren gegenüber neuen Technologien, neuen Methoden, neuen Märkten, neuen Kunden in verwandten oder anderen Branchen-Bereichen
- Erreichung von neuen oder marktrelevanten Organisationsstrukturen, die in anderen Branchen erfolgreich sind
- Erreichen von Informations- und Kommunikationsmodellen, die in anderen Branchen just-in-time-Erfolge bringen
- Erreichen von Synergien aus anderen Branchenbereichen.
- Erreichen von Standardisierungsmöglichkeiten, die in Unternehmen aus anderen Branchen bereits praktiziert werden

In vielen Anwendungsbereichen ist Benchmarking im Sinne von best practice gleichzusetzen mit dem Querdenkprinzip. Allerdings müssen folgende menschliche Eigenarten beim Querdenken beachtet werden:

1. These: Öfter über seinen Schatten hinaus denken (vgl. Abb. 5.35)
2. These: Mit Kopf und Bauch denken (vgl. Abb. 5.36)
3. These: Unsere Wahrnehmungen offen halten (vgl. Abb. 5.37)

In der wertanalytischen Projektarbeit führt das Querdenken *häufig zu Standardisierungs-* oder zu *Modularisierungs*-Lösungen. Durch das Querdenken werden folgende Fragestellungen in Richtung Standardisierung ausgelöst:

- Wie kann die Teilevielfalt vermieden werden?
- Welche Rasterung kann vorgenommen werden?
- Wie können Bauteilegrößen gerastert werden?
- Wie können Abrufaufträge bei Lieferanten zusammengefasst werden?

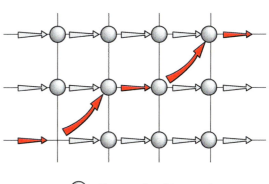

Abb. 5.35 Querdenken = Quer über eingefahrene Denkrillen denken

Wir Können unsere Gedanken aktiv steuern, so daß sie nicht immer den gewohnten „Denkrillen" folgen.

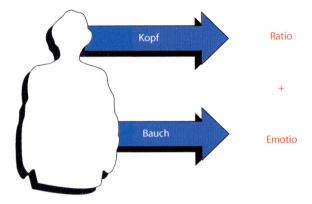

Abb. 5.36 Querdenken = Mit Kopf und Bauch denken

Unser Denken nicht auf den Verstand, Sondern auch auf Intuitionen und Gefühle konzentrieren.

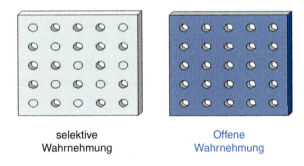

Abb. 5.37 Querdenken = von der selektiven zur offenen Wahrnehmung

Die melsten Denkfehler sind Folge selektiver Wahrnehmung

Nur Informationen, die wir wahrnehmen, können wir auch verarbelten

- Welche Lieferanten-Sortierung ist sinnvoll?
- Wie können aus Vielteilkonstruktionen integrierte 1-Teilgebilde gemacht werden? oder
- Was lässt sich so modularisieren, dass einheitliche Standard-Schnittstellen zwischen Bauteilen, Baugruppen und immer wieder verwendeten Produktelementen gefunden werden?

Bibliographie

Akao Y (1992) QFD, mi-Japanservice. Moderne Industrie, Landsberg
Anderson D (2010) Design to manufacturability. CIM Press, Lafayette
Crow KA (2000) Achieving target cost/design-to-cost objectives

EN 12973 (2000) Value Management. Beuth, Berlin
EU-Kommission (1996) Value Management Handbuch
Fletcher P (2006) Using VM/FPS (Functional Performance Specification) to prepare a framework for the development of a comprehensive traffic volume information system, SAVE-Conference
Hauser J, Clausing D (1996) The house of quality. IEEE Eng Manage Rev 24(1):24–32
Kaplan RS, Norton DP (1992) The balanced scorecard – measures that drive performance. Harv Bus Rev 70(1):71–79
Kaplan RS, Norton DP (1993) Putting the balances scorecard to work. Harv Bus Rev 71(September-October):134–147
Kaplan RS, Norton DP (1997) Balanced Scorecard Strategien erfolgreich umsetzen. Schäffer-Poeschel, Stuttgart. (Übers: Hórvath P)
Kaplan RS, Norton DP (2004) Strategy Maps. Der Weg von immateriellen Werten zum materiellen Erfolg. Schäffer-Poeschel, Stuttgart. (Übers: Hórvath P, Gaiser B)
Kersten G (1986) Qualitätssicherung mit Raumfahrtmethode. In: Sonderdruck aus Bosch-Zünder Nr. 5 (1986)
Kersten G (1988) Bedeutung und Einführung einer FMEA. In: Bläsing JP (Hrsg) 6. Qualitätleiter-Forum. Hanser, München
Kersten G (1994) Integrierte Methodenanwendung in der Entwicklung. In: Masing W (Hrsg) Handbuch Qualitätsmanagement, 3. Aufl. Hanser, München
Kersten G (1999a) Fehler vermeiden mit System. Qualität und Zuverlässigkeit 7(1999):874–878
Kersten G (1999b) Integrierte Methodenanwendung in der Entwicklung. In: Masing W (Hrsg) Handbuch Qualitätsmanagement, 4. gründl. überarb. u. erw. Aufl. Hanser, München, S 355–387
Kersten G (2000) matrix-FMEA®/quick Aid eine wichtige Methode zur Planung und Entwicklung erfolgreicher Produkte, VDI- Berichte Nr. 1558
Kersten G, Mathe R (2009) Seminarunterlage über matrix-FMEA® beim VDI Stuttgart. VDI, Stuttgart
King B (1994) Doppelt so schnell wie die Konkurrenz. gmft, München
Kremin-Buch B (2004) Strategisches Kostenmanagement: Grundlagen und moderne Instrumente, 3. Aufl. Gabler, Wiesbaden, S 140
Mathe R (2000) Steigerung der Effektivität und Effizienz des logistischen Qualitätsmanagements durch matrix-FMEA® für Logistik. Fachhochschule Pforzheim (31. Juli 2000)
Methodenbeschreibung auf www.matrix-FMEA.de
Noske K Design-to-Life-Cycle-Cost bei Investitionsgütern am Beispiel von Werkzeugmaschinen
Pauwels M (2001) Interkulturelle Produktentwicklung. Shaker, Aachen
Rother M, Shook J (1998) Learning to see – value stream mapping to add value and eliminate muda. The Lean Enterprise Institute, Cambridge, USA
Rother M, Shook J (2000) Sehen lernen. LOG_X, Stuttgart (ISBN 3-932298-11-X)
Schöler H (1992) Kundenorientierte Produktentwicklung – präventive Qualitätssicherung mit Quality Function Deployment. VDI Berichte 1000:237–248
Schubert B (1991) Entwicklung von Konzepten für Produktinnovationen mittels Conjoint-Analyse. Poeschel, Stuttgart
Schöler H (1996a) Quality Funktion Deployment als Benchmarkinginstrument. In: Meyer J (Hrsg) Benchmarking – Spitzenleistungen durch lernen von den Besten. Poeschel, Stuttgart, S. 169–183
Schöler H (1996b) Kundenorientierte Produktentwicklung mit Wertmanagement. Ind Manage 12:53–56
Spanagel S, Höfer S, Geldmann U (2004) Wertstromdesign: Das Handbuch für die Praxis. Effizient zum Erfolg, Böhmenkirch (ISBN 3-00-012832-8)
Tscheulin D (1992) Optimale Produktgestaltung: Erfolgsprognose mit Analytic Hierarchy Prozess und Conjoint-Analyse. Gabler, Wiesbaden
Unger H (2011) Seminarunterlagen Value Management. Springer
VDI Taschenbuch T76 (1976) Systematisierte Produktplanung. VDI, Düsseldorf
VDI-Richtline (2010) VDI 2800 – Wertanalyse. Beuth, Berlin

Kapitel 6
Besondere Themen

Stephanie Merten, Jörg Marchthaler, Tobias Wigger, Rainer Lohe, Sigurd Jönsson, Michael Hein und Reiner Wiest

6.1 Teamarbeit

6.1.1 Teamorganisation

Stephanie Merten, Jörg Marchthaler, Tobias Wigger und Rainer Lohe

Die Teamarbeit ist eine der grundlegenden Eckpfeiler der Wertanalyse. Es wird im Allgemeinen davon ausgegangen, dass Teamarbeit mehr ist als die Summe der individuellen Einzelleistungen. Teamarbeit ist eine von mehreren Vorrausetzungen für eine erfolgreiche Projektdurchführung. Einige grundlegende Aspekte zur Teamorganisation und -struktur werden im Folgenden vorgestellt.

6.1.1.1 Entwicklung innerhalb eines Teams

Damit sich aus einer Gruppierung von Personen ein Team entwickelt, müssen eine Reihe von Bedingungen eingehalten werden. Nach (Pauwels 2001) stehen hierbei u. a.

- eine einheitliche Zielvorstellung,
- die Beachtung von Regeln,
- die Eingliederung der Gruppenmitglieder in die Aufgabe,
- die gegenseitige Akzeptanz und
- das höhere Bewerten des Teamerfolgs gegenüber dem persönlichen Erfolg

im Vordergrund. Neben diesen Bedingungen lässt sich die Teamentwicklung in vier prägnante Phasen (Kaniowsky und Würzl 1992a; Tuckman 1965) einteilen, die während eines Projektes Schritt für Schritt durchlaufen werden.

S. Merten (✉)
Universität Siegen, Siegen, Deutschland

1. Die Phase „Forming" beinhaltet die Orientierung und die Entwicklung von Aufnahmebereitschaft im Team. Markant sind dabei Unsicherheiten, Schutzbedürfnisse und ein beginnender Vertrauensaufbau innerhalb des Teams.
2. In der Phase „Storming" entwickelt sich ein teamspezifischer Informationsfluss. Außerdem werden gleichzeitig Konflikte bewältigt. Merkmale sind Positions- und Machtkämpfe, Verhaltensentwicklungen und die Schaffung und Bewältigung von Wettbewerbssituationen.
3. Mit der Phase „Norming" geht die Entwicklung zur Gestaltungsfähigkeit von Zielen und zur Konsensfindung einher. Dabei wird offen und gefühlsbetont agiert. Prägnant ist außerdem, dass die Gruppenziele den gleichen Stellenwert wie eigene, persönliche Ziele besitzen.
4. In der vierten Phase „Performing" werden persönliche Bedürfnisse in die Teamarbeit integriert. Charakteristisch ist die entstandene Wir-Identität. Es existieren weniger Machtprobleme, mehr Flexibilität und gegenseitige Toleranz. Probleme können gemeinsam erkannt, gelöst und weiterentwickelt werden.

Generell gilt, dass sich eine Gruppierung von Personen nach Ablauf dieser vier Phasen zu einem Team entwickelt hat.

6.1.1.2 Teamarten

Durch die Beachtung zeitlicher Handlungsspielräume und der Komplexität der zu bearbeitenden Aufgaben, lassen sich verschiedene Teamarten (Krehl und Ried 1973) charakterisieren.

- Intensiv-Teams werden zur Bearbeitung komplexer Projekte eingesetzt. Die Teamsitzungen finden in regelmäßigen Abständen statt. In der Zwischenzeit werden vom Team festgelegte Aufgaben in entsprechenden Fachabteilungen bearbeitet. Das Intensiv-Team existiert bis zum Abschluss des Projektes. Generell stellt diese Teamart ein typisches WA-Team dar.
- Kurzzeit-Teams werden zur kurzfristigen Detailproblemlösung eingesetzt. Die Zusammenkunft solcher Teams findet kurzfristig und spontan statt. Häufig unterstützen diese Teams die Arbeit der Intensiv-Teams.
- Vollzeit-Teams sind immer Intensiv-Teams. Es werden umfangreiche Aufgaben bzw. Projekte bearbeitet. Dabei sind die beteiligten Personen von anderen Aufgaben befreit. Die Teamsitzungen finden in regelmäßigen Abständen statt.
- Teilzeit-Teams entsprechen entweder Intensiv- oder Kurzzeit-Teams. Die beteiligten Personen führen begleitend ihre normalen Tätigkeiten aus. Besonders in mittelständischen Unternehmen ist dies die typische Form eines WA-Teams.

Aus diesen reinen Teamarten entstehen oft Mischformen. Ein typisches WA-Team ist nach (Pauwels 2001) ein Teilzeit-Intensiv-Team. Grundsätzlich sind je nach Projektorganisation auch Vollzeit-Intensiv-Teams und Teilzeit-Kurzzeit-Teams möglich.

6.1.1.3 Teamzusammensetzung

Personen zeichnen sich durch ihre individuellen Qualifikationen aus, die man in soziale, fachliche und betriebliche Kompetenzen unterteilt. Entsprechend dieser drei Kompetenzarten sollten die geeignetsten Personen in ein Team einbezogen werden, denn viele Probleme treten in der Projektbearbeitung aufgrund mangelnder Sozialkompetenz auf. Generell sollten die Teammitglieder u. a. einige der folgenden Voraussetzungen erfüllen (Cyrnik 1998; Pauwels 2001).

– Teamorientierte Verantwortung
– Hilfsbereitschaft
– Aktive Teilnahme bei der Teamarbeit
– Fairness
– Offenheit und Vertrauen
– Bereitschaft zur Teamarbeit
– Verantwortungsbewusstsein
– Anpassungsfähigkeit
– Akzeptanz der Teammitglieder

– Abstraktionsfähigkeit
– Vorurteilsfreiheit
– Einhaltung/Akzeptanz von Regeln
– Durchsetzungsvermögen
– Aufgeschlossenheit
– Kreativität
– Humor
– Keine zu hohe Emotionalität

Ein weiteres wichtiges Merkmal der Teamzusammensetzung ist die Interdisziplinarität. In einem Team sollten, passend zur Zielsetzung des jeweiligen Projektes, Personen aus allen betroffenen Abteilungen und Fachgebieten einbezogen werden. Die optimale Teamgröße beträgt fünf bis sieben Personen. Dadurch können Komplikationen durch eine mangelnde Ganzheitlichkeit größtenteils vermindert werden. Sollte der Bedarf an Fachleuten unterschiedlicher Disziplinen jedoch höher sein, können zusätzliche Teammitglieder nur zu bestimmten Sitzungen hinzugezogen werden (Pauwels 2001).

Neben den dargestellten Rahmenstrukturen lassen sich innerhalb eines Teams verschiedene Rollenverteilungen erkennen. (Krehl und Ried 1973; Lohe 2010)

- Der informelle Führer ist das meist akzeptierte Teammitglied und übernimmt automatisch eine Führungsrolle.
- Der Ratgeber wird aufgrund seiner fachlichen Kompetenzen, natürlichen Autorität und Ruhe akzeptiert und geschätzt.
- Der Sündenbock ist das schwächste Teammitglied und wird für die meisten projektbezogenen Probleme verantwortlich gemacht.
- Der Optimist lässt sich als dynamisches und agiles Teammitglied charakterisieren, der auch bei Schwierigkeiten die Ruhe behält.
- Der Pessimist ist trotz seiner negativen Grundhaltung in der Bewertung von Lösungen und Prüfung von Realisierungen sehr wichtig für die Teamarbeit, da er mögliche Probleme oder Fehler früh erkennt. In der kreativen Phase eines Projektes muss sein Einfluss kontrolliert und negative Auswirkungen müssen verhindert werden.
- Normal aktive Mitarbeiter erledigen ruhig, zuverlässig und stetig ihre Aufgaben.
- Ein passiver Mitarbeiter ist für die Teamarbeit nicht geeignet. Wenn es nicht gelingt, die Gründe zu analysieren und zu beheben, muss das Teammitglied ausgetauscht werden.

Die Ausprägungen dieser Rollen sind von Team zu Team unterschiedlich. Die Persönlichkeiten lassen sich zudem in den meisten Fällen nicht gänzlich nur einem einzigen Rollenverhalten zuordnen. Die Koordination der Teammitglieder mit dem Projektablauf sollte durch einen entsprechend ausgebildeten Moderator unterstützt werden. Es erfordert ein besonderes Geschick, um aus einer Reihe von Persönlichkeiten ein funktionsfähiges Team mit dem nötigen Potenzial zusammenzustellen. Das Ziel der Teambildung ist erreicht, wenn sich ein „Wir"-Verständnis innerhalb der Teams einstellt und gemeinsame Normen und Werte herausgebildet und eingehalten werden.

6.1.1.4 Charakteristika der wertanalytischen Teamarbeit

Mit Hilfe der Teamarbeit lassen sich vielfältige Leistungsvorteile nutzen. Ein sehr wichtiger Vorteil zeigt sich darin, dass mit Hilfe vieler Teammitglieder Kräfte addieren und Fehler minimieren können (VDI 1996). Durch die interdisziplinäre Teamarbeit zeigen sich Synergie-Effekte und eine größere Wissensbreite und -tiefe als bei Einzelarbeiten. Der Synergie-Effekt besagt, dass ein Team intelligenter und effizienter agiert, als es der Summe der Einzelintelligenzen entspricht. Mit der großen Wissensbreite und -tiefe eines Teams wird erreicht, dass der Zusammenschluss von Spezialisten unterschiedlicher Bereiche zu einem größeren Umfang an gehäuften Wissen und Informationen führt. Für die Realisierung der Vorteile von Teamarbeit müssen, neben den oben genannten Voraussetzungen und Verhaltensweisen der Teammitglieder, eine Reihe von Einflussgrößen beachtet werden. (Pauwels 2001)

- Motivation des Teams
- Zielsetzung des Projektes
- Anerkennung des Teams durch den projektbezogenen Auftraggeber
- Klären von Problemen und Zielsetzungen
- Informationsfluss zwischen den Teammitgliedern vor, während und nach den Teamsitzungen
- Teamspezifische Ausarbeitung von Regeln
- Akzeptanz und Wertschätzung der Teammitglieder
- Konstruktiver Umgang mit Konflikten
- Lernbereitschaft

Wichtige Normen für die Teamarbeit und -sitzungen besagen außerdem, dass

- alle Teammitglieder bei den Sitzungen anwesend sein sollen,
- Pausen eingehalten und Störungen sowie Hierarchiebildung vermieden werden müssen,
- zu Beginn der Sitzungen vorangegangene Teamsitzungen rückblickend zu betrachten sind,
- während der Sitzungen der Ablauf und Ergebnisse dokumentiert und vor allem visualisiert werden,

- am Ende der Sitzung die Aufgabenliste abgeschlossen und sofort an alle Teammitglieder verteilt werden und
- nach der Sitzung umgehend das Protokoll erstellt und versendet wird.

Haben beteiligte Teammitglieder bereits den Leistungsvorteil der Teamarbeit selbst erfahren, stellt sich schon vor Projektbeginn eine Erfolgssicherheit im Team ein (VDI 1996). In Bezug auf die obigen Anmerkungen sei jedoch erwähnt, dass die Leistung eines Teams der Individualleistung zwar überlegen sein kann, aber nicht zwangsweise muss. So lassen sich Gruppenvorteile durch Fehlerausgleich oder größere Motivation nicht wissenschaftlich bestätigen (Witte und Engelhardt 1998). Die Unterschiede zwischen dem Leistungsvorteil im Team und einzelner Personen lassen sich vor allem im Bereich der Ideenfindung erkennen. So ermitteln Teams, laut (Rietzschel et al. 2006), die beispielsweise Brainstorming zur Ideenfindung anwenden, im Vergleich zu individuell ermittelten und zusammengefassten Ideen insgesamt weniger sowie minder erfolgsversprechende Lösungen. Doch trotz dieser kritischen Bemerkungen zeigt sich insgesamt, dass sich Teamarbeit im Vergleich zu Individualleistungen auszahlt. Dies zeigt sich besonders dann, wenn in einem Prozess die Stimulation durch fremde Ideen aufrecht erhalten wird und eine gegenseitige Blockade der einzelnen Teammitglieder nicht vorliegt (Nijstad et al. 2002). Abschließend ist darzustellen, dass Individual- und Teamleistungen kaum global vergleichbar sind, da die konkreten situativen Bedingungen eine maßgebende Rolle spiele (Schlicksupp 1977). Ein effizientes Verhältnis Teamarbeit und Individualleistungen ist somit sinnvoll.

Für die organisierte Projektbearbeitung durch ein Team müssen bestimmte Abläufe eingehalten werden. Diese beinhalten u. a. die Bestimmung und Formulierung von Zielen, die Wirtschaftlichkeitsberechnung, die Erstellung von möglichst realistischen Zeitplänen sowie die Freigabe von Kapazitäten (Krehl und Ried 1973). Neben der Terminierung der einzelnen Sitzungen sind die jeweilige Sitzungsdauer und der Sitzungsturnus zwischen Moderator und Teammitgliedern abzustimmen.

Damit sich in der Teamarbeit keine Abnutzungs-, Routine- und Frustrationserscheinungen bilden bzw. diese frühzeitig erkannt werden, bietet sich die Anwendung von Teamverhaltensanalysen (Bales 1950; Lohe 2010; Harris 1972; Krehl und Ried 1973; Moreno 1967; Rietzschel et al. 2006) an. Resultierend aus diesen Analysen können Maßnahmen zum Erhalt oder Verbesserung der Atmosphäre entwickelt und durchgesetzt werden.

6.2 Moderation von Teams

Sigurd Jönsson

Value Management Projektteams werden grundsätzlich moderiert. Dies ist ein wesentliches Merkmal dieser Methode. Die Moderation von Arbeitsgruppen bedeutet zunächst einen erhöhten Aufwand. Bei einer professionell durchgeführten Moderation wird der Nutzen des Moderators von der Gruppe kaum wahrgenommen, weil dadurch die Sitzungen in der Regel problemlos und produktiv verlaufen. Aus diesen Gründen wird häufig im Arbeitsalltag von Unternehmen auf die Moderation von Projektteams verzichtet.

Bei Value Management und Wertanalyse Projekten ist die neutrale, methodenkompetente Moderation aber eine unverzichtbare Komponente, ohne die der Erfolg eines Projekts nicht sichergestellt werden kann. In den folgenden Abschnitten wird erläutert, warum das so ist und welche Eigenschaften und Kompetenzen ein Wertanalysemoderator mitbringen muss, um den Anforderungen der Methode gerecht zu werden.

6.2.1 Warum Moderation?

Ein weiteres Merkmal von Value Management-Projekten ist, dass die neue Lösung für ein Produkt oder ein Problem von den betroffenen Mitarbeitern selbst erarbeitet wird. Damit stellt Value Management die Menschen mit all ihren Stärken und Schwächen als Treiber der wertschöpfenden Prozesse in den Mittelpunkt und integriert ihre hohe Fachkompetenz in die Problemlösung. Den Kern des Wertanalyseteams bilden die Mitarbeiter, die in der Vergangenheit das Produkt entwickelt, produziert und vertrieben haben und somit für die aktuelle Problemlage verantwortlich sind. Klassisch betrachtet sind diese Mitarbeiter ein Teil des Problems, wenn nicht sogar dessen Verursacher.

Von diesen Mitarbeitern wird vollkommen zu Recht jede Kritik an den bestehenden, von ihnen verursachten Verhältnissen als anmaßende, ungerechtfertigte Herabwürdigung ihrer Arbeitsweise und Problemlösungskompetenz aufgefasst. Schließlich haben sie sich in der Vergangenheit nach bestem Wissen und Gewissen um optimale Lösungen bemüht. Besser geht es ihrer Meinung nach nicht, jedenfalls nicht unter den von außen gesetzten Rahmenbedingungen, die sie nicht zu verantworten haben. Unmoderiert ist ein solches Team allenfalls zu Verbesserungen im Detail fähig, nicht aber zu dem angestrebten „innovativen Sprung", der für eine neue, wettbewerbsstarke Lösung notwendig ist.

Die Aufgabe des Managements besteht nun darin, die entsprechend fachkompetenten Mitarbeiter für den Problemlösungsprozess zu motivieren und sie aktiv mit einzubeziehen. Nur die Betroffenen wissen, warum die vorhandene Lösung entwickelt wurde, wo ihre Stärken und Schwächen liegen. In der Regel sind es auch die gleichen Menschen, die eine neue Lösung umsetzen sollen. Werden diese Mitarbeiter in den Prozess zur Bewältigung der Probleme nicht integriert, besteht die große Gefahr, dass die neue Lösung nicht wirklich einen Bezug zur momentanen Problemrealität hat, oder aber die Mitarbeiter deren Umsetzung boykottieren.

Einen Weg aus diesem Dilemma bietet nur die neutrale, methodenkompetente Moderation. Zum Thema Moderation gibt es umfangreiche Literatur (Seifert 1999; Böning 1991). Die folgenden Ausführungen konzentrieren sich auf die spezielle Situation eines Moderators von Value Management-Projekten.

6.2.2 Merkmale und Anforderungen

6.2.2.1 Methodenkompetenz

Der Moderator muss die Methoden des Value Managements beherrschen. Das Wissen um die Methoden alleine reicht nicht aus. Können entwickelt sich nur durch Anwendung des Wissens. Die Moderation von Teams ist in der Regel ein hoch dynamischer Prozess, in dem Emotionen, Intuition und Sozialkompetenz eine große Rolle spielen. Der Moderator muss sich auf die Kontrolle seiner Emotionen und auf eine methodisch geprägte Intuition verlassen können. Diese Fähigkeiten entwickeln sich nur in der operativen Wirklichkeit (Action Learning). Das bedeutet für den Moderator ständige Weiterbildung in den Methoden des Value Managements und laufende operative Anwendung seines Wissens in realen Value Management Projekten.

6.2.2.2 Projektmanagement

In der Regel ist der Moderator auch der Manager des Wertanalyse-Projekts. Seine Aufgabe beginnt mit der Klärung der Projektrahmenbedingungen mit dem Auftraggeber. Diese sind:

- Festlegung der Ziele des Projekts
- Definition der Randbedingungen, die vom Team nicht verändert werden können
- Zusammensetzung des Teams
- Zeitlicher Rahmen
- Kostenrahmen
- Präsentation der Ergebnisse bzw. von Zwischenergebnissen

Während der Laufzeit des Projekts stellt er die Realisierung der Teamsitzungen sicher. Dies umfasst:

- Abstimmung der Termine
- Sicherstellung geeigneter Räumlichkeiten
- Verfügbarkeit von Moderationsmaterial
- Dokumentation des Projektfortschritts

Der Moderator ist für die Einhaltung des Zeit- und Kostenrahmens verantwortlich. Er stellt zudem das Erreichen der vorgegebenen Ziele sicher. In dieser Funktion ist er auch der Berater und Ansprechpartner des Auftraggebers. Der Moderator informiert den Auftraggeber über den Projektfortschritt und weist ihn rechtzeitig darauf hin, wenn unvorhergesehene Hindernisse das Erreichen der Projektziele gefährden.

6.2.2.3 Akzeptanz durch das Team

Damit das Team dem Moderator in seiner Rolle als Manager des Projekts folgt, muss er vom Team akzeptiert sein. Da er nicht mit hierarchischer Macht ausgestattet ist, bleibt ihm nur die Möglichkeit, im operativen Prozess des Projekts seinen Führungsanspruch durch Interaktion mit den Teammitgliedern durchzusetzen.

Es empfiehlt sich zu Beginn eines Projektes, diesen Anerkennungsprozess durch den Einsatz der hierarchischen Macht des Auftraggebers in Gang zu setzen. Das bedeutet konkret: Der Auftraggeber ist zu Beginn der ersten Sitzung des Projektteams anwesend und erläutert persönlich, warum ihm dieses Projekt wichtig ist und weshalb er den Moderator für geeignet hält, das Team durch diesen Prozess zu führen. Danach verlässt der Auftraggeber die Sitzung. Nun ist es die Aufgabe des Moderators, die Startposition als „Leittier" der Gruppe durch operative Handlungen zu festigen.

Die Akzeptanz durch das Team ist keine Selbstverständlichkeit. Sie wird primär durch das Verhalten und die Kompetenz des Moderators entwickelt. Wichtige Faktoren dabei sind:

- Glaubwürdigkeit in der Vertretung der methodischen Vorgehensweise
- Neutralität in der Beurteilung der konkreten Fachinhalte des Projekts
- Persönliche Autorität und Sozialkompetenz im Umgang mit den Teammitgliedern
- Disziplinarische Unabhängigkeit vom Auftraggeber
- Vertraulichkeit im Umgang mit den während der Projektarbeit erarbeiteten Informationen

Die persönliche Akzeptanz durch die Teammitglieder ist für den Moderator eine notwendige Voraussetzung, um ein Projekt erfolgreich durchführen zu können. Das unterscheidet seine Situation von der einer hierarchisch positionierten Führungskraft.

6.2.3 Grenzen der Wirksamkeit von Moderation

Für das Gelingen des Moderationsprozesses sind die Fähigkeiten des Moderators von ausschlaggebender Bedeutung. Darüber hinaus gibt es Grenzen für die Moderation von Teams und damit auch der Erreichbarkeit gesetzter Ziele.

6.2.3.1 Das Projekt ist für das Unternehmen und den Auftraggeber nicht wichtig

In der Regel kann der Moderator davon ausgehen, dass er seinen Auftrag nur erhält, wenn der Auftraggeber der Lösung des Problems eine gewisse Bedeutung beimisst. Wie wichtig das Projekt für das Unternehmen wirklich ist, stellt sich allerdings erst dann heraus, wenn es um die Bereitstellung der für die Realisierung des Vorhabens notwendigen Ressourcen geht. Zeichen für eine mindere Bedeutung des Vorhabens können sein:

- Der Auftraggeber hat keine Zeit, um bei der ersten Sitzung des Teams seine Unterstützung für das Projekt persönlich zu vertreten.
- Teammitglieder werden zwar in das Team delegiert, aber für die Projektarbeit nicht entlastet oder freigestellt, weil das Tagesgeschäft dies nicht zulässt.

- Es wird schwer Termine zu finden, an denen alle Teammitglieder anwesend sein können.
- Teammitglieder fehlen bei der Sitzung oder werden im Verlauf des Projekts ausgetauscht.
- Teammitglieder erledigen ihre Teilaufgaben nicht und liefern keine Ergebnisse in das Team
- Der Auftraggeber interessiert sich nicht für den Fortschritt und die Ergebnisse des Projekts.

Der Moderator ist in einem solchen Fall gut beraten, diese Auffälligkeiten in der Teamsitzung zu thematisieren und zusammen mit dem Team oder mit dem Auftraggeber einer frühzeitigen Klärung zuzuführen. Ohne eine ausreichende Bereitstellung von Ressourcen kann ein Projekt nicht erfolgreich durchgeführt werden. Es ist besser, ein Projekt vorzeitig abzubrechen, als in einem mit unzureichenden Mitteln ausgestatteten Projekt die eingesetzten Ressourcen bis zum geplanten, dann aber ergebnislosen Ende zu verschwenden.

6.2.3.2 Die sich abzeichnende neue Lösung gefährdet die Arbeitsplätze der Teammitglieder

Ziel von Value Management Projekten ist die Wertsteigerung der behandelten Objekte. In günstigen Fällen bedeutet das, mit dem gleichen Einsatz von Ressourcen einen höheren Wert zu produzieren. Es kann aber auch bedeuten, den gleichen Wert mit reduziertem Einsatz von Ressourcen zu erstellen. Da das Projektteam definitionsgemäß aus den Betroffenen besteht, kann die Situation entstehen, dass über den Wegfall oder über die starke Veränderung des Arbeitsanfalls für einzelne Mitarbeiter im Team diskutiert und entschieden wird.

In einer solchen Situation ist die natürliche Bereitschaft eines Teammitglieds zur konstruktiven Mitarbeit im Team stark eingeschränkt. Der Moderator muss dies erkennen. Derartige Problemfälle lassen sich durch rein moderatives Einwirken nicht lösen. In einer solchen Situation ist es erforderlich, durch Gespräche mit dem Auftraggeber dem betroffenen Mitarbeiter eventuell in einer anderen Tätigkeit eine Zukunftsperspektive im Unternehmen zu bieten. Keine Verlierer zu erzeugen, ist eine der wichtigsten Voraussetzungen für eine wirksame Moderation.

6.3 Konflikte

Sigurd Jönsson

Konflikte, verdeckte oder offene, sind ständige Begleiter, wenn Menschen versuchen, miteinander zu arbeiten und gemeinsam Ziele zu erreichen. Bei enger Zusammenarbeit von Menschen, die sich noch nicht gut kennen, wie es in Arbeitsgruppen die Regel ist, besteht eine hohe Wahrscheinlichkeit, dass Konflikte auftreten. Um die Leistungsfähigkeit der Gruppe zu erhalten, dürfen Konflikte nicht ignoriert, sondern müssen gelöst werden.

Beim Umgang mit Konflikten kommt dem Wertanalysemoderator eine zentrale Rolle zu. Er kann allerdings bei der Konfliktlösung nur unterstützend tätig sein, der Konflikt muss immer von den Beteiligten selbst bewältigt werden. Eine Konfliktbewältigung ist für die Beteiligten ein massiver, durch hohe Spannung unterstützter Lernprozess. In der Bewältigung von Konflikten liegt somit ein hohes innovatives Potential für das Erreichen der gesetzten Ziele. Generell gilt: Eine Gruppenentwicklung ist ohne Konflikte und deren Bewältigung nicht möglich. Über diese Prozesse wird die Leistungsfähigkeit der Gruppe gesteigert.

6.3.1 Ursachen

Jeder Mensch ist ein Unikat. Er hat seine eigenen Vorstellungen von seinem Können, seiner Rolle im Team und auch von dem Können und der Rolle der anderen Mitglieder in seiner Gruppe. In der Mehrzahl der Fälle hat er auch eine Vorstellung von der Ursache des Problems, zu dessen Lösung die Arbeitsgruppe eingesetzt wurde, und wie dieses Problem zu lösen ist. Häufig sieht er seine Aufgabe in dem Projektteam nur darin, die anderen Gruppenmitglieder von seinen Vorstellungen zu überzeugen. Da dies auf jedes einzelne Gruppenmitglied zutrifft und die Einschätzungen der Situation üblicherweise personenabhängig verschieden sind, ist mit der Zusammenstellung eines Projektteams zwangsläufig die Basis für Konflikte gelegt.

Im Verlauf der Arbeit im Projektteam vergleicht jedes Gruppenmitglied permanent das eigene Selbstbild mit der erlebten individuellen Ausprägung des Verhaltens der anderen Gruppenmitglieder. Die dabei erlebten Gefühle reichen von Befriedigung über Angst bis zur Aggression. Jeder Konflikt benötigt Zeit, um sich zu entwickeln. Erst nach dem Erreichen eines Schwellenwerts wird er auch für die anderen Gruppenmitglieder sichtbar. Mit der Annäherung an das Konfliktziel steigt der Widerstand und damit das psychische Potential der Beteiligten (Kaniowsky und Würzl 1992b). Das Ignorieren des Konflikts führt zur Abnahme der Handlungsfähigkeit des Teams. Existierende Konflikte müssen bearbeitet und gelöst werden, da sonst die gesetzten Ziele des Value Management Projekts nicht erreicht werden können.

6.3.2 Erkennen von Konflikten

Um die Eskalation von Widerstandspotential in der Projektarbeit zu vermeiden, muss der Moderator möglichst früh Konflikte erkennen und Prozesse zur Konfliktbewältigung in Gang setzen. Grundsätzlich löst jede neue Umgebung bei den Menschen Unsicherheitsgefühle aus, die das rationale Analysieren und Entscheiden überlagern. Dies ist genau die Situation, wenn Projektteams neu zusammengestellt werden, die Gruppenmitglieder sich untereinander noch nicht gut kennen und die Rollen und Rangordnungen in der Gruppe noch nicht geklärt sind. In dieser Phase der Projektarbeit muss der Moderator besonders sensibel Warnsignale, die auf Konflikte hindeuten können, aufnehmen und im Sinne der Konfliktlösung darauf reagieren. Je länger Konflikte unerkannt schwelen und in der Arbeit mitgeschleppt werden, desto aufwändiger wird der Konfliktbereinigungsprozess. Im Extremfall kann dies auch zum vorzeitigen Abbruch des Projekts führen.

Im Folgenden werden Beispiele für Verhaltensweisen angeführt, anhand derer ein möglicher Konflikt erkannt werden kann. Die Aufzählung ist nur exemplarisch und nicht vollständig. Beim Erkennen von Konflikten kommt es stark auf die einzelfallbezogene Situation an. Bei der Beurteilung von Konfliktsituationen muss auch das Umfeld, in dem das Projekt stattfindet, mit einbezogen werden. Die praktische Erfahrung des Moderators im Umgang mit Teams ist bei der Bereinigung von Konflikten von ausschlaggebender Bedeutung.

6.3.2.1 Warnsignale (nach Neuberger 1996)

- *Ablehnung, Widerstand, Auflehnung*: Ständiges Widersprechen; zu allen Vorschlägen nein sagen; etwas anderes tun, als das, was verlangt wurde.
- *Aggression, Vergeltungsmaßnahmen*: Dominieren; absichtlich missverstehen; Fehler verursachen; einen auflaufen lassen; sarkastische oder zynische Einwürfe.
- *Fixierung*: Sturheit; Uneinsichtigkeit; pedantischer Perfektionismus; buchstabengetreue, schematische Ausführung von Anweisungen.
- *Fluchtverhalten*: Illusionäre Ideen vorbringen; sich Anforderungen und Kritik nicht stellen; Unpünktlichkeit; Fehlen; Vergesslichkeit.
- *Verschiebung und Projektion*: Fehler anderen in die Schuhe schieben; Ärger an Kleinigkeiten auslassen; auf Nebensächlichkeiten unangemessen reagieren.
- *Resignation*: Desinteresse; Wortkargheit; Fügsamkeit.
- *Regression*: Rückfall auf infantile Verhaltensweisen; maßlose Forderungen; sich zum Clown aufspielen.
- *Soziale Absicherung*: Sich hinter anderen verstecken; sich Rückversicherung gegen Misserfolge geben lassen.

Konfliktsituationen können vom Moderator auch durch den Vergleich der gegebenen Situation mit der Vorstellung einer positiven Arbeitsatmosphäre im Team erkannt werden, die dem Soll-Zustand entspricht.

6.3.2.2 Zeichen einer spannungsfreien Arbeitsatmosphäre (nach Neuberger 1996)

- *Geduld, Akzeptanz, Hilfsbereitschaft*: Dem anderen helfen sich auszudrücken; sich Zeit nehmen, nicht unterbrechen; Pausen und Bedenk-Zeit einräumen.
- *Konfliktbereitschaft und -toleranz*: Konflikte offen und freimütig ansprechen; eigene Wünsche und Forderungen anmelden; Betroffenheit, Ärger, Störungen ansprechen.
- *Persönlicher Umgangston*: Echtheit; keine Fassaden; kein Imponiergehabe; sich verständlich und eindeutig ausdrücken; Empfänger-orientiert sprechen.

- *Selbstsicherheit*: Kritik nicht persönlich nehmen und nicht nur auf sich beziehen; über der Sache stehen; persönlich gemeinte Hinweise nicht gleich abwehren.
- *Selbstständigkeit, Verantwortungsbereitschaft*: Fehler auf die eigene Kappe nehmen; sich nicht aus der Verantwortung stehlen.
- *Konstruktivität*: Auf Interessenausgleich bedacht sein; eigene Gefühle und Wünsche nicht leugnen; nicht auf vergangenen Fehlern herumhacken; konstruktiv argumentieren.
- *Ausdruck von Gefühlen*: Offene Fröhlichkeit; wohlwollende Scherze; Gesprächsunlust des anderen tolerieren; Niedergeschlagenheit nicht verhehlen.
- *Ganzheitlichkeit*: Nicht nur rational kommunizieren, auch das körperliche Geschehen beachten; Blickkontakt suchen; körperlich unverkrampftes Auftreten.
- *Ich-Bezug und Tiefe*: Sich hinter seine Aussage stellen; andere direkt ansprechen; ernsthaft und erfolgreich über tiefergehende Probleme reden.

Die Zeichen für schwelende Konflikte sind nicht immer eindeutig. Wenn dem Moderator etwas auffällt, gibt es nur einen Weg, sich Klarheit zu verschaffen: Die Thematisierung der Wahrnehmung im Team.

6.3.3 Lösung von Konflikten

Um es gleich vorweg zu nehmen: Nicht jeder Konflikt lässt sich innerhalb des Projektteams lösen. Der Auftraggeber setzt den Rahmen, in dem sich das Team bewegen kann. Wenn dieser Rahmen zur Konfliktlösung nicht ausreicht, ist es die Aufgabe des Wertanalysemoderators, diese Situation mit dem Auftraggeber zu besprechen. Falls der Konflikt dadurch nicht bereinigt werden kann, ist zu überlegen, ob die Zielsetzung für das Projekt geändert werden kann, oder ob das Projekt abgebrochen werden muss.

Die richtige Strategie und Vorgehensweise zur Bewältigung eines Konflikts kann nur bezogen auf den Einzelfall vom Moderator bestimmt werden. Auf zwei typische Vorgehensweisen sei an dieser Stelle exemplarisch hingewiesen: Die Situation zu Beginn der Projektarbeit, wenn die Rollen und Rangordnungen in der Gruppe noch nicht festgelegt sind und das generelle Vorgehen zur Bereinigung von Konflikten nach dem Harvard Konzept.

6.3.3.1 Situation zu Beginn der Projektarbeit

Zu Projektbeginn ist die rationale Sacharbeit am Objekt von Störfaktoren überlagert, die durch die Selbstfindungsprozesse einer neu zusammengestellten Gruppe verursacht werden. Zunächst muss geklärt werden, in welcher Rolle sich ein Teammitglied in der neu zusammengesetzten Gruppe einordnen kann. Dies erfordert Interaktion in der neuen Arbeitssituation und benötigt Zeit. In dieser Phase der Gruppenarbeit sollten keine für das Projektergebnis wegweisenden Entscheidungen getroffen werden und der Moderator muss verstärkt darauf achten, dass die Teammitglieder bei den Rangkämpfen keine tiefgreifende Verletzung ihres Selbstwertgefühls erfahren.

Zweckmäßigerweise beginnt das Projekt mit der Erläuterung der prinzipiellen Vorgehensweise. Im Rahmen einer sich anschließenden Reihe von Verfahrensfragen, wie z. B. Anzahl und zeitliche Abstände der Sitzungstermine oder Orte der Zusammenkünfte, besteht für die Teammitglieder die Gelegenheit, sich zu „beschnuppern" und erste Auseinandersetzungen um Rolle und Rang in der Gruppe zu führen. Die in dieser Phase des Projekts getroffenen Entscheidungen werden in ihrem Ergebnis von den parallel laufenden Ereignissen der Rangkämpfe beeinflusst und folgen daher nicht nur rein rationalen Kriterien. Die Konsequenzen der auf diese Weise herbeigeführten Entscheidungen sind allerdings für die Lösung des Projektproblems nicht ausschlaggebend, die Konflikte für den Moderator gut überschaubar.

Dies gilt auch für die sich anschließende Phase der Ist-Analyse. Hier werden die Fakten des Untersuchungsobjekts dargestellt und auch kontrovers diskutiert. Wiederum ein gute Gelegenheit, sein Gegenüber in Arbeitssituationen gründlich kennen zu lernen und die eigene Position in der Gruppe zu definieren. Da in dieser Phase der Wertanalyse keine zukunftsweisenden Entscheidungen getroffen werden, sondern dafür lediglich der Boden bereitet wird, bleibt die Mischung aus rationaler Sachargumentation und konfliktgeprägter Auseinandersetzung ebenfalls ohne durchgreifende Konsequenzen für das spätere Projektergebnis.

In dieser Phase ist es wichtig, dass der Moderator kompetent genug ist, sicher zu stellen, dass alle Beteiligten weiterhin positiv gestimmt an der Lösung der Projektaufgabe mitarbeiten. Das bedeutet nicht, dass er emotionale Problemlagen unterdrücken und unter den Teppich kehren soll. Im Gegenteil: Was in dieser Phase an Konflikten nicht aufgearbeitet wird, stört nachhaltig die nachfolgenden Prozesse.

6.3.3.2 Konfliktlösung nach den Prinzipien des Harvard-Konzepts

Das Harvard Konzept ist eine ergebnisorientierte Methode des Verhandelns, deren Prinzipien in den achtziger Jahren des letzten Jahrhunderts von dem amerikanischen Rechtswissenschaftler Roger Fisher formuliert wurden (Fisher et al. 1996). Die darin entwickelten Grundsätze sind eine hervorragende Handlungsanweisung für den Wertanalyse-Moderator, um Konflikte im Projektteam zu lösen:

- Menschen und ihre Interessen oder Probleme getrennt voneinander behandeln
- Konzentration auf die Interessen der Beteiligten und nicht auf die von ihnen vertretenen Positionen
- Aktive Entwicklung von Auswahlmöglichkeiten und Entscheidungsoptionen, die zu einem beiderseitigen Vorteil führen (Win-Win)
- Auf die Anwendung objektivierter, neutraler Beurteilungskriterien bestehen

Es wurde bereits im Kapitel „Moderation" formuliert und gilt auch hier: Keine Verlierer zu erzeugen, ist eine der wichtigsten Voraussetzungen für eine wirksame Teamarbeit.

6.4 Kosten

Michael Hein

6.4.1 *Einleitung*

Ein Unternehmen erstellt Leistungen in Form von Gütern und Dienstleistungen. Dazu ist der Einsatz anderer Güter und Dienstleistungen, sogenannter Produktionsfaktoren, notwendig. Dieser verursacht Kosten, die den durch Verkauf der Güter und Dienstleistungen erzielten Erlösen entgegenstehen. Unter Kosten versteht man den in Geld bewerteten, durch die Leistungserstellung bedingten Verbrauch an Produktionsfaktoren innerhalb einer Periode.

Ein marktwirtschaftlich agierendes Unternehmen muss wirtschaftlich sein, um langfristig bestehen zu können. Wirtschaftlichkeit ist definiert als das Verhältnis von Erlösen zu Kosten und besteht, wenn dieses ≥ 1 ist, die Erlöse also mindestens die Kosten decken. Bei einem Verhältnis > 1 werden Gewinne erzielt. Setzt man Gewinnmaximierung als Formalziel einer Unternehmung voraus, so folgt daraus, dass neben der Erhöhung der Erlöse ein Hauptziel in der Reduzierung von Kosten liegt.

6.4.2 *Kostenrechnung*

Die Kostenrechnung ist Bestandteil des betrieblichen Rechnungswesens und dient primär der Ermittlung der Kosten, sie erfasst also die Verbrauchsseite des Produktionsprozesses. Ihr gegenüber steht die Leistungsrechnung, die betriebliche Leistungen erfasst und bewertet, somit also die Entstehungsseite des Produktionsprozesses erfasst. Zusammen münden die Kosten- und Leistungsrechnung in der Betriebsergebnisrechnung/Erfolgsrechnung (Steger 2006).

Auf eine ausführliche Behandlung der Kostenrechnung wird an dieser Stelle verzichtet, da sie kein Kernbereich der Wertanalyse darstellt. Es sei hier auf die Literaturangaben zu entsprechender Fachliteratur verwiesen. Ziel dieses Kapitels soll es sein, einige für den Wertanalytiker wichtige und für die Anwendung innerhalb von Wertanalyse-Projekten relevante Aspekte der Kostenrechnung zu erläutern.

6.4.2.1 Grundlagen der Kostenrechnung

Die Kostenrechnung vollzieht sich methodisch in drei Schritten. Die Kostenartenrechnung hat zur Aufgabe, sämtliche anfallenden Kosten zu erfassen. In der Kostenstellenrechnung werden die Kostenarten nach Maßgabe des Verursachungsprinzips den einzelnen betrieblichen Bereichen zugeordnet, in denen sie zum Zwecke der Leistungserstellung entstanden sind. Mit Hilfe der Kostenträgerrechnung werden die anfallenden Kosten auf die einzelnen Leistungen (Kostenträger) innerhalb einer Abrechnungsperiode verteilt. Die Kostenträgerrechnung bildet somit die Grundlage

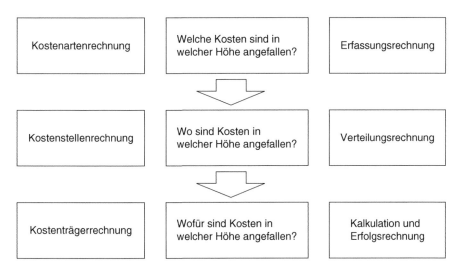

Abb. 6.1 Die drei Teilbereiche der Kostenrechnung

zur kurzfristigen Erfolgsrechnung. Die drei Teilbereiche der Kostenrechnung lassen sich wie in Abb. 6.1 systematisieren.

6.4.3 Vollkosten- und Teilkostenrechnung

6.4.3.1 Vollkostenrechnung

Bei der Vollkostenrechnung werden einem Kostenträger die Gesamtkosten zugerechnet. Dazu wird zunächst eine Differenzierung der Kostenarten in Einzelkosten und Gemeinkosten vorgenommen. Unter Einzelkosten versteht man einem Kostenträger direkt zurechenbare Kosten (z. B. Werkstoffe, Fertigungslöhne), unter Gemeinkosten nur über eine Schlüsselung zurechenbare Kosten (z. B. Kosten für Lagerhaltung, Gehälter in der Verwaltung). Die Gemeinkosten werden dem Kostenträger nach dem Durchschnittsprinzip über mehr oder weniger differenzierte Verrechnungssätze zugerechnet. Die stückbezogenen vollen Kosten, die sogenannten Selbstkosten, bilden dann die Basis zur Ermittlung des Verkaufspreises.

6.4.3.2 Teilkostenrechnung

Bei der Teilkostenrechnung nimmt man eine Aufteilung der Kosten in variable Kosten und Fixkosten vor. Dem Kostenträger werden dabei nur die variablen Kosten zugerechnet. Auf eine Betrachtung der Gesamtkosten durch eine Schlüsselung von fixen Gemeinkosten, die letztendlich willkürlich durchführbar ist, wird dabei bewusst verzichtet. Teilkostenrechnungen finden Anwendung, um die Veränderung von Kosten bei einer alternativen Entscheidung zu ermitteln und sind somit auch für viele Fragestellungen innerhalb eines Wertanalyse-Projektes von Bedeutung. Mit ihrer Hilfe lassen sich insbesondere folgende Entscheidungen bewerten:

- preispolitischen Entscheidungen
- Entscheidungen über die Verfahrensauswahl
- Bestimmung des optimalen Produktionsprogramms
- Entscheidungen über Eigenfertigung/Fremdbezug
- Entscheidungen über Annahme von Zusatzaufträgen

Des Weiteren lassen sich mit Teilkostenrechnungen Erfolgsanalysen und Wirtschaftlichkeitskontrollen durchführen (Steger 2006).

Die bekannteste Ausprägung der Teilkostenrechnung ist die Deckungsbeitragsrechnung. Der Deckungsbeitrag berechnet sich aus den Erlösen abzüglich der variablen Kosten. Zieht man vom Deckungsbeitrag wiederum die Fixkosten ab, so erhält man den Gewinn.

6.4.4 Kalkulationsverfahren

Die Kostenträgerrechnung innerhalb der Vollkostenrechnung, auch Kalkulation genannt, ermittelt die von einem Kostenträger verursachten Kosten (Selbstkosten). Diese sind u. a. zur Bestimmung des Verkaufspreises nötig.

Dazu werden verschiedene Kalkulationsverfahren verwandt: die Divisionskalkulation, Äquivalenzziffernkalkulation, Zuschlagskalkulation und die Bezugskalkulation (Friedl 2010). Abb. 6.2 zeigt beispielhaft das Kalkulationsschema einer nach Kostenstellen differenzierten Zuschlagskalkulation.

6.4.5 Kostenfrüherkennung

Nur durch eine den Entwicklungsprozess begleitende, „mitlaufende" Kalkulation ist eine Kostenfrüherkennung möglich. Ziel ist es, unmittelbar zum Zeitpunkt der konstruktiven Entscheidung die Kosten zu kennen und beeinflussen zu können. Von

Material-Einzelkosten + Material-Gemeinkosten	Material- kosten		
+ Fertigungslohn-Einzelkosten I + Fertigungs-Gemeinkosten I	Fertigungs- kosten	Herstell- kosten	Gesamt- kosten (Selbst- kosten)
+ Fertigungslohn-Einzelkosten II + Fertignugs-Gemeinkosten II			
+ Fertigungslohn-Einzelkosten III + Fertigungs-Gemeinkosten III			
+ Verwaltungs-Gemeinkosten			
+ Vertriebs-Gemeinkosten			

Abb. 6.2 Schema der differenzierten Zuschlagskalkulation

der Bestimmung des Kostenziels ausgehend, sind von Beginn der Entwicklung an die Kosten des neuen Produktes zu kalkulieren. Dabei ist die in dem Unternehmen übliche Kalkulationsstruktur zu wählen.

Die konventionelle Kostenrechnung ist dazu nicht geeignet. Deshalb sind spezielle Verfahren entwickelt worden, die entscheidungsrelevante Parameter der Entwicklung berücksichtigen. (Ehrlenspiel 2009)

6.4.5.1 Kostenschätzung

Das Schätzen von Kosten ist eine sehr einfache, jedoch nicht besonders genaue Methode der Kostenvorhersage, da sie zu einem gewissen Teil immer subjektiv ist. Die Genauigkeit von Schätzungen lässt sich allerdings erhöhen, indem man nicht nur einen Schätzwert für das Gesamtprodukt bildet, sondern Bauteile und Operationen einzeln schätzt und dann aufsummiert. So mitteln sich zufällige Fehler aus den Einzelschätzungen und gleichen sich aus. Durch die Schätzung von mehreren Personen und durch die Kombination von Schätzung und genauer Kostenkalkulation lassen sich die Qualität der Schätzung ebenfalls erhöhen.

6.4.5.2 Gewichtskostenkalkulation

Hierbei wird ein Quotient aus Kosten und Gewicht bekannter Produkte gebildet. Dieser Gewichtskostensatz wird mit dem Gewicht eines ähnlichen, zu kalkulierenden Produktes multipliziert, um dessen Kosten zu errechnen. Die Genauigkeit dieser Methode erhöht sich mit zunehmender Baugröße des Produktes und mit steigender Fertigungsstückzahl durch den größer werdenden Anteil der Materialkosten.

6.4.5.3 Materialkostenmethode

Diese Methode beruht auf der Annahme, dass der prozentuale Anteil der Materialkosten an den Herstellkosten bei konstruktiv ähnlichen Teilen konstant ist. Aus der Ermittlung der Materialkosten mit Hilfe des Volumens oder Gewichts kann dann auf die Herstellkosten hochgerechnet werden.

6.4.5.4 Kurzkalkulation mit Ähnlichkeitsbeziehungen

Bei dieser Kalkulation wird von den Herstellkosten eines Grundentwurfs und der Kenntnis von Kostenwachstumsgesetzen aus auf die Herstellkosten eines Folgeentwurfs geschlossen. Das Kostenwachstumsgesetz ist dabei die Beziehung der Kosten von einander geometrisch ähnlichen Produkten. Bezugsgröße sind geometrische Eigenschaften wie Volumen, Oberfläche oder Längenschnitt.

6.4.5.5 Kurzkalkulation mit statistisch ermittelten Kostenfunktionen

Mit Hilfe statistischer Verfahren wie z. B. der Regressionsanalyse werden Kosteninformationen und Fertigungszeiten ausgewertet. Als Bezugsgrößen nutzt man hier geometrische, physikalische, aber auch fertigungstechnische Parameter wie Stücklisten oder Arbeitspläne.

6.4.5.6 Kostenermittlung mit Unterschiedskosten

Ausgehend von der Kalkulation einer bekannten Variante werden hier zur Kostenermittlung der neuen Variante die Kosten abgezogen, die in der neuen Variante nicht anfallen und Kosten, die ausschließlich in der neuen Variante anfallen, werden hinzugerechnet.

6.4.6 Die Bedeutung der Kostenrechnung für WA/VM-Projekte

Die Kostenrechnung liefert die zur Bewertung der wertanalytischen Arbeit notwendigen Kosteninformationen und Berechnungsmethoden. Ohne sie ist eine Beurteilung der Erreichung von Kostenreduzierungs- oder Gewinnerhöhungszielen nicht möglich. Jeder Wertanalytiker sollte daher grundlegende Kenntnisse im Bereich der Kostenrechnung haben.

Die Arbeit mit Kosten ist in allen Grundschritten des Wertanalyse-Arbeitsplans enthalten. Schon bei der Auswahl eines Wertanalyse Projektes ist die kostenmäßige Abschätzung des Erfolgspotentials unerlässlich.

Die Wertanalyse unterscheidet zwischen durch WA beeinflussbaren und durch WA nicht beeinflussbaren Kosten. Zur Feststellung aller Einflüsse auf die Kostenstruktur ist eine umfassende, ganzheitliche Betrachtung notwendig. Ansonsten besteht die Gefahr, dass sowohl positive wie auch negative Kosteneffekte, die sich aus der Wertanalyse-Arbeit ergeben, außer Acht gelassen werden und der Erfolg eines Wertanalyse-Projektes falsch bewertet wird.

6.5 Kreativ-Verfahren für Wertanalyse-Projekte

Reiner Wiest

6.5.1 Allgemeines

6.5.1.1 Grundsätzliches zur Kreativität

„Creare" heißt wörtlich übersetzt „schaffen", also schöpferisch tätig sein. Zur Erschaffung eines Konzipieren und das zielsichere Umsetzen einer Idee erforderlich.

Bei der Kreativität handelt es sich um ein Prozedere, das aus wichtigen Bausteinen besteht, die schrittweise in logischer Folge aneinandergereiht werden müssen und auf deren Einzelwirkung nicht verzichtet werden kann. Nur mit System und Konsequenz im Einklang wird es möglich sein, einen kreativen Prozess erfolgreich im Sinne der vorgenannten Deutung zum Abschluss zu bringen. Ideenreichtum und Phantasie reichen nicht allein aus, um kreativ zu sein. Arbeit, Fleiß, Energie, kritisches Denkvermögen, Sach- und Fachverstand und viel Engagement gehören unbedingt dazu. Der kreative Prozess ist wie ein mechanisches Getriebe zu sehen, bei dem die Kraftübertragung und letztendlich der Motor nur dann funktioniert, wenn die Zahnräder möglichst reibungslos ineinander greifen und an der richtigen Stelle mit wenig Aufwand ein großes Werk in Bewegung setzen.

Große Werke benötigen wir in der Industrie und im Handel mehr denn je, um aus wirtschaftlichen und technologischen Miseren zu entkommen. Fehlende marktgerechte Produkte, gesättigte Märkte, erhöhter Kostendruck, Anpassung an Umweltdiktate, rascher Technologiewandel, weltweite Überkapazitäten oder menschliche Führungslücken sind die vorrangigen Probleme der Wirtschaft, die ohne Zweifel mit Hilfe von Kreativitätsprozessen gelöst werden müssen. Hierbei ist zu beachten, dass zukünftig der Zeitfaktor in zunehmendem Maße eine entscheidende Rolle spielt. Der internationale Konkurrenzdruck in allen Bereichen der Wirtschaft lässt es nicht mehr zu, sich bei der Entwicklung von neuen Produkten Zeit zu lassen und darauf warten zu können, bis bei einem Genie die große Erleuchtung für eine Problemlösung gekommen ist. Produktinnovationen, neue Verfahrenstechniken, moderne Dienstleistungsabläufe etc. müssen so kurzfristig wie nur möglich, das heißt „just in time" verfügbar sein. Viele Negativ-Fälle aus jüngster Zeit zeigen sehr deutlich auf, dass Innovationen jeder Art unter erheblichem Zeitdruck stehen. Aus diesem Grund dürfen Kreativitätsprozesse nicht mehr allein von Einzelkämpfern abgewickelt, sondern müssen auf die Schultern von mehreren kompetenten Fachleuten übertragen werden, so wie bei der Wertanalyse die Phase des Lösungssuchens vollzogen wird.

6.5.1.2 Kreativität im Teamwork

Wirkungsvoll kreativ zu sein macht demnach Teamarbeit von Fachleuten erforderlich. Auch die explosionsartige Entwicklung des naturwissenschaftlichen Wissens zwingt uns dazu. Ein Einzelner ist heute nicht mehr in der Lage, das notwendige Fachwissen für komplexe Problemstellungen abdecken zu können. Der kreative Prozess muss deshalb nicht nur nach System in einer logischen Folge auflaufen, sondern er muss auch von einer aus „Spezialisten" zusammengesetzten Gruppe getragen werden. Da jedes menschliche Individuum von psychologisch komplizierten Zwängen bestimmt wird und dadurch das Zusammenwirken in der Gruppendynamik problematisch wird, muss man wissen, dass Kreativitätsprozesse nicht allein mit Hilfe kognitiver Techniken zu bewältigen sind, sondern in erheblichem Maße von dem effektiven Umfeld des menschlichen Zusammenspiels einer Gruppe beeinflusst werden.

Die Praxis zeigt immer wieder, dass einer Gruppe von menschlich sehr unterschiedlichen Individuen Kreativität nicht diktiert werden kann. Nicht mit Zuckerbrot und Peitsche, sondern mit einem vernünftigen Sinn für Leistungsmotivation und mit langjähriger Moderationserfahrung sind persönliche Einzelinteressen einer Gruppe nur im wärmenden Bett des Kennenlernens gegenseitiger Hilfestellung zu wecken, zu fördern und letztlich zu koordinieren. So wie die Kreativität in der Gruppe gebettet wird, so wird auch die Qualität des Ergebnisses ausfallen.

6.5.1.3 Grundsätzliches zur Lösungssuche

Kreative Problemlösungen sind vorwiegend keine grundsätzlich „neuen Produkte", sondern nur die Neukombination von an sich schon bekannten, aber noch nicht miteinander verknüpften Denkelementen bzw. Informationen. Kreative Problemlösungen entstehen durch Zusammenführen und Umstrukturieren von Wissenselementen zu neuen Beziehungen und Verbindungen.

Diese Verarbeitung braucht aber nicht bewusst abzulaufen, sondern kann auch Informationen, die in tieferen Schichten der Persönlichkeit (Vor- und Unterbewusstsein) gespeichert sind, umfassen.

Gedacht werden kann aber immer nur das, was bereits in den Köpfen steckt (Menge und Qualität des problemrelevanten Wissens). Auch aus dieser Sicht hat eine gründliche Situationsanalyse eine große Bedeutung für die Kreativität.

Wird ein Problem erfolgreich bewältigt, so wird diese Lösungsstrategie auch bei später auftauchenden ähnlichen Problemen immer wieder angewendet. Man entwickelt so im Laufe des Lebens ein bestimmtes Repertoire an Problemlösungsstrategien und reagiert auf bestimmte Informationen mit „gesicherten Erfahrungen".

Diese sind sehr nützlich und wertvoll, stehen uns aber manchmal beim Finden neuer Lösungen im Wege, weil wir gerne auf „geistigen Trampelpfaden" wandeln. Durch Überlagerung unterschiedlichen Denkmuster, z. B. in einer Arbeitsgruppe, können grundsätzlich neue Lösungen entstehen. Voraussetzung für diese „Gemeinschaftsarbeit" ist, dass die Beteiligten einander zuhören und die Lösungsvorschläge der anderen wohlwollend aufnehmen mit der Einstellung: „Was müsste getan werden, damit diese Idee funktioniert?"

Leider sind bei den meisten Menschen die analytischen und bewertenden Fähigkeiten durch Schul- und Berufsausbildung noch trainiert. Werden wir mit einer neuen Idee, einem Vorschlag konfrontiert, setzen sich fast unausweichlich Bewertungsabläufe in Bewegung:

- „Was könnte nicht funktionieren?"
- „Wo sind die Schwachstellen?" usw.

Bevor das zarte Ideenpflänzchen überhaupt seine Schönheit zeigen kann, wird es plattgetreten.

Hier kann nur strikte Trennung von Lösungssuche und Lösungsbewertung helfen. Während der kreativen Phase ist jegliche Kritik, Bewertung sowohl der Ideen der anderen, als auch den eigenen Ideen gegenüber, zu unterlassen.

6 Besondere Themen

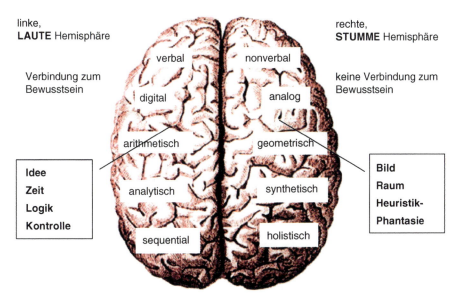

Abb. 6.3 Bereiche des Gehirns. (Quelle: R. Riedl in Biologie der Erkenntnis nach Sperry und Oeser)

Um das Bewerten nicht zu provozieren, gilt die Devise, „Ideen-Quantität hat erst mal Vorrang vor der Ideen-Qualität". Die Chance, dass unter vielen Ideen vielleicht eine neue und wirklich gute Idee ist, ist wahrscheinlicher, als wenn man nur auf „gute Ideen schielend" neuartige Ideen gleich vom Tisch bewertet.

Aus der Gehirnforschung weiß man heute, dass sich der Sitz kreativer Fähigkeiten in der rechten Hirnhälfte befindet (vgl. Abb. 6.3).

Im Zustand der Entspannung ist sie am produktivsten. Jede Form von Anspannung und Stress blockiert unser Denken. Der lockere, spielerische Umgang mit den Ideen fördert die Kreativität.

Albert Einstein: „Die Phantasie ist bedeutender als das Wissen"

Ganz entscheidend ist die Bereitschaft der Beteiligten, mit großer Ausdauer und langem Atem nach günstigen Gelegenheiten für eine kreative Problemlösung zu suchen. Dieser Einsatzwille darf aber nicht dazu führen, dass man „zu eng am Problem klebt".

„Man löst ein Problem, indem man sich vom Problem löst!"

Auch aus dieser Sicht hat der spielerische Umgang mit dem Problem eine große Bedeutung.

6.5.2 Der Problemlösungsprozess

Problemlösungen bestehen meistens nicht nur aus einer einzigen Idee. Viele Ideensplitter müssen zusammengetragen und zu einem tragfähigen Konzept verknüpft werden.

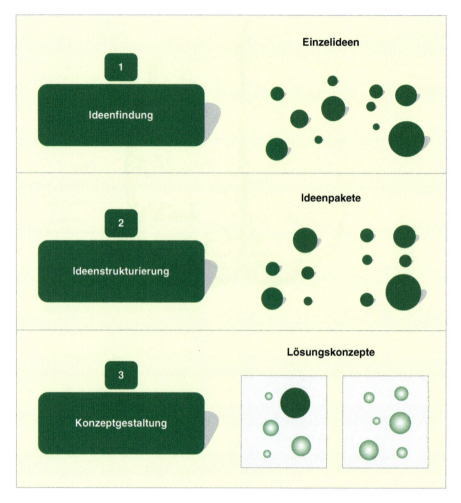

Abb. 6.4 Der Lösungssuch-Prozess von der Einzelidee zum Lösungskonzept

Es genügt deshalb nicht, lediglich z. B. mittels „Brainstorming" möglichst viele Einzelideen zusammenzutragen. Die Einzelideen müssen zu sinnvollen Lösungskonzepten zusammengesetzt werden (vgl. Abb. 6.4).

6.5.3 Beschreibung von Ideenfindungs-Methoden bzw. Kreativitätstechniken

Ausgangssituation für die Einleitung eines Kreativitätsprozesses ist immer ein abgegrenztes Suchfeld (vgl. Abb. 6.5). Die Beschreibung des Suchfeldes resultiert aus der vorgelagerten Problemanalyse. Es gibt zwei Kreativ-Wege, die zu einer Problemlösungsidee oder zu einem Problemlösungskonzept führen:

6 Besondere Themen

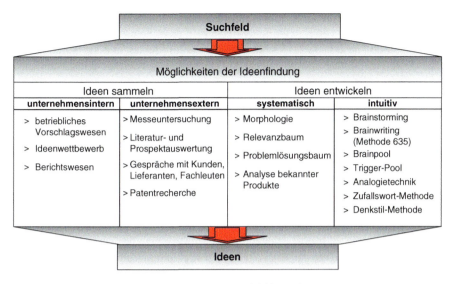

Abb. 6.5 Darstellung der Lösungswege von dem Suchfeld zur Idee

- den Ideen-Sammelweg und
- den Ideen-Entwicklungsweg

6.5.3.1 Ideen sammeln

Erst imitieren, dann optimieren (siehe hierzu „Informationsbeschaffung"). Nicht weniger als 94 % der Patentliteratur sind nach einer Schätzung des Düsseldorfer Patentanwalts Helge B. Cohausz ohne Schutz (vgl. Abb. 6.6).

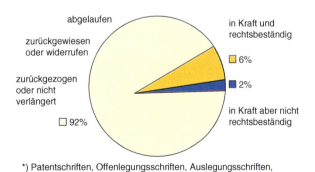

Abb. 6.6 Patentrecherchen nicht wegen Verletzungsgefahr eines Patentes machen, sondern aus Neugier!/Nach dem Prinzip: Erst imitieren, dann optimieren. (Quelle: VDI-Nachrichten 25/92)

Nachahmen statt jammern – das empfiehlt der Patentanwalt allen, die den in Fernost noch immer verbreiteten Ideen-Klau beklagen. Seine auf den ersten Blick provozierende These lautet: „Das Nachahmen von Produkten und Verfahren ist die Grundlage jeder blühenden Wirtschaft." Die allerdings wichtige Einschränkung: Schutzrechte dürfen nicht verletzt werden.

Entwicklungsvorsprünge der Konkurrenz zu imitieren gilt als unehrenhaft, rufschädigend, gar als unmoralisch. Selbst dann, wenn es völlig legal ist. Was Japans und Chinas Forschungsmanager seit Jahren mit überwältigendem Erfolg praktizieren, ist hierzulande verpönt. Eine Praxis, über die Helge B. Cohausz nur staunen kann. „Was nicht geschätzt ist, darf nachgeahmt werden", sagt er und kann nicht verstehen, warum heimische Entwicklungsingenieure in diesem Punkt derart enthaltsam sind. Das Suchen nach fremden verwertbaren Entwicklungen sollte vielmehr planmäßig erfolgen.

Wer sich mit bekannten und erfolgreichen Produkten der Konkurrenz intensiv beschäftigt, kann sie viel leichter weiterentwickeln. Probleme der Vermarktung lassen sich bei Nachbauten ohne das Risiko teurer Entwicklungsarbeit testen. Die erzielten Gewinne können für den eigenen Forschungsetat verwendet werden (vgl. Abb. 6.7).

6.5.4 Ideen intuitiv entwickeln

Jede Problemdefinition ist ein sprachliches Gewand für das zu lösende Problem. Zum Aufbrechen fixierter Denkmuster ist es hilfreich, Problem-Um- bzw. Neuformulierungen vorzunehmen.

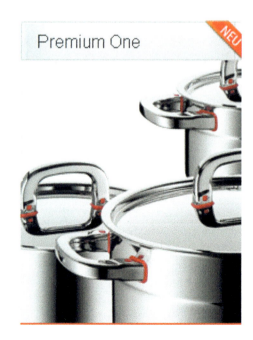

Abb. 6.7 Beispiel für die Bewertung einer Produktinnovation, deren Marktfunktion (cool + Grifftechnologie) durch wertanalytisches Vorgehen patentfähig gemacht wurde. Neue punktuelle Schweißtechnik, mit der die Wärmebrücke unterbunden wird. Bild entnommen aus einen WMF-Produktprospekt. (Bildquelle: WMF-Produktprospekt)

Regeln für die Problemdefinition:

- Formulieren Sie „offene Fragen", die mit WIE oder WELCHE beginnen.
- Kehren Sie das Problem um 180° um.
- Verallgemeinern Sie das Problem schrittweise.
- Konkretisieren Sie das Problem schrittweise.
- Abstrahieren Sie das Problem.
- Formulieren Sie bildhaft.
- Trennen Sie das Problem von den vermeintlichen Restriktionen.
- Formulieren Sie das Problem aus den verschiedensten Blickwinkeln, z. B. aus der Sicht des Kunden, des Zulieferers, der Fertigung, der Geschäftsführung, des Vertriebs, der Entwicklung und des Controllings.
- Bringen Sie Ihr Wunschdenken mit in die Formulierung ein.

6.5.4.1 Brainstorming (Alex Osborn)

Bei dem Brainstorming-Verfahren und bei seinen Modifikationen, dem Brainwriting- und dem Brainpool-Verfahren, steht immer das spontane „Gedanken stürmen lassen", ohne jegliche Restriktion im Vordergrund (vgl. Abb. 6.8).

Es ist gleichgültig, ob es sich um ein offenes „Brainstorming" oder um ein geschriebenes „Brainwriting" oder um die „Kärtchen-Methode" handelt; immer werden den Köpfen der Ideenspender möglichst viele Lösungsansätze abverlangt.

Durch das Einbringen von Ideensplittern sollen als Initialzündung Wege für neue Ideenkombinationen aufgezeigt werden. Die praktische Anwendung dieser intuiti-

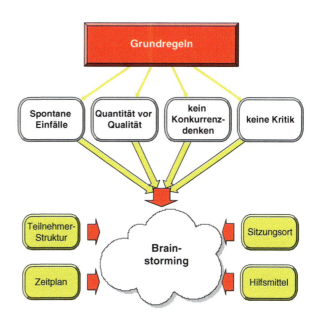

Abb. 6.8 Die Regeln für Brainstorming

ven Kreativitätstechniken zeigt immer wieder auf, dass es hierdurch möglich ist, eine Vielzahl von Lösungsideen zu erhalten. Allerdings bewegt sich der Reifegrad der auf diese Art gewonnenen Ideen noch sehr an der Oberfläche der Umsetzbarkeit in die Wirklichkeit.

Für die Förderung des Kreativitätsprozesses bei den Brainstorming-Verfahren ist es sehr störend, wenn der Ideenfluss durch sogenannte „Killerphrasen" gestört wird. Statt Killerphrasen müssen durch den Moderator immer wieder „Denkanstöße" zum Anheizen des Kreativ-Motors eingebracht werden (vgl. Abb. 6.9).

Abb. 6.9 Checkliste für „Killerphrasen" und „Denkanstöße"

6 Besondere Themen

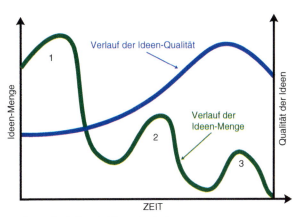

Abb. 6.10 Charakteristik des Ablaufes einer Brainstorming-Sitzung

Legende: 1 Spontanideen, Analogien
bereits vorhandene Ideen niederer Abstraktionen
2 Assoziationen,
meist mit niederer oder mittlerer Abstraktion
3 Neue Ideen mit meist hohem Abstraktionsgrad

Die Ideen-Produktion im Verlauf einer Brainstorming-Sitzung geschieht phasenweise. Von Phase zu Phase nimmt die Ideen-Menge ab und die Ideen-Qualitiät steigert sich (vgl. Abb. 6.10).

6.5.4.2 Brainwriting/Methode 635

Vorgehen:

1. Jeder Teilnehmer schreibt spontan drei Lösungsideen auf ein Formular.
2. Das Formular wird an den Nachbar weitergegeben.
3. Der Nachbar greift Lösungsideen seines Vorgängers auf, konkretisiert, kombiniert und trägt drei weitere Lösungsideen ein.
4. Das Formular wird weitergegeben, bis jeder Teilnehmer in jedes Formular (möglichst) drei Lösungsideen eingetragen hat (vgl. Abb. 6.11).

6.5.4.3 Brainpool

Vorgehen:

1. Die Teilnehmer schreiben ihre Ideen auf Kärtchen.
2. Wer mit der spontanen Ideenproduktion fertig ist, legt seine Kärtchen in die Mitte des Tisches in den Ideen-Pool und kann sich durch Entnahme von Ideen-Kärtchen aus dem Pool weitere Anregungen holen.
3. Beim Durchlesen der Ideen der anderen werden neue Einfälle produziert, die auf ein neues Kärtchen geschrieben werden.

Während der Ideensuche wird möglichst nicht diskutiert!

Formular für Brainwriting bzw. Methode 635		
Problem:		**Datum:** 30.04.2010
Ideen zur Gestaltung der Ausstattung von Wohnungen für gebrechliche Menschen		**Blatt:** 1
1. Lösungsvorschlag	2. Lösungsvorschlag	3. Lösungsvorschlag
keine Türschwellen	Raumklimatisierung	feste Notrufeinrichtung zu Polizei oder Krankenhaus
rutschfeste Bodenbeläge	lärmgeschützte Fenster	in allen Räumen Telefon-Anschlussdosen
weiche dämpfende Fußbodenbeläge	Fernbedienung für schlechte Augen	Notrufeinrichtung zur Nachbarwohnung
gepolsterte Wand und Türen	Lampen mit Dämmerstufe und Nachtbeleuchtung	Notrufklingel an der Badewanne
automatische Schiebetüren	großzügige Balkon- und Pflanzenanlagen	Kochherd mit automatischer Zeitschaltung

Abb. 6.11 Beispiel der Ideenverdichtung und der Ideen-Menge auf einem Brainwriting-Formularblatt

Brainpool lässt sich auch mit der „Kärtchen-Methode" durchführen. Hierbei schreiben die Teilnehmer ihre Ideen auch auf Kärtchen, solange, bis ihnen keine weiteren Ideen mehr einfallen. Danach bringen die Teilnehmer ihre beschriebenen Ideen an einer Pinnwand an, erläutern ihre Ideen und nehmen gleich Ideen-Cluster bzw. Ideen-Sortierungen vor (vgl. Abb. 6.12).

6.5.4.4 Trigger Pool

Im Prinzip funktioniert die Trigger (=Impuls)-Pool-Technik so ähnlich wie die Brainpool-Technik.
Vorgehen:

1. Die Teilnehmer schreiben ihre Ideen auf Kärtchen (immer nur eine Idee pro Kärtchen) und legen sie offen in die Mitte des Tisches.
2. Fällt einem Teilnehmer nach einer gewissen Zeit keine Idee mehr ein, lässt er sich von einer Ideenkarte aus dem Pool in der Mitte zu neuen eigenen Ideen anregen.

6 Besondere Themen 131

Abb. 6.12 Darstellung des Brain-Pool-Verfahrens

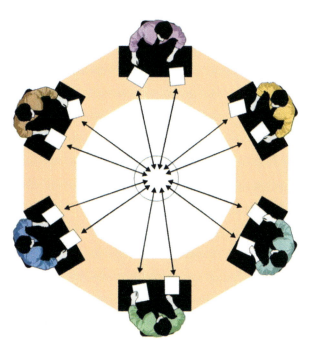

3. Zur weiteren Anregung befinden sich in der Mitte des Tisches in einer anderen Farbe sogenannte Trigger.
   Auf den Triggerkarten steht z. B. gut lesbar mit Filzstift:

   – Verkleinere
   – Vergrößere
   – Kehre um 180° um
   – Wähle andere Formen
   – Andere Prinzipien

4. Wer will, nimmt sich eine Triggerkarte. Dabei gelten folgende Regeln:

   – Immer die oberste Karte ziehen.
   – Zu jeder gezogenen Triggerkarte müssen mindestens drei Ideen entwickelt werden.
   – Danach wird sie wieder unter den Stapel gelegt.
   – Wer mehr als drei Ideen zu einem Trigger gefunden hat, darf selbst eine Triggerkarte schreiben und auf den Triggerstapel legen.

6.5.4.5 Spornfragen

Bei allen Brainstorming-Verfahren ist es zur Verdichtung bzw. zur weiteren Konkretisierung von intuitiv genannten oder geschriebenen Ideen wichtig, dass die

Ideenspender mit sogenannten „Spornfragen" konfrontiert werden. Ausgehend von solchen Spornfragen soll ein weiterer Kreativ-Denkprozess angeheizt werden und zur Veränderung oder Erneuerung der bisherigen Lösungsideen anregen (vgl. Abb. 6.13).

Vergrößerungen
Was könnte hinzugefügt werden? Wie könnte es vergrößert werden?
Wie könnte es länger, breiter, höher gemacht werden?
Wie könnte es stärker, dicker, schwerer gemacht werden?
Verkleinerungen
Was könnte wegfallen?
Wie könnte es verkleinert werden? Wie könnte es dünner, kürzer, niedriger gemacht werden?
Wie könnte es schwächer, leichter werden?
Welche Miniaturbauweise ist denkbar?
Imitationen
Was macht der Wettbewerb besser?
Was bringt ein Revers-Engineering? Was bringt eine Patent-Recherche?
Andere Branchen-Lösungen, welche Best-Practice-Überlegungen sind denkbar?
Analogien aus der technischen Umwelt, aus der Natur, aus der Tier- und Pflanzenwelt
Wo gibt es Parallellösungen? Welche Musterbeispiele gibt es?
Welche ähnlichen Lösungen gibt es? Was lässt sich nachbilden?
Gibt es Synektik-/Bionik-Analogien?
Umgruppierungen
Was kann umstrukturiert werden? Was kann vertauscht werden?
Was kann nach vorn, nach unten, nach oben, nach hinten oder seitlich verändert werden?
Andere Teile bzw. Komponentenanordnung?
Wie kann das Gegenteilige gemacht werden?
Wechseln von fest zu flüssig? Wechseln von hart zu weich? Was kann gespiegelt werden?
Was kann von rückwärts nach vorwärts verlagert werden oder umgekehrt?
Austausch von: Ende an den Anfang, Seiten-Vertauschung, Innen nach außen oder umgekehrt, aus einem Nachteil zu einem Vorteil machen, wie lässt sich der Feind zum Freund machen?
Kombinationen
Mit was ist die Idee kombinierbar, Komponenten, Teile etc. verbinden?
Was lässt sich aus vielen Teilen ein Teil machen?
Wie lassen sich neue Ideenkombinationen zusammenstellen?
Modifikationen
Was kann geändert werden?
Was kann abgewandelt werden? Farben, Größen, Gewichte, Formgebung, Aussehen/Design
Welcher Zusatznutzen ist denkbar?
Wie ist eine andere Anwendbarkeit, Bedienung oder Verwertbarkeit möglich?

Abb. 6.13 Spornfragen für neue Ideen

Spornfragen können beispielsweise in folgenden Denkkategorien zu neuen Lösungsideen führen:

- Geometrische oder räumliche Veränderungen
- Imitationen im Best-Practice-Feldern
- Umstrukturierungen/Umgruppierungen
- Kombinationen
- Modifikationen

6.5.4.6 Analogietechnik-Verfahren

Zu den Analogietechnik-Verfahren zählt man die **Bionik** und die **Synektik**.

Bei diesen Kreativitäts-Verfahren geht man davon aus, dass die Ideenspender ihre bisherige Problemlösung im Unterbewusstsein zunächst einmal verschwinden lassen sollen und dann durch Analogien aus der Tierwelt, der Natur, der Technik oder in der allgemein zu beobachtenden Umwelt spontan auf die Lösung des ursächlichen Problems geführt werden. Für diese Art der Kreativitätstechnik ist ein Schulungs- und Lernaufwand erforderlich. Die Ausbeute der auf diese Weise gefundenen Ideen kann in Bezug auf den Reifegrad aber schon sehr beachtlich sein.

Vorgehen:

1. Schritt   Definition der bisherigen Problemlösung
2. Schritt   Spontane Lösungen (z. B. mit Brainstorming)
3. Schritt   Neuformulierung des Problems
4. Schritt   Bildung von direkten Analogien (z. B. aus Natur)
5. Schritt   Persönliche Analogien (Identifikation)
6. Schritt   Symbolische Analogien (Kontradiktionen)
7. Schritt   direkte Analogien (z. B. aus der Technik)
8. Schritt   Analyse der direkten Analogien
9. Schritt   Übertragung auf das Problem
10. Schritt   Entwicklung von Lösungsansätzen

6.5.4.7 Vorteile der Analogietechnik-Verfahren

- Abstand gewinnen von der bisherigen Problemlösung
- Befreiung von der Fixierung auf bestimmte Lösungsrichtungen und Denkmuster
- Abbau von Hemmungen und Blockaden
- Aktivierung von kreativen Denkweisen
- Erhöhung der Flexibilität hinsichtlich unterschiedlicher Problemlösungs-Sichtweisen
- Steigerung des Einfühlungsvermögens in einen Problemlösungsbereich, besonders durch persönliche entdeckte Analogien

Attribut, Merkmal	Derzeitige Gestaltung	Erwünschte Eigenschaften	Mögliche Gestaltung
Gestaltungs-Ziel	herstellungsgerecht	kabelmontagegerecht, das heißt Fixierbarkeit der Stifte im Gehäuse während Verbindung der Gehäuseteile	Steckergehäuse mit fixierbaren oder festen Stiften, Abdeckkappe über Kabel-Stifte-Verbindungsfeld
Bestandteile	2 gleiche Gehäusehälften 2 gleiche Kontaktstifte mit Schrauben 12-teilige Kabelzug-Sicherungsschelle mit 2 Schrauben 1 Verbindungs-Schraube mit Sechskantmutter	weniger Teile	Kabelzug-Sicherung durch Quetschen des Kabels oder Verschlaufen der Drähte ersetzen
Material	Gehäusematerial: Bakelit Stifte + Schrauben: Messing Schelle: Verzinktes Stahlblech	Gehäusematerial: - bruchfest - einfach recyclebar - einfach und billig einfärbbar (alle Kabel- und Gerätefarben)	Gehäusematerial: Thermoplast
Sicherheit	Kein Berührungsschutz beim Ziehen des Steckers aus der Dose	Berührungsschutz	Plastikstifte mit Messingkappe, Drahtseile und Schraubfixierung für Kabeldrähte

Abb. 6.14 Ideen-Entwicklung durch Attribute Listing

6.5.5 Ideen systematisch entwickeln

6.5.5.1 Attribute Listing

Ausgehend von den Eigenschaften, Funktionen, Wirkungen und Merkmalen einer bestehenden oder gefundenen Lösung werden für jedes Merkmal weitere Ausprägungen gesucht (vgl. Abb. 6.14).

6.5.5.2 Problemlösungsbaum (Variantenbaum, Relevanzbaum)

Der Problemlösungsbaum dient zur übersichtlichen Darstellung komplexer Sachverhalte. Er besteht aus Knoten und den sie verbindenden Ästen, die jeweils eine Variante symbolisieren. Von jedem Knoten geht ein Teilbaum aus und der Baum als Ganzes gibt eine vollständige Übersicht über alle Lösungsvarianten. Jede Lösung stellt einen zusammenhängenden Streckenzug bis zur untersten Stufe dar (vgl. Abb. 6.15).

6 Besondere Themen

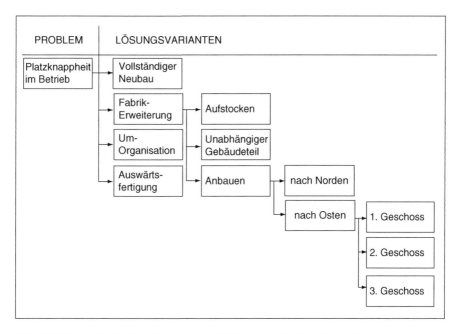

Abb. 6.15 Beispielhafte Darstellung der Entwicklung eines Problemlösungsbaumes

Ausgangspunkt (Wurzel) ist ein Problem, eine Zielsetzung oder ein System. Jede Verzweigung kann unter unterschiedlichen Gesichtspunkten vorgenommen werden. Ziele werden z. B. in alternative Mittel und diese in Maßnahmen unterteilt; Systeme in Untersysteme und Elemente.

Mit einer Verzweigung kann aber auch nach zeitlichen oder örtlichen Varianten oder nach sonstigen Kriterien differenziert werden.

6.5.5.3 Ideensuche durch Beweisführung der „Nicht-Machbarkeit"

Durch das systematische Suchen nach Beweisen, warum etwas nicht gehen kann, stellen sich oft ganz neue Lösungsmöglichkeiten ein. Notorische Ideenkiller müssen bei dieser Vorgehensweise oft erkennen, dass es doch Lösungsmöglichkeiten gibt.

6.5.6 Beschreibung der Ideenstrukturierungs-Methoden

6.5.6.1 Ideenkärtchen auf Pinnwand ordnen

Die einfachste Vorgehensweise zur Strukturierung der gefundenen Ideen ist das Sortieren der „Ideenkärtchen" auf der Pinnwand nach den verschiedensten Gesichtspunkten:

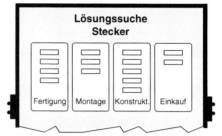

Abb. 6.16 Beispiel für die Strukturierung und Zusammenfassung von Lösungsideen durch Cluster-Bildung an der Pinnwand

- Teilfunktionen
- Kostenreduzierung/Funktionsverbesserung/...
- ohne Investitionen/mit Investitionen
- schnell zu realisieren/Realisierung in .... Monaten/...

Das Ordnen der Ideenkärtchen kann in einer Matrix erfolgen in waagerechten oder senkrechten Säulen oder in Wolken/Cluster (vgl. Abb. 6.16).
Vorgehen:

1. Ideen auf Kärtchen schreiben
2. Ideen in der Projektgruppe durchsprechen

    – Motto: Hat jeder die Idee verstanden?
    – Keine Bewertung der Ideen!
    – Nur, wenn alle Gruppenmitglieder der Meinung sind, dass eine Idee nicht zum Thema gehört, wird die Idee beiseite gelegt

3. Ideenkärtchen zu Themengruppen zusammenfassen
4. Ideengruppen evtl. mit einer Umrandung voneinander abgrenzen
5. Ideengruppen evtl. mit einer Überschrift versehen

6.5.6.2 Morphologische Matrix (griechisch: Morphologie = Umbildung von Gestalten)

In einer Matrix werden die mit den verschiedensten Ideenfindungsmethoden erarbeiteten Einzelideen nach den verschiedensten systematisch unterschiedlichen Parametern, Bausteine, Merkmale etc. dargestellt.

Die Parameter bzw. Bausteine bzw. Merkmale, nach denen die Ideenpakete gebildet werden, können z. B. sein:

- Kunden- bzw. Markt-Funktionen eines Produktes
- Komponenten eines Produktes
- Bausteine eines Prozesses

- Bausteine eines Konzeptes
- Zeitliche Aspekte (z. B. kurzfristig, mittelfristig, langfristig, realisierbare Lösungsideen usw.)

In einer sogenannten morphologischen Matrix (oder Tabelle) wird ein Verfahren zur Entwicklung von alternativen Lösungswegen durch eine systematische Strukturierung des Problems vorbereitet.

Tabellarisch werden die bestimmenden Merkmale, wie z. B. Parameter, Funktionen, Bestandteile, Komponenten eines Problems gesammelt, definiert und zur Vorbereitung einer Tabelle untereinander geschrieben.

Die Sammlung dieser Merkmale wird hinsichtlich der Vollständigkeit, Schlüssigkeit, Relevanz und der Verständlichkeit geprüft. Danach werden für jede Merkmalzeile durch wahlweise Anwendung von intuitiven Kreativitätstechniken, wie z. B. Brainstormings etc. Ideen gesucht und auf der waagrechten Achse der Tabelle eingetragen. Wenn die morphologische Matrix in allen Merkmalzeilen mit mindesten vier Ideen gefüllt ist, werden alternative Lösungswege durch Verbindung der einzelnen Ideen von Zeile zu Zeile gesucht. Hierbei ist es wichtig, dass die Verträglichkeit der Ideen von Zeile zu Zeile vorhanden ist. Der entscheidende Vorteil einer auf diese Art entwickelten morphologischen Matrix ist, dass nicht nur ein Lösungsweg aus dem vielfältigen Ideenangebot gefunden werden kann, sondern mehrere Lösungs-Alternativen.

Die einmal mit Lösungsideen ausgestattete morphologische Matrix kann aber auch als ein Ideenlösungsspeicher zur Entwicklung von Lösungskonzepten in jeweilig veränderten Ausgangssituationen dienen, z. B. für die Entwicklung von Layout-Konzepten oder Kriminal-Story-Konzepten oder Werbe-Konzepten etc. In den nachfolgenden Abbildungen 6.17, 6.18 und 6.19 werden die vielseitigen Anwendungsmöglichkeiten von morphologischen Studien aufgezeigt.

6.5.7 Zusammenfassung

Es wurden diejenigen Kreativ-Verfahren dargestellt, die in der wertanalytischen Projektarbeit zweckmäßiger Weise während der Vorgehensphase des Grundschrittes 5 nach EN 12973 zur Anwendung gebracht werden. Die aufgezeigten Kreativ-Verfahren sind in der wertanalytischen Projektarbeit nicht additiv anzuwenden, sondern sollten der jeweiligen in einem Team vorhandenen Ideenergiebigkeit situativ angepasst werden.

6.5.8 TRIZ

Tobias Wigger, Jörg Marchthaler und Rainer Lohe

Die TRIZ (russisches Akronym, zu dt. „Theorie des erfinderischen Problemlösens") ist eine Methodik, die eine Sammlung vieler verschiedener Methoden zur Analyse

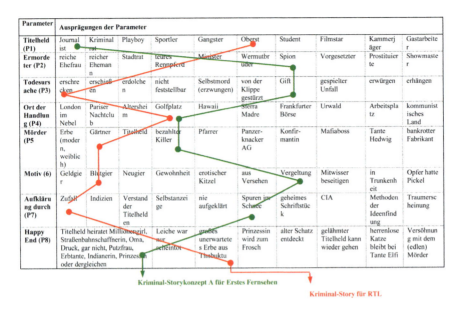

Abb. 6.17 Morphologische Studie für das Konzept von Kriminalstories

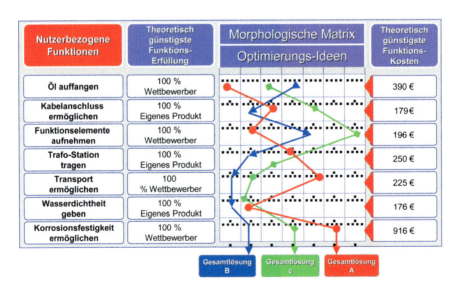

Abb. 6.18 Anwendung einer morphologischen Studie bei einem Wertanalyse-Projekt

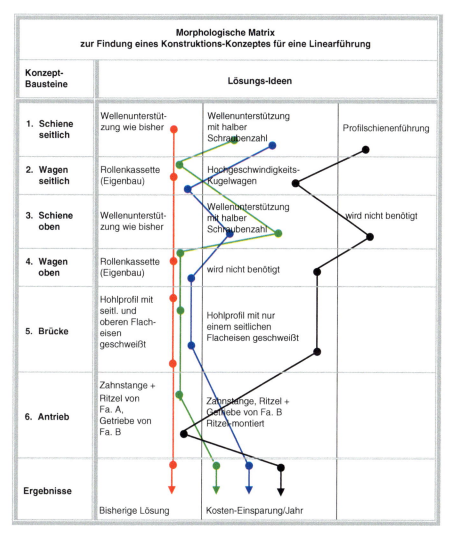

Abb. 6.19 Beispiel für die wertanalytische Anwendung der Morphologischen Matrix im Maschinen- und Anlagenbau

und Lösung von technisch-wissenschaftlichen Problemstellungen unter Zugrundelegung weniger zentraler Prinzipien vereint. Die TRIZ wurde kurz nach dem Zweiten Weltkrieg von Genrich Altschuller (1926–1998) mit dem Ziel konzipiert, eine Methodik zum zielgerichteten Erfinden bereitzustellen, in der Kreativität nicht dem Zufall überlassen wird (Fey und Rivin 2005). Dabei gelangte Altschuller zu folgenden Erkenntnissen (Herb et al. 1998). Identische grundsätzliche Problemstellungen, die er in Form von Systemwidersprüchen formulierte, sind in vielen verschiedenen Technologiezweigen vorhanden. Zu deren Lösung wird dabei in allen Zweigen der gleiche prinzipielle Weg beschritten.

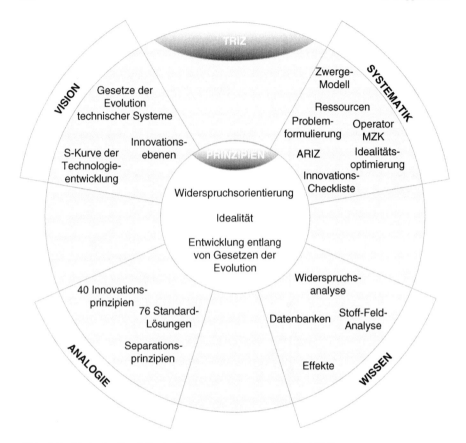

Abb. 6.20 Methoden-Portfolio der TRIZ. (Gundlach und Nähler 2005)

Auf Basis dieser Erkenntnisse entstanden zum Einen die wesentlichen Prinzipien der TRIZ und zum Anderen eine Fülle an verschiedenen Methoden zur Analyse und Lösung von Problemstellungen. Die wesentlichen Prinzipien der TRIZ (siehe Abb. 6.20) sind in Tab. 6.1 erläutert

Tab. 6.1 Prinzipien der TRIZ. (Orloff 2006)

Prinzip	Beschreibung
Widerspruchsorientierung	*Der Schlüssel zur Problemlösung liegt in der Aufdeckung und Beseitigung des Widerspruchs*
Entwicklung eines Systems in Richtung steigender Idealität	*Ein technisches System ist ideal, wenn es seine Funktion ohne Verbräuche von Ressourcen ausführt*
Orientierung von Problemlösungen entlang der Gesetze der Evolution technischer Systeme	*Problemlösungen sind nur dann hochwertig und nachhaltig, wenn sie sich auf die Gesetze der Evolution stützen*

Die Methoden der TRIZ sind die Mittel zur Umsetzung der oben genannten Prinzipien. Sie können in vier Kategorien eingeteilt werden (siehe Abb. 6.20).

Die Methoden der **Systematik** definieren vornehmlich Ablaufpläne für den Problemlösungsprozess. Dabei sind einige recht spezifisch, z. B. das Zwerge-Modell oder der Operator MZK (Maße-Zeit-Kosten). Andere haben dafür generellen Charakter, wie die ARIZ als Algorithmus der Problemlösung und die Innovationscheckliste (Zobel 2006). Die Methoden der Systematik bilden die Grundlage für die Anwendung der Methoden der Kategorien Wissen, Analogie und Vision.

Die Kategorie **Wissen** beinhaltet zwei Gruppen von Methoden. Zum Einen diejenigen Methoden, die auf der Anwendung von kumuliertem Wissen und auf Effekten aus der Physik, Chemie etc. beruhen. Zum Anderen sind hier Methoden aufgeführt, die zur Modellierung von Problemen in bereits existierenden technischen Systemen eingesetzt werden. Dazu gehören die Stoff-Feld-Analyse und die Widerspruchsanalyse.

Die Methoden der Kategorie Wissen ermöglichen die Anwendung der Methoden aus der Kategorie **Analogie**. Für die vorher analysierten und modellierten Probleme wird dann versucht, durch Analogie-Methoden Lösungsansätze zu generieren. Mögliche Methoden sind hier die 76 Standardlösungen zur Modifikation von Stoff-Feld-Modellen, die 40 Innovationsprinzipien zur Auflösung technischer Widersprüche oder die vier Separationsprinzipien zur Auflösung physikalischer Widersprüche.

Die Kategorie **Vision** beinhaltet die Methoden zur Vorhersage der Entwicklung von technischen Systemen. Hier werden das Modell der technologischen S-Kurve, die verschiedenen Innovationsebenen von technischen Lösungen und die Gesetze der Evolution technischer Systeme zur Bestimmung des IST-Entwicklungsstandes und zur Erstellung von Entwicklungsprognosen herangezogen.

Integration von Wertanalyse und TRIZ Die Integration von TRIZ-Methoden in den Ordnungsrahmen der Wertanalyse birgt großes Potenzial für die systematische Problemerkenntnis und deren Lösung. Neben der Integration von Funktionenstrukturen für die Problemformulierung im Wertanalyse-Projekt (Wigger 2009), erscheint die gezielte Einbindung von TRIZ-Methoden in die Kostenanalyse, die Technologieprognose und die Fehlererkennung/Fehlervermeidung lohnenswert. In jedem Fall profitiert die Arbeit im Wertanalyse-Projekt von einer grundsätzlichen Ausrichtung auf die wesentlichen Optimierungsprinzipien der TRIZ.

6.6 Bewertungsverfahren für Lösungsideen

Reiner Wiest

6.6.1 *Allgemeines*

Die Bewertung von Lösungsvarianten dient der methodischen Vorbereitung von Entscheidungen. Entscheidungen sind zwar besonders wichtig am Ende eines Problemlösungszyklus, sie sind aber auch im Rahmen der Zielsuche, der Lösungssuche

Abb. 6.21 Auswahlmatrix für Bewertungsverfahren hinsichtlich einer Nutzen/Aufwands-betrachtung

AUFWAND	NUTZEN		
	nicht berücksichtigt	nicht monetär	monetär
nicht berücksichtigt		Nutzwertanalyse	Erlösrechnung
nicht monetär	Aufwandswertschätzung	Nützlichkeitsanalyse	
monetär	Kostenrechnung	Nutzwert-Kostenanalyse	Gewinnrechnung

und des Projekt-Managements von Bedeutung. Die Bewertung dient dazu, Informationen über die Folgen einer Entscheidung zu beschaffen.

Bei der methodisch unterstützten Entscheidung wird von der Annahme ausgegangen, dass die Qualität der Entscheidungen in dem Maße wächst, in dem das Wissen über die Konsequenzen möglicher Entscheidungen zunimmt. Deshalb ist eine intensive Informationsbeschaffung (Schritt 2 des Problemlösungszyklus „Situationsanalyse") in diesem Zusammenhang sehr wichtig. Die Bewertungsmethoden sollen helfen,

- Informationsdefizite zu erkennen,
- die entscheidungsrelevanten Informationen logisch zu verarbeiten und
- Meinungen und Ansichten transparent zu machen.

Die Bewertung von Problemlösungsideen (z. B. Produktideen) erfolgen zumeist auf Grund unvollkommener Informationen. Daraus folgt: die Ergebnisse von Bewertungen tragen den Charakter von unsicheren Erwartungen.

Die Qualität der Entscheider hängt nicht vom gewählten Bewertungsverfahren ab (vgl. Abb. 6.21), sondern von den zugrunde liegenden Informationen und der Urteilsfähigkeit, Stimmungslage und Tagesform der Bewerter und Entscheider.

Trotz aller Bewertungssystematik können durchgeführte Bewertungen nicht immer absolut objektiv sein, sondern enthalten oft auch die subjektive Meinung der beteiligten Menschen. Durch die Bewertungsmethoden werden jedoch die subjektiven Meinungen eher transparent. Für die zu treffenden Entscheidungen ist dies sehr wichtig:

- Bewertungen sollten deshalb möglichst transparent durchgeführt und dokumentiert werden.
- Alle wichtigen Informationen und Meinungen aufschreiben (schon in 14 Tagen sind sie nicht mehr präsent).

Bei allen Bewertungsvorgängen muss das Vorgehensprinzip „Vom Groben zum Detail" berücksichtig werden (vgl. Abb. 6.22). Mit dem Vorgehensprinzip „Vom Groben zum Detail" soll ausgedrückt werden, dass es zweckmäßig ist zunächst generelle Gesichtspunkte abzuprüfen und den Detaillierungsgrad erst im Verlauf weiterer Prüfungen schrittweise zu erhöhen.

6 Besondere Themen

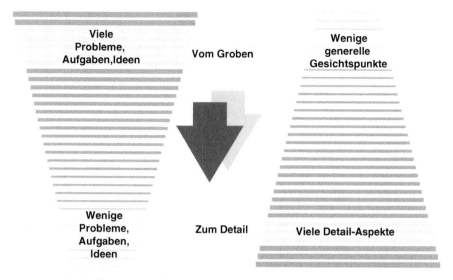

In der Bewertung geht es niemals darum, die Brauchbarkeit einer einzelnen Variante festzustellen (dies ist Aufgabe der Analyse), sondern darum, ihre Vorrangwürdigkeit gegenüber anderen Varianten zu beurteilen.

Abb. 6.22 Darstellung des Vorgehensprinzips bei Ideen-Bewertungen

Generelle Gesichtspunkte können zum Beispiel sein:

- Gehört dieses Problem, diese Aufgabe, diese Idee überhaupt zur Aufgabenstellung?
- Halten wir diesen Aspekt, diese Idee für realistisch? (Einstimmige Teammeinung erforderlich!)
- Werden Grundvoraussetzungen (Muss-Forderungen) berücksichtigt?

Erst dann, wenn diese übergeordneten Fragen geklärt sind, macht es Sinn, durch schrittweise Einengung des Betrachtungsfeldes sich weiteren Details zuzuwenden (Zoom-Effekt).

6.6.2 Punktebewertung (Mehrpunktfrage)

6.6.2.1 Allgemeines

Die Ergebnisse von Diskussionen im Team, Sitzungen und Besprechungen sind meist nur reine Auflistungen von Einzelmeinungen, ohne aufzuzeigen, welche Priorität die das Team dahinter sieht. Zudem sind sie in vielen Fällen zu umfangreich, um eine Weiterarbeit anzuregen bzw. gemeinsame Interessen zu wecken.

Aus dieser Situation wurde ein Bewertungsverfahren entwickelt, das es jedem Teammitglied ermöglicht, seine Schwerpunkte und Meinungen in kürzester Zeit offenzulegen und dadurch eine Rangreihe des Teams zu finden, nach der Einzelthemen abgehandelt werden können. Diese Bewertungstechnik kann ganz wesentlich zur Entscheidungsfindung beitragen, in dem man anstelle stundenlanger Verteidigungs- bzw. Rechtfertigungsreden einen Bewertungsgang einschiebt und die sich daraus ergebende Situation diskutiert. Gleichzeitig wird auch die Tragfähigkeit einer Entscheidung transparent gemacht, wenn z. B. nur 50 % der Teilnehmer hinter einer Entscheidung stehen.

6.6.2.2 Beschreibung des Vorgehens

Durch die Vergabe von Selbstklebepunkten durch die einzelnen Teammitglieder drücken die Beteiligten ihre Meinung aus, welche der zur Diskussion stehenden Alternativen (Ideen, Kriterien, Aspekte, Probleme usw.) sie für am wichtigsten bzw. interessantesten halten.

Die verschiedenen in der Diskussion (Brainstorming etc.) gefundenen Ideen, Kriterien usw. werden auf einem Chart aufgelistet und fortlaufend nummeriert. Die Teammitglieder erhalten Selbstklebepunkte und zwar ¼ bis ½ so viele, wie Alternativen zu Auswahl stehen. Die Teammitglieder wählen von ihrem Platz aus die nach ihrer Meinung interessantesten Alternativen aus, indem sie die entsprechende Nummer auf ihre Selbstklebepunkte schreiben. Wenn alle sich festgelegt haben, kleben sie die Punkte auf das Chart. Die Punktezahl wird ausgezählt und der Rang festgelegt.

6.6.2.3 Besondere Hinweise

- Vor dem Punkten müssen alle Teammitglieder alle zur Bewertung anstehenden Alternativen verstanden haben.
- Zur Vermeidung von Manipulation darf ein Teammitglied nur maximal 2 Punkte für eine Alternative vergeben.
- Auf Wunsch eines Teammitglieds sollten auch Alternativen weiterverfolgt werden, die keinen oder nur einen Punkt erhalten haben (Minderheitenschutz).

6.6.3 Argumentenbilanz (Pro und Contra)

6.6.3.1 Allgemeines

Die Grundidee dieses sehr einfachen Verfahrens besteht darin, die Vorteile und Nachteile einzelner Alternativen in Form verbaler Argumente aufzulisten (vgl. Abb. 6.23).

6 Besondere Themen 145

+	Vorteil (pro) (Was spricht dafür)	Aufgabe	−	Nachteile (contra) (Was spricht dagegen?)	Aufgabe
✓	geringere Werkzeugkosten	A 23	✓	Änderungsaufwand bei Anschlussteilen	A 25
?	geringere Materialkosten	S 25			
✓	höhere Festigkeit				
✓	geringerer Verschleiß				
✓	besseres Design				
Beschluss:		Detailkonstruktion durchführen			

Abb. 6.23 Beispielhafte Darstellung der Vorteil/Nachteil-Bewertung einer Detailidee am Beispiel „Führungsblech als Stanzteil"

6.6.3.2 Beschreibung

Diese Bewertungsmethode eignet sich vor allem für relativ einfache Entscheidungssituationen.

Nach dem Grundsatz „Vom Groben zum Detail" kann diese Methode bei der Teamarbeit dort eingesetzt werden, wo man noch nicht so recht weiß, ob eine detailliertere und kompliziertere Bewertungsmethode überhaupt erforderlich ist.

Die Arbeitsgruppe trägt in Form einer Stoffsammlung (z. B. Brainstorming) alle Vor- und dann alle Nachteile zusammen. Dort, wo man sich einig ist, hakt man das betreffende Argument ab. Besteht Uneinigkeit, wird das Argument durch ein Fragezeichen gekennzeichnet. Man versucht, dieses Argument solange im Team auszudiskutieren, bis Einigkeit herrscht. Sehr häufig entsteht so schnell ein Überblick, der einen Beschluss (eine Entscheidung) zulässt. Ist dies nicht der Fall, muss mit einer detaillierteren Bewertungsmethode Transparenz geschaffen werden.

6.6.3.3 Vorgehen:

- Chart anlegen mit Kurzbeschreibung der Alternative
- Chart in der Mitte teilen (Spalte Vorteile +/Spalte Nachteile −)
- Ohne Wertung mittels Brainstorming alle Vor- und Nachteile zusammentragen, die der Arbeitsgruppe einfallen.
- Vor- und Nachteile einzeln durchsprechen
- Bei Einigkeit abhaken oder durchstreichen. Wenn Informationen fehlen, durch Aufgaben bis zur nächsten Sitzung abklären.
- Bei einem klaren, eindeutigen Bild Beschluss/Entscheidung treffen.

6.6.3.4 Besondere Hinweise:

- Die „Argumentenbilanz" eignet sich gut für die Beurteilung einzelner Ideen, ob diese überhaupt weiterverfolgt werden sollen (geringer Aufwand, gute Erweiterungsmöglichkeiten).
- Weniger gut eignet sich die Argumentenbilanz für den Vergleich mehrerer Alternativen, da
    - die einzelnen Argumente nicht gewichtet werden (was ist wichtig und was nicht?)
    - unklar bleibt, womit jeweils verglichen wird (Vorteile bzw. Nachteile gegenüber welcher Variante?) und
    - die Argumentation meist unvollständig ist

6.6.4 Paarweiser Vergleich

6.6.4.1 Allgemeines

Bei dieser Methode wird eine Rangreihe der Alternativen dadurch ermittelt, dass man sie untereinander jeweils paarweise vergleicht und festhält, welche Alternative im direkten Vergleich der Vorzug zu geben ist (vgl. auch Kap. 5.2).

Jene Alternative ist dann die interessanteste, die am häufigsten gegenüber den anderen vorgezogen wurde.

6.6.4.2 Beschreibung

In einer Matrix werden sowohl in der Kopfzeile als auch in der Vorspalte die Alternativen eingetragen. Die im Paarvergleich bevorzugte Alternative wird im betreffenden Matrixfeld z. B. durch ein Kreuz gekennzeichnet.

Das Projektteam kann dann die Paarvergleich-Matrizen entweder individuell ausfüllen und die Einzel-Rangreihen-Ergebnisse ermitteln oder das Team entscheidet über die einzelnen Vergleiche im Konsens.

6.6.4.3 Vorgehen

Offensichtlich untaugliche Alternativen aussondern

Untaugliche Alternativen sind z. B. Vorschläge, die

- Muss-Anforderungen nicht erfüllen oder
- von allen Teammitgliedern als untauglich angesehen werden oder
- generellen Zielsetzungen zuwiderlaufen.

Tab. 6.2 Darstellung der „Paarweisen Vergleichs"-Matrix

	lfd. Nr.	A_1	A_2	A_3	A_4	A_5
Bewertungs-Matrix für paarweisen Vergleich von alternative Lösungsideen (A_1, A_2, A_3 etc.)	Benennung der Alternativen					
lfd. Nr. Benennung der Alternativen						
A_1						
A_2		A_1				
A_3		A_1	A_2			
A_4		A_1	A_2	A_4		
A_5		A_5	A_5	A_5	A_5	
Anzahl der vergebenen Bevorzugungen		3	2	0	1	4
Rangfolge		2	3	5	4	1

Untaugliche Alternativen dürfen aber grundsätzlich nur bei einheitlicher Teammeinung ausgesondert werden.

Alternativen in Kopfzeile und Vorspalte der Matrix eintragen (vgl. Tab. 6.2)

- Paarweiser Vergleich individuell oder im Team durchführen. Gründe für Entscheidungen evtl. dokumentieren.
- Matrix auszählen:
  Die Alternative mit den meisten Bevorzugungen ist die interessanteste.
- Bei individuell durchgeführten Vergleichen werden die Ergebnisse gemittelt.
- Rangfolge festlegen

6.6.5 Nutzwertanalyse

Bei den bisher betrachteten Bewertungsverfahren handelt es sich um „intuitive" Bewertungsverfahren, bei denen bei der Beurteilung einer Alternative die einzelnen Bewertungskriterien und deren Bedeutung „pauschal im Hinterkopf" bleiben.

Im Gegensatz hierzu stehen diskursive Bewertungsverfahren, bei denen alle Bewertungskriterien, deren Bedeutung und die Zielerfüllung der Alternativen ausführlich betrachtet werden.

Stellvertretend für dieses diskursive Bewertungsverfahren wird nachfolgend die „Nutzwertanalyse" in ihren Grundsätzen dargestellt (vgl. Abb. 6.24).

6.6.5.1 Allgemeines

Bei vielen Bewertungsaufgaben muss ein ganzes Bündel teilweiser sehr unterschiedlicher Kriterien, wie z. B. Funktionalität, Qualität, Zuverlässigkeit, Entwicklungsdauer, Entwicklungskosten, Machbarkeit usw., beurteilt werden.

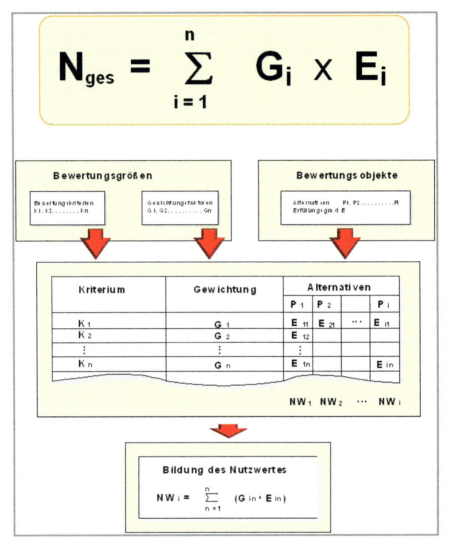

Abb. 6.24 Darstellung der Nutzwert-Bildung und der Entwicklung einer Nutzwert-Matrix

Da viele solcher Kriterien nicht monetär bewertbar sind, wendet man die Nutzwertanalyse an, mit der sich ein numerisches Gesamturteil für jede einzelne Alternative ermitteln lässt. Das Ergebnis ist ein dimensionsloser Index, mit dem sich die Erfüllung der vorgegebenen Ziele durch die jeweilige Alternative ausdrücken lässt.

6.6.5.2 Beschreibung

Der Gesamtnutzwert einer Alternative errechnet sich aus der Summe der Nutzwertbeiträge der verschiedenen Kriterien. Der Nutzwertbeitrag eines Kriteriums hängt davon ab, wie wichtig dieses Kriterium ist und wie gut die zur Auswahl stehende Alternative die Zielvorstellung erfüllt.

6.6.5.3 Vorgehen

- Überprüfung der Alternativen hinsichtlich der Muss-Anforderungen. Alternativen, die eine Mussanforderung nicht erfüllen, werden aus der weiteren Bewertung herausgenommen.
- Bewertungskriterien sammeln, strukturieren/ordnen, festlegen.
- Bewertungskriterien gewichten (siehe Gewichtungsverfahren)
- Erfüllungsgrade der verschiedenen Alternativen hinsichtlich der Bewertungskriterien ermitteln. Damit die Nutzwertbeiträge der zu bewertenden Alternativen möglichst transparent und reproduzierbar ermittelt werden können, müssen evtl. vor Ermittlung der Erfüllungsgrade Wertetabellen und Wertefunktionen aufgestellt werden, die den Zusammenhang zwischen den gewünschten Eigenschaften und den diesen Eigenschaften zuzuordnenden Erfüllungsgraden ausdrücken.

6.6.5.4 Berechnung des Gesamtnutzwertes am Beispiel „Kaffeemaschine"

Rechnerisches Ergebnis der Nutzwert-Berechnung

(vgl. Abb. 6.25)

$$N = 0{,}25 \times 0{,}85 + 0{,}10 \times 1{,}00 + 0{,}15 \times 0{,}93 + 0{,}35 \times 0{,}80 + 0{,}15 \times 0{,}65$$

$$\text{Bedienung} = 0{,}21 \; \text{Geräusche} = 0{,}1 \; \text{Design} = 0{,}14$$

Eventuell ist eine Empfindlichkeitsanalyse der ermittelten Nutzwerte durchzuführen. Dies könnte evtl. erforderlich sein, da bei der Festlegung der Gewichte und Erfüllungsgrade subjektive Momente eine Rolle spielen. Empfindlichkeitsanalysen mittels Gewichtung sind nur für Kriterien mit großem Gewicht sinnvoll, weil nur diese entscheidenden Einfluss auf das Gesamtergebnis haben.

Empfindlichkeitsanalysen hinsichtlich der Bemessung der Erfüllungsgrade auf Grund von Wertetabellen aus Aufwandsgründen sollten nur dann durchgeführt werden, wenn erheblich voneinander abweichende Meinungen vorliegen.

6.6.5.5 Besondere Hinweise

Vorteile der Nutzwertanalyse

- Zwingt zur klaren Festlegung der Ziele.
- Der Bewertungsprozess wird in klare Einzelschritte gegliedert, die eine konsequente und logische Abwicklung der Bewertung gewährleisten.

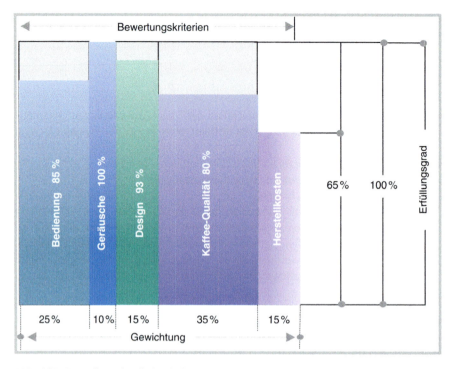

Abb. 6.25 Darstellung des flächenhaften Bewertungsergebnisses aus den Kriterien „Erfüllungsgrad" und „Gewichtung" am Beispiel „Kaffeemaschine" (vgl. Abb. 5, Kap. 5.2)

- Die Ergebnisse setzen sich aus Teilergebnissen zusammen, die jederzeit nachvollziehbar sind.
- Durch die Nutzwert-Analyse kann die Alternative gefunden werden, die zwar nicht unbedingt im Gesamtwert die beste Alternative ist, aber den insgesamt besten Nutzwert-Kompromiss darstellt.

Nachteile der Nutzwertanalyse

- Die Forderung nach Vollständigkeit des Zielsystems verursacht einen großen Aufwand.
- Trotz aller Systematik und der Beteiligung mehrerer Bewerter in einem Projektteam unterliegt vor allem die Wahl der Bewertungskriterien und die Festlegung der Gewichtung subjektiven Einflüssen.

Zusammenfassung

Nur ganz selten muss bei der Projektarbeit eine vollständige Nutzwertanalyse durchgeführt werden. Für die zielgerichtete Kommunikation in der Projektgruppe bei der Bewertung ist es aber von Vorteil, wenn die nachfolgend aufgeführten Grundbegriffe der Nutzwertanalyse bekannt sind:

6 Besondere Themen 151

- *Bewertungskriterien* (Welche Gesichtspunkte/Kriterien müssen wir beachten?)
- *Gewichtung* (Welche Bedeutung haben die Gesichtspunkte/Kriterien?)
- *Erfüllungsgrade* (Welche Bedeutung haben die Gesichtspunkte/Kriterien?)
- Entscheidend sind nicht das mathematische Ergebnis der Nutzwertanalyse, sondern die Diskussion und der Informationsaustausch, der stattgefunden hat.
- Bei dieser Kommunikation sollten alle wichtigen Definitionen, Festlegungen, Informationen, Gründe, Meinungen dokumentiert werden.
- Meinungsverschiedenheiten müssen im Team ausdiskutiert werden. Solche Meinungsverschiedenheiten sind eine Chance für gemeinsame neue Erkenntnisse und Einsichten.
- Können Meinungsverschiedenheiten in der Diskussion nicht geklärt werden, so muss versucht werden, durch Aufgaben zusätzliche Informationen zu beschaffen.
- Einzelne Begriffe werden nicht automatisch von allen Beteiligten immer gleich verstanden. Begriffe müssen deshalb gemeinsam geklärt und die Definition unter Umständen dokumentiert werden (z. B. Was verstehen wir unter...?)

6.6.6 Gewichtung

6.6.6.1 Intuitive Verfahren

Punkte-Gewichtung (Mehrpunktfrage)

Wie bei der Punktebewertung (vgl. Kap. 6.4.1) vergibt jedes Gruppenmitglied eine festgelegte Anzahl Klebepunkte auf die Gesichtspunkte, die intuitiv am wichtigsten erscheinen. Die Anzahl Klebepunkte, die ein Gesichtspunkt erhalten hat, ist ein Maß für das Gewicht.

Vergabe von Ziffern 1 bis 10

Diese Vergabe kann individuell durch jedes Projektmitglied und nachher vermittelt werden oder wird in der Projektgruppe durchgeführt. Besonders wichtige Gesichtspunkte erhalten die 10. Fast unwichtige Gesichtspunkte erhalten die 1. Dazwischen kann jede Ziffer vergeben werden. Die gleiche Ziffer kann mehrmals vergeben werden, wenn die Kriterien für die Arbeitsgruppe die gleiche Bedeutung haben.

6.6.6.2 Systematische Gewichtungsverfahren

Singuläre Vergleiche

Bei der Methode der singulären Vergleiche werden die Gesichtspunkte etc. zunächst entsprechend ihrer intuitiv eingeschätzten Wichtigkeit in eine Rangfolge gebracht. Danach wird der an erster Stelle stehende Gesichtspunkt mit der Ziffer 1.0 belegt.

Bewertungsgesichtspunkt	Rangfolge			Ergebnis (Punkte)	Gewicht (%)
Kaffee-Qualität	R 1	1.0	1,0	1,0	35
Bedienung	R 2	R2 / R1 = 0,7	1,0 x 0,7	0,7	25
Design	R 3	R3 / R2 = 0,6	1,0 x 0,7 x 0,6	0,42	15
Herstellkosten	R 4	R4 / R3 = 1,0	1,0 x 0,7 x 0,6 x 1,0	0,42	15
Geräusche	R 5	R5 / R4 = 0,7	1,0 x 0,7 x 0,6 x 1,0 x 0,7	0,29	10
Gesamtes Bewertungsergebnis				2,83	100

Abb. 6.26 Darstellung eines beispielhaften Bewertungsergebnisses für verfeinerten singulären Vergleich

Anschließend wird die Frage gestellt, mit welchem Faktor dieses multipliziert werden muss, um die Wichtigkeit des an zweiter Stelle der Rangskala stehenden Gesichtspunktes zu erhalten. Ebenso werden alle übrigen Gesichtspunkte mit dem wichtigsten verglichen.

Abschließend werden die ermittelten Wichtigkeitsfaktoren normiert, so dass ihre Summe 100 % ergibt.

Verfeinerter singulärer Vergleich

Den „Singulären Vergleich" kann man noch verfeinern, in dem man nicht jedes Kriterium vergleicht, sondern immer das nachrangige mit dem davorliegenden. Dabei bestimmt man den Faktor, mit dem das vorrangige Bewertungskriterium zu multiplizieren ist, damit man die Wichtigkeit des nachrangigen erhält (vgl. Abb. 6.26).

Das Gewicht eines Kriteriums erhält man durch die Multiplikation aller davor liegenden Wertigkeitsfaktoren und Normierung dieser Faktoren auf 100 %.

6.6.6.3 Sonstige Gewichtungsverfahren

- Methode der sukzessiven Vergleiche
- Matrix-Verfahren

Diese Verfahren werden meistens bei der Projektarbeit nicht angewendet, da sie einen größeren Aufwand erfordern.

6.6.7 Besondere Hinweise

6.6.7.1 Vom Groben zum Detail

Besonders bei der Bewertung kann der allgemeine Grundsatz der Projektarbeit „Vom Groben zum Detail" viel Aufwand und Arbeit ersparen. Dieser Grundsatz bedeutet hier z. B.

6 Besondere Themen

- Erst mal prüfen, ob eine Alternative überhaupt die grundsätzlichen Forderungen erfüllt (unabdingbare Mussforderungen). Erst, wenn dies gewährleistet ist, macht es Sinn, weitere Details abzuprüfen.
- Erst mal prüfen, ob nicht mit einer ganz einfachen Bewertungsmethode eine klare Entscheidung herbeigeführt werden kann. Erst, wenn dies nicht gelingt, muss eine komplizierte Bewertungsmethode wie z. B. die Nutzwertanalyse eingesetzt werden.
- Erst mal versuchen, ob nicht durch ein paar wenige grundsätzliche Kriterien aus den vorliegenden Alternativen die eindeutig besten herausgesucht werden können. Also auch bei der Kriterienwahl „Vom Groben zum Detail":

Ganz pauschal	gute Lösung/schlechte Lösung
etwas differenziert	Funktion?
	Kosten?
stärker differenziert	Bei Funktion
	– Bedienung
	– Geräusche
	– Design
	– Kaffeequalität
stark differenziert	Bei Bedienung
	– Wasser einfüllen
	– Filter einlegen
	– Kaffeepulver einfüllen
	– Kaffee entnehmen
	– Filter entnehmen

- Nicht grundsätzlich sind die Kriterien zu gewichten, sondern es ist nur dann eine Gewichtung einzuführen, wenn entscheidende Fehler und Verzerrungen auftreten würden.

Trotz des Grundsatzes „Vom Groben zu Detail" darf die Bewertung nicht einseitig durchgeführt werden und nur Einzelgesichtspunkte berücksichtigen (vgl. Abb. 6.27).

Abb. 6.27 Darstellung von wichtigen Einzelgesichtspunkten

Abb. 6.28 Bewertungs-Richtungen für Lösungsideen

6.6.7.2 Erst positive Aspekte diskutieren

Aufgrund der Schul- und Berufsausbildung, die das analytische, kritische Denken etwas einseitig fördert, neigen die Projektmitglieder im allgemeinen dazu, sich erst mal mit den negativen Aspekten einer neuen Idee zu beschäftigen. Dabei läuft man Gefahr, eine Idee zu zerreden, ohne sich der positiven Aspekte bewusst zu werden (vgl. Abb. 6.28).

Jede neue Idee, jeder Vorschlag usw. hat positive und negative Aspekte. Statt erst die negativen Aspekte zu diskutieren und dann die evtl. noch verbleibenden positiven zu übersehen, sollten erst die positiven Aspekte behandelt werden. So solle man z. B. eine mögliche Einsparung von 0,10 € pro Stück mit der Jahresstückzahl von z. B. 2 Mio. Stück multiplizieren, weil die jährliche Einsparung von 200.000 € evtl. den nötigen Treibstoff liefert, die negativen Aspekte (Probleme, Schwierigkeiten usw.) zu überwinden. Die dann noch verbleibenden negativen Aspekte erscheinen daraufhin oftmals in einem anderen Licht.

6.6.7.3 Destruktionsphase einlegen

Arbeitsgruppen neigen dazu, die von ihnen gefundenen Lösungen in einem „rosaroten Licht" zu sehen.

- Bedenken werden als Störung empfunden
- negative Einflüsse werden überspielt
- Informationen werden selektiert (es werden nur die Informationen akzeptiert, die die gefundenen Lösungen bestätigen).

Es könnte deshalb manchmal nützlich sein, bei der Projektarbeit, bevor Entscheidungen gefällt werden, ganz bewusst eine „Destruktionsphase" einzulegen, das heißt:

- Schwachstellen intuitiv und/oder systematisch suchen
- Nachdenken über ungünstigste Voraussetzungen
- Verstärkt über „nächstbeste Idee" nachdenken

Die „Destruktionsaufgabe" könnte für eine bestimmte Zeitspanne von einem einzelnen Teammitglied oder von vom gesamten Team wahrgenommen werden.

Zusammenfassung

Die aufgezeigten Bewertungsverfahren haben sich bei der wertanalytischen Projektarbeit dann bewährt, wenn nach der Kreativphase (Grundschritt 5) des Wertanalyse-Arbeitsplanes nach EN 12973 die gesammelten Lösungsideen hinsichtlich der vorgegebenen Projektziele sortiert, verdichtet und für eine Machbarkeit bewertet werden. In dem Grundschritt 6 des Wertanalyse-Arbeitsplanes sind diese Bewertungsverfahren je nach situativer Notwendigkeit bzw. Zweckmäßigkeit anzuwenden.

Bibliographie

Bales RF (1950) Interaction progress analysis – a method of the study of small groups. University of Chicago Press, Cambridge
Böning U (1991) Moderieren mit System. Besprechungen effizient steuern. Gabler, Wiesbaden
Cyrnik R (1998) Erfolg im Team. MaschinenMarkt, 104(22):68–70
Ehrlenspiel K (2009) Integrierte Produktentwicklung – Denkabläufe, Methodeneinsatz, Zusammenarbeit, 4. Aufl. Hanser, München
Ehrlenspiel K, Kiewert A, Lindemann U (2007) Kostengünstig Entwickeln und Konstruieren – Kostenmanagement bei der integrierten Produktentwicklung, 6. Aufl. Springer, Berlin
Freidank C-C (2008) Kostenrechnung – Grundlagen des innerbetrieblichen Rechnungswesens und Konzepte des Kostenmanagements, 8. Aufl. Oldenbourg, München
Friedl B (2010) Kostenrechnung – Grundlagen, Teilrechnungen und Systeme der Kostenrechnung, 2. Aufl. Oldenbourg, München
Fey V, Rivin E (2005) Innovation on demand. Cambridge University Press, Cambridge
Fisher R, Ury W, Patton B (1996) Das Harvard-Konzept. Campus, Frankfurt
Gundlach C, Nähler HT (2005) TRIZ-Theorie des erfinderischen Problemlösens: 0488.01.01. Symposium Publishing (Eigene Darstellung. Inhaltlich angelehnt an Gundlach C, Nähler HT)
Harris TA (1972) Ich bin OK – Du bist OK – Eine Einführung in die Transaktionsanalyse. Rowohlt, Reinbeck
Herb R, Terninko J, Zusman A, Zlotin B (Hrsg) (1998) TRIZ – Der Weg zum konkurrenzlosen Erfolgsprodukt. Moderne Industrie, Landsberg
Kaniowsky H, Würzl A (1992a) Wertanalyse und Organisationsentwicklung. In: Wirtschaftsförderungsinstitut (Hrsg) Schriftenreihe des Wirtschaftsförderungsinstitutes. WIFI, Wien
Kaniowsky H, Würzl A (1992b) Konflikt – Segen oder Fluch der Gruppenarbeit? In: Wertanalyse und Organisationsentwicklung, WIFI Wien
Krehl H, Ried, AP (1973) Teamarbeit und Gruppendynamik. In: Krehl H, Ried AP (Hrsg) Neue Management Methoden. Karlsruhe
Lohe R (2010) Begleittext zur Vorlesung „Produktentwicklung 1 – Konstruktionstechnik 1 – Methodik des Konstruierens". Universität Siegen, Auflage
Moreno JL (1967) Die Grundlagen der Soziometrie. 6. Aufl. Westdt., Köln
Neuberger O (1996) Miteinander arbeiten – miteinander reden! Bayerisches Staatsministerium für Arbeit und Sozialordnung, Familie, Frauen und Gesundheit, München, S 68–69
Nijstad BJ, Stroebe W, Lodewikx HFM (2002) Cognitive stimulation and interference in groups: exposure effects in an idea generation task. (Effekte von kognitiven Reizen und Behinderungen in Gruppen bei der Ideenfindung). J Exp Soc Psychol 38:535–544
Orloff M (2006) Grundlagen der klassischen TRIZ. Springer, Berlin
Pauwels M (2001) Interkulturelle Produktentwicklung – Produktentwicklung mit Wertanalyse und Interkultureller Kompetenz. Universität Siegen, Dissertationsschrift, Shaker Verlag, Aachen

Rietzschel EF, Nijstad BA, Stroebe W (2006) Productivity is not enough: a comparison of interactive and nominal brainstorming groups on idea generation and selection. (Produktivität alleine reicht nicht: Ein Vergleich zwischen nominalen und interaktiven Brainstorming-Gruppen bei der Ideenfindung und Auswahl). J Exp Soc Psychol 42:244–251

Scharmann T (1972) Teamarbeit in der Unternehmung. Haupt, Bern

Schlicksupp H (1977) Kreative Ideenfindung in der Unternehmung: Modelle und Methoden. De Gruyter, Berlin

Seifert JW (1999) Moderation & Kommunikation. Gabler, Offenbach

Steger J (2006) Kosten- u Leistungsrechnung, 4. Aufl. Oldenbourg, München

Tuckman BW (1965) Developmental sequences in small groups. Psychol Bull 63:384–399

VDI 2807 (1996) Teamarbeit-Anwendung in Projekten in der Wirtschaft. Beuth, Köln.

Wiest R (2005) WA/VM-Lehrgangshandbuch, Modul 1, Unternehmensberatung Reiner Wiest, Kirchheim unter Teck

Wigger T, Marchthaler J, Lohe R (2009) Durch die Integration von Wertanalyse und TRIZ die Effizienz technischer Problemlösungen steigern. In: VDI-Gesellschaft Systementwicklung und Projektgestaltung (Hrsg) Wertanalyse Praxis 2009.VDI, Düsseldorf

Witte EH, Engelhardt G (1998) Zur sozialen Repräsentation der (Arbeits-) Gruppe. In: Ardelt-Gattinger E, Lechner H, Schlögl W (Hrsg) Gruppendynamik: Anspruch und Wirklichkeit der Arbeit in Gruppen. Angewandte Psychologie, Göttingen

Zobel D (2006) TRIZ für alle – Der systematische Weg zur Problemlösung. Expert, Renningen

Kapitel 7
Praxisbeispiele

Wolfgang Pfister, Erich Sigel, Christian Herfert, Reiner Wiest,
Hans-Dieter Lehnen, Sebastian Meindl, Achim Roloff, H. Kampmann,
Manfred Jansen, Ernst Tott, Gerhard Salewski, Martin Kruschel,
Wolfgang Bareiß, Ewald Scherer, Peter Monitor und Jörg Marchthaler

7.1 Zielgenaue Produktentwicklung mit Wertanalyse und Projektmanagement

Wolfgang Pfister und Erich Sigel

In Zeiten sich verkürzender Produktlebenszyklen ist es erforderlich, die Kundenbedürfnisse, das Wissen im Unternehmen und die Ideen der Mitarbeiter immer wieder in geeigneter Art und Weise zu einem neuen marktgerechten und realisierbaren Produktkonzept zusammenzuführen und in vorher bestimmbaren Zeiträumen umzusetzen.

Am Beispiel einer brennstoffbetriebenen, motorunabhängigen Fahrzeugstandheizung für Fahrerhauskabinen, Großraumlimousinen und Sonderfahrzeugen aller Art wird die Methodik einer zielgenauen Produktentwicklung erläutert.

7.1.1 Zielsetzung

Die bewährten Luftheizgeräte von unserer Firma sollten durch eine richtungsweisende Neuentwicklung abgelöst werden (vgl. Abb. 7.1).

Die Geräte der Compactfamilie sind als zuverlässig und robust bei den Kunden bekannt und stellten als „Bestseller" eine wesentliche wirtschaftliche Säule im Geschäftsbereich Fahrzeugheizungen im Hause Eberspächer dar.

Die Anforderungen und Erwartungen an die Neuentwicklung waren deshalb entsprechend hoch und umfassten im wesentlichen folgende Produktmerkmale: kleiner, leiser, leistungsfähiger, stromsparender, mehr Temperaturregelkomfort, weniger Bauteile bzw. mehr Gleichteile, größere Lebensdauer, ansprechendes Design, Kompatibilität zum Vorgängergerät, hohe Zuverlässigkeit ab SOP, recyclingfähig

---

W. Pfister (✉)
J. Eberspächer GmbH & Co. KG, Esslingen, Deutschland

Abb. 7.1 Werte schaffen, Nutzen steigern, Aufwand senken

durch sortenreine Trennung der verwendeten Materialien und kostengünstiger in der Herstellung.

Darüber hinaus musste die Realisierung in einem definierten Zeitraum abgeschlossen und der Kostenrahmen eingehalten werden.

7.1.2 Vorgehensweise

Nach den Erfahrungen kann der Produktentstehungsprozess von fünf Jahren bis zur Markteinführung in drei unterschiedliche Phasen eingeteilt werden (vgl. Abb. 7.2):

Die Durchführung des Wertverbesserungs-Projektes erfolgte gemäß Wertanalyse-Arbeitsplan EN 12973. Im Grundschritt der drei Realisierung wurden entsprechende Tools aus dem Projektmanagement verwendet. Unter Beteiligung von

	Vorentwicklung	Wertanalyse	Projektmanagement	
	entwickeln	orientieren	realisieren	
Kompetenz:	fachlich	methodisch	sozial	
		fachlich	methodisch	
			fachlich	
Mitarbeiter:	30 %	125 %	100 %	SERIE (1998–2000)
Zeiträume:	Juni'95	Feb'97 Okt'97		Dez'00
	30 %	10 %	60 %	

Abb. 7.2 Übersicht über die Projektphasen

drei Teams, zwei Projektleitern und einem Lenkungsausschuss fanden alle 14 Tage Projektbesprechungen und alle sechs bis acht Wochen eine Lenkungsausschuss-Sitzung statt.

In der so genannten *„Entwicklungsphase"*, im Rahmen der Vorentwicklung, werden zunächst technische und physikalische Zusammenhänge geklärt, die das Produkt bzw. einzelne Komponenten und den Herstellprozess betreffen. Im vorliegenden Fall wurden in dieser Phase von der Entwicklung speziell die Brennkammer und der Wärmetauscher hinsichtlich ihrer Auslegung sowie alternative Regelstrategien und Sensorkonzepte intensiv untersucht. Teilweise wurden diese Aufgaben auch im Rahmen einer Diplomarbeit durchgeführt.

Bei den Prozessen wurde seitens der Fertigungsplanung besonderes Augenmerk auf den Schweißprozess der Brennkammer und die Gebläseherstellung gelegt. In dieser Phase, die mit 1,5 Jahren Entwicklungszeit einen zeitlichen Anteil von ca. 30 % des gesamten Produktentstehungsprozesses benötigte, waren nur ca. 30 % fachkompetente Mitarbeiter mit den genannten Untersuchungen beschäftigt, bezogen auf die Mitarbeiterzahl in der Realisierungsphase.

Gegen Ende dieses Zeitraumes wurde ein Vertriebslastenheft für die neue Gerätegeneration vorgestellt; dieses beinhaltete teilweise die in der „Entwicklungsphase" gewonnenen Erkenntnisse.

In der anschließenden *„Orientierungsphase"* untersuchte ein **Wertanalyseteam** aus Mitarbeitern von Vertrieb, Fertigungsplanung, Fertigung, Einkauf, Entwicklung, Qualitätssicherung und Logistik eine Vielzahl von Informationen auf ihre Brauchbarkeit für das neue Produkt. Das Wertanalyse-Projekt war auf acht Monate terminiert und erforderte damit einen Zeitbedarf von ca. 10 % des gesamten Produktentstehungsprozesses. Das Wertanalyseteam umfasste mehr Mitarbeiter als in der Realisierungsphase (ca. 125 %), damit in kurzer Zeit möglichst viele Ideen und Aspekte aus allen Bereichen ermittelt werden können.

Ziel war, der Geschäftsleitung bzw. dem Entscheiderorgan, ein realisierbares Produktkonzept und den dazugehörenden Terminrahmen vorzulegen.

Das Wertanalyse-Team wurde methodisch durch einen externen Wertanalyse-Berater begleitet. Die Projektleitung wurde deshalb zweifach besetzt; die fachliche Verantwortung lag bei einem internen Mitarbeiter und die methodische Verantwortung bei einem externen Mitarbeiter der Beratungsfirma. Zu Beginn wurde eine erste Ideensammlung auf Basis einer Stärken-/Schwächenanalyse durchgeführt und dabei insgesamt 185 Ansatzpunkte erarbeitet. Wettbewerberprodukte wurden in einer Benchmark-Untersuchung bewertet und zur Bedarfsermittlung eine Kundenbefragung mit einem Fragebogen parallel durchgeführt, um aktuelle Kundenwünsche in die Ideenliste mit aufnehmen zu können.

Die anschließende abnehmerorientierte Funktionengliederung des bisherigen Produktes bildete mittels zwölf Ideensuchfelder die Ansatzpunkte zur zielgerichteten Neukonzeption. Die Bewertung der 422 Ideen orientierte sich in einer ersten Selektionsrunde an diesen Kriterien. Dabei wurden 203 Ideen als nicht realisierbar verworfen. Die Machbarkeit der verbleibenden 219 Ideen (52 %) wurde in den weiteren Sitzungen im Wertanalyse-Team bewertet (vgl. Abb. 7.3).

Abb. 7.3 Wertanalyse-Systematik

abnehmer- / kundenorientierte Funktionsgliederung:

- Ideensuchfelder: 12
- Ideen: 422 davon 219 realistisch = 52%
- Aufgabenbearbeitung: Insgesamt 134
- Aktionsblätter: 57

42 Lösungsansätze sofort umsetzbar

15 Lösungsansätze mittelfristig umsetzbar

Zur Steigerung der Effizienz wurde das Wertanalyse-Team in dieser Phase in vier kleinere themenspezifische Gruppen aufgeteilt.

Komplexere Aufgabenstellungen wurden in einer Aufgabenliste zusammengestellt und zur Klärung der Machbarkeit den fachkompetenten Mitarbeitern zugeordnet. In diesem Zusammenhang wurden auch mögliche Lieferanten in den Klärungsprozess mit einbezogen. Die Ergebnisse waren, einschließlich einer Kostenbewertung durch die Vorkalkulation bzw. durch Aussagen der Lieferanten, im Rahmen der WA-Teambesprechungen vorzustellen.

Insgesamt entstanden daraus 57 Lösungsansätze, die auf so genannten Aktionsblättern festgehalten wurden.

Davon waren 42 zur sofortigen Umsetzung geeignet und für die restlichen 15 wurde eine mittelfristige Realisierung im Rahmen eines Redesigns vorgeschlagen.

Das Konzept und der Terminrahmen wurden der Geschäftsbereichsleitung im Oktober 1997 zur Genehmigung vorgestellt und zur Umsetzung freigegeben.

Gleichzeitig wurden insgesamt sieben Punkte als konzeptkritisch festgestellt, die im Rahmen der Realisierung gelöst werden mussten.

Für die „*Realisierungsphase*" (vgl. Abb. 7.4) standen, bis zur geplanten Markteinführung der Baureihe, 60 % der gesamten Produktentstehungszeit zur Verfügung. Zusätzlich zur Fach- und Methodenkompetenz war seitens der Projektleitung **Sozialkompetenz** erforderlich, um mit dem gesamten Projektteam die Zielsetzung zu erreichen.

Diese Phase wurde mit einem personell etwas reduzierterem Projektteam durchgeführt, das aus dem WA-Team hervorgegangen ist. Die 14-tägigen Projektbesprechungen wurden zunächst mit drei thematisch verschiedenen Gruppen begonnen, die ebenfalls interdisziplinär zusammengesetzt waren.

Während des Projektverlaufs wurden die Schwerpunkte von der Entwicklung in Richtung Umsetzung verschoben und die drei Gruppen gleichzeitig in einem Produktionsteam zusammengefasst.

Ein weiterer wesentlicher Punkt, für die zielgenaue Projektarbeit, waren die zwei- bis dreimonatlich stattfindenden Entscheidungsorgan-Sitzungen. Diesem Gremium aus Geschäftsbereichsleitung und den Fachbereichsleitern stellten die

„Realisieren" = Projektmanagement

➔ **Detailkonstruktion**
    ➔ **Lieferantenbesprechungen**
        ➔ **Projektbesprechungen**
            ➔ **Entscheidungsorgansitzungen**
                ➔ **Kalkulation**
                      ➔ **Prototypenbau**
                          ➔ **Prototypenerprobung**
                              ➔ **Zeichnungssatzerstellung**
                                  ➔ **Werkzeugerstellung**

    ➔ **Validierungsprüfungen**
        ➔ **Typprüfung**
            ➔ **Werkzeugfreigabe**
                ➔ **Prozessfreigabe**
                    ➔ **Serienvorbereitung**
                        ➔ **Produktdokumentation**

➔ **Markteinführung**

Abb. 7.4 Inhalte der Realisierungsphase

beiden Projektleiter im Rahmen des Projektreview detailliert den jeweilige Projektstand, die kritischen Punkte und das weitere Vorgehen zur Genehmigung vor.

Um frühzeitig Erfahrungen mit dem neuen Heizgerät zu sammeln, wurden bereits mit mehreren Prototypen sowohl Dauerläufe als auch Erprobungen in Kundenfahrzeugen durchgeführt. Dazu mussten die Einzelteile in Rapid-Prototyping-Verfahren hergestellt werden, um drei Monate nach Realisierungsbeginn diese Erprobungen beginnen zu können. Eine weitere Erprobungsrunde wurde mit Geräten aus ersten werkzeugfallenden Teilen neun Monate später begonnen. Die enge Einbindung der Lieferanten in die Realisierungsphase war zu jedem Zeitpunkt seitens der Projektleitung zu gewährleisten und Voraussetzung für die frühzeitige Verfügbarkeit entsprechender Versuchsteile.

Zur Serienvorbereitung wurden spezielle Informations- bzw. Schulungsveranstaltungen für alle Vertriebsmitarbeiter und die betroffenen Mitarbeiter in der Fertigung durchgeführt. Dabei wurden detailliert die Unterschiede der Produkt- und Fertigungsmerkmale der neuen Gerätegeneration dargestellt.

7.1.3 Ergebnisse

Zwei Jahre nach Start der Realisierungsphase konnten im Oktober 1999 erste Vorseriengeräte der neuen kleinen Fahrzeugheizung auf den modifizierten vorhandenen Produktionseinrichtungen hergestellt werden. Anfang 2000 sind die ersten Vorseriengeräte der neuen großen Fahrzeugheizung produziert worden.

Dauerläufe, Validierungsprüfungen sowie Felderprobungen bei ausgewählten Flottenbetreibern und die notwendigen Gerätezulassungen wurden mit werkzeugfallenden Teilen erfolgreich durchgeführt.

Die offizielle Serienproduktion für die gesamte Baureihe neue Fahrzeugheizung ist im September 2000 angelaufen und damit konnte der Markt, rechtzeitig vor Beginn der Wintersaison, mit der neuen Gerätefamilie beliefert werden.

Die zu Projektbeginn geforderten Produktmerkmale für die neue Heizungsgeneration werden alle erfüllt und lassen sich wie folgt zusammenfassen:

- kleiner (−21 % bzw. −25 %)
- leistungsfähiger (1,8–2,2 kW bzw. 3–4 kW)
- stromsparend (22 W/2200 W; 40 W/4000 W)
- mehr Komfort: besseres Regelverhalten, mehr Regelstufen, Lüfterfunktion
- leiser
- weniger Bauteile, mehr Gleichteile
- größere Lebensdauer (alle Teile > 3000 h)
- kostengünstiger
- ansprechendes Design
- kompatibel zum Vorgängergerät (Flanschbild, Bedieneinrichtung)
- zuverlässig ab SOP
- recyclingfähig
- herstellbar auf bisheriger Montagelinie
- servicefreundlich (Steuergerät, Sensorik, Glühstift zugänglich über Wartungsklappe)

Diese neue Gerätebaureihe wird seither bei unseren OEM–Kunden in neue Fahrzeuggenerationen eingeplant und ersetzt dadurch die alte Gerätebaureihe sukzessive. Die Akzeptanz dieser neuen Gerätefamilie am Markt kommt auch dadurch zum Ausdruck, dass auf Märkten wie bspw. USA und Kanada von zwei Fachzeitschriften Auszeichnungen errungen werden konnten. „Heavy Duty Trucking" hat die Gerätefamilie unter die besten 50 Innovationen für Nutzfahrzeuge in 2001 gewählt und „Truck & Sales" zeichnete diese neue Fahrzeugheizungs–Generation in 2002 als eines der „Terrific 12 products" aus.

7.1.4 Erfolgsfaktoren

Für das Gelingen dieses Projektes sind unterschiedliche Faktoren verantwortlich. Besonders ist hervorzuheben, dass die Unterteilung des Gesamtprojektes in Projektphasen mit definierten Zielsetzungen und Aufgabenstellungen ermöglichte, nur sehr wenige Konzeptänderungen während der Realisierungsphase vornehmen zu müssen. Die regelmäßigen Projektbesprechungen in Verbindung mit der sauberen Dokumentation haben zur Transparenz für alle beteiligten Mitarbeiter beigetragen. Die regelmäßigen Entscheidersitzungen und die transparente Ergebnispräsentation haben dazu geführt, dass jederzeit rechtzeitig auf projektgefährdende Ereignisse/ Situationen reagiert werden konnte. Die interdisziplinär zusammengesetzten Teams haben dazu geführt, dass die beteiligten Mitarbeiter gegenseitiges Verständnis für die bereichsspezifischen Problemstellungen entwickelt haben; kritische Teamsituationen konnten durch Coaching seitens der Projektleitung rechtzeitig entschärft werden.

- klare Auftragsdefinition,
- klare Projektphasen,
- wenige Änderungen,
- regelmäßige Projektbesprechungen (in den Teams ca.14-tägig),
- saubere Ergebnisdokumentation,
- regelmäßige Entscheidersitzungen (ca. zwei- bis dreimonatlich),
- transparente Ergebnispräsentation,
- interdisziplinär zusammengesetzte Projektteams, technisches Verständnis und gegenseitige Wertschätzung,
- Projektteamcoaching durch Projektleitung,
- Entwicklungsteam, Wertanalyseteam, Realisierungsteam

Darüber hinaus haben sich das technische Verständnis und die gegenseitige Wertschätzung der beteiligten Mitarbeiter bereichsübergreifend verbessert, was sich auch auf die Zusammenarbeit nach diesem Projekt ausgewirkt hat.

7.2 Standardisierung durch Benchmarking

Christian Herfert und Reiner Wiest

In einem Unternehmen des Anlagen- und Maschinenbaus wurden durch derartige Fragen Standard-, Baukasten-, Modul- oder Paletten-Lösungen intensiv in wertanalytischer Projektarbeit gesucht. Bewusst wurde auf Gleichartigkeit, häufiges Vorkommen, vielseitige Verwendbarkeit in unterschiedlichen Produktvarianten und Mengen-Herstellbarkeit geachtet. Auch die Herstellprozesse wurden in derselben Art in standardisierte Verfahrensabschnitte aufgeteilt. Gegenüber der Ausgangssituation konnten hierdurch beachtliche konstruktive Vereinfachungen, Kostensenkungen, Produktivitätserhöhungen und Durchlaufzeit-Reduzierungen umgesetzt werden.

Die Standardisierung wirkt sich besonders positiv bei Unternehmen aus, deren Produkte kundenspezifisch konstruiert und häufig bis zu Losgröße 1 hergestellt werden. Im Folgenden wird aufgezeigt, wie sich die Standardisierung auf die einzelnen Aktivitätenfelder auswirken kann (vgl. Tab. 7.1).

Tab. 7.1 Standardisierungs-Denkansätze im Sinne von best practice (Beispiele aus einem Unternehmen des Anlagen- und Maschinenbaus)

Themen-Bereiche	Best practice-Maßnahmen	Standardisierungs-Denkansatz	Effekte	Beispiele
Vielfalt von Lieferteilen reduzieren	Rasterung nach Verbrauch	Größenraster Verbrauchs-Perioden	Reduzierung der Artikel-Vielfalt	Lager Gelenk-Köpfe Motorleistungen
	Rasterung nach Größe	Größenraster ausdünnen Bevorzugte Veränderung erkennbar machen	Reduzierung der Artikelvielfalt	Schrauben etc.
	Rasterung nach Abrufaufträgen	Rahmenverträge mit Lieferanten abschließen	Kostengünstige Herstellung beim Lieferanten	Seitenträger
	Anzahl von Lieferanten reduzieren	Qualifizierte Lieferanten festlegen Mindestens 2 qualifizierte Lieferanten festlegen	Stückzahlen pro Lieferant steigern	Gehäuselager
	Integrierte Konstruktion	Lagerkantkonstruktionen Gusskonstruktionen	Vermeiden von teuren Schweiß-konstruktionen	Motorkonsolen Seitenträger Schutze
Modulari-sierung	Konstruktive Schnittstellen definieren	Einheitliche Schnittstellen schaffen durch Lochbilder etc.	Verwendung unterschiedlicher Baugruppen an gleichen Schnittstellenbildern	
	Lochreihen für Mehrfachbindung	Flexibilisierung von Baugruppenschnittstellen	Flexible Verwendung von unterschiedlichen Schnittstellen-anbindungen	Antriebsträger gleiche Lochreihe für Sensor und für Kabelhalterung
	Baukasten/Lego-Prinzip	Aufbau der Engineering-Struktur in Funktionsbaukästen	Flexible Berücksichtigung von Kunden-anforderungen	Rollenförderer LEGO „3 in 1"

7.2.1 Rasterung nach Verbrauch

Eine Möglichkeit, die Teilevielfalt zu reduzieren, ist die „Rasterung nach Verbrauch". Bei diesem Verfahren werden Bauteile mit niedrigem Verbrauch durch Bauteile mit hohem Verbrauch ersetzt, um so die Anzahl der Bauteile – also die Teilevielfalt – zu reduzieren.

Im Falle der „Rasterung nach Verbrauch" empfiehlt es sich, die letzten Perioden (z. B. drei Jahre) zu untersuchen. Besonders effizient gelingt dies mit dem Pareto-Ansatz (80/20-Prinzip).

Dabei liegt das Augenmerk auf technischen Möglichkeiten der Zusammenfassung von Größen (meist können kleinere Bauteile durch die nächste Größe ersetzt werden). Zunächst entstehen durch den Ersatz von größeren Bauteilen höhere Kosten, die durch andere Effekte kompensiert werden und letztendlich die Gesamtherstellkosten langfristig senken.

Diese Effekte zeigen sich wie folgt:

- Weniger Teile im Konstruktionsportfolio → Weniger Varianten, schnellere Suche und schnellerer Zugriff
- Höhere Stückzahlen in der Beschaffung → Bessere Einkaufskonditionen, Rabatte, Netto Preise etc.
- Weniger Bestellvorgänge → Vereinbarung von Jahreskontingenten, Abrufaufträgen etc.
- Weniger Anlieferungen und Buchungsvorgänge im Wareneingang
- Weniger Lagerplätze
- Weniger Aufwand in der Qualitätssicherung → Anzahl der verschiedenen Artikel sinkt
- Geringere Anzahl von Bauteiltests

Eine zu radikale Reduzierung der Teilevielfalt kann Produkte ergeben, die technisch überdimensioniert sind und beim Endkunden den Anschein erwecken, als würde man mit Kanonen auf Spatzen schießen. Deshalb: „Standardisieren mit Maß und Ziel", das Produkt muss immer noch funktionell und optisch den Kundenanforderungen entsprechen.

7.2.2 Rasterung nach Bauteilgröße

Eine weitere Möglichkeit die Teilevielfalt zu reduzieren, ist die „Rasterung nach Bauteilgröße".

Bei der Rasterung nach Bauteilgröße werden Bauteile in einem bestimmten Größenraster festgelegt und die Zwischengrößen durch das jeweilig nächst kleinere oder nächst größere Bauteil ersetzt. Somit wird die Anzahl der Bauteile, also die Teilevielfalt reduziert.

Besonders empfehlenswert ist diese Methode bei neuen Produktlinien, da hier keine Historie berücksichtigt werden muss.

Analog zur Rasterung nach Verbrauch ergeben sich auf diesem Weg deutliche Kosteneinsparungen, Lieferzeitreduzierungen und Qualitätssteigerungen.

7.2.3 Rasterung in wirtschaftliche Abrufaufträge

Das Problem der Teilevielfalt bewirkt letztendlich beim Zulieferer unnötig hohe Kosten durch Bestellungen in kleinen Stückzahlen mit hoher Varianz. Durch Standardisierung der Bauteile kann zunächst die Varianz gesenkt und die Stückzahl gesteigert werden. Somit ist mit der ersten Standardisierungsmaßnahme die erste Preissenkung möglich. Zusätzlich kann mit entsprechenden Rahmenvereinbarungen über Jahresabnahme- und Bevorratungsmengen ein weiteres preisliches Einsparpotential erschlossen werden.

Der Zulieferer kann längerfristig disponieren und so Vorteile in der Materialbeschaffung nutzen. Außerdem kann der Zulieferer in Produktionslücken (z. B. in der dritten Schicht) immer wieder Teile in seinem Bevorratungsbestand fertigen und so mit einer gleichmäßigen Betriebsauslastung für optimale Herstellkosten sorgen. Zusätzlich wird durch die Bevorratung eine Sicherung der Verfügbarkeit erreicht. Dadurch ergeben sich weitere Möglichkeiten im Sinne von „Just in Time", so dass die eigenen Durchlaufzeiten optimiert, die Lagerhaltungs- und Kapitalbindungskosten aber minimiert werden.

Das Standardisierungs-Denken bei Zukaufteilen durch Rasterungen von Verbräuchen, Bauteilgrößen und von Abrufaufträgen kann darüber hinaus in konstruktive Maßnahmen soweit einfließen, dass aus Konstruktionsteilen, die bisher als Schweißkonstruktion mit Halbzeugen in Auftrag gegeben wurden, neuerdings „Laserkant"-Profilteile in beliebiger Länge und schweißfrei beim Lieferanten bevorratet werden (vgl. Abb. 7.5). Hierdurch können erhebliche Kostenreduzierungen erzielt werden, sowohl in Bezug auf die direkten als auch auf die indirekten Beschaffungskosten.

Abb. 7.5 Kaufteil „Seitenträger". Links neu als Laserkantprofilteil, rechts bisheriges Kaufteil in Schweißkonstruktion aus Halbzeugen

7.2.4 Anzahl Hersteller bzw. Lieferanten reduzieren

Die Vielzahl von Artikeln unterschiedlicher Hersteller bzw. Lieferanten von Kaufteilen hat viele Gründe. Einerseits verlangen Kunden die Berücksichtigung ihrer Vorgaben, das heißt eine Ausstattung durch Teile, mit denen der Kunde bereits gute Erfahrungen gemacht hat. Denn ein Wechsel zu einem anderen Hersteller führt oft zu teils langwierigen Tests und Freigabeprozeduren. Ein weiterer Grund kann die Ersatzteilhaltung beim Kunden sein. So wird der Kunde versuchen, in einem Werk oder gar werksübergreifend die Varianz an Herstellern, Bauteilserien und Bauteilgrößen so gering wie möglich zu halten.

Andererseits ist der eigene Einkauf bestrebt, für einen Artikel die technische Freigabe für verschiedene Hersteller bzw. Lieferanten zu erhalten, um jederzeit die besten Lieferzeiten und Preise zu bekommen.

Im Gegensatz zur Forderung des Einkaufs ist die Entwicklung und Konstruktion bestrebt, nur einen Hersteller im Konstruktions-Portfolio zu haben, um die Anzahl der Konstruktionsvarianten einzudämmen.

Deshalb ist es sinnvoll, die bisher verwendeten Kaufteile nach Herstellern zu sortieren und denjenigen Hersteller zu bevorzugen, dessen Teile am häufigsten verbaut wurden bzw. die in künftigen Baureihen eingesetzt werden sollen.

7.2.5 Standardisierung durch integriertes Konstruieren

Auch bei Eigenfertigungsteilen lassen sich durch Reduktion der Teilevielfalt erhebliche Einsparungen erzielen. Neue Fertigungstechnologien im Bereich des Laserschneidens, des Stanzens und der Kanttechnik machen es möglich, sogenannte „Integrierte Konstruktionen" zu realisieren. Dabei liegt das Augenmerk einerseits auf der Zusammenfassung einzelner Bauteile in ein integrales Teil und andererseits in der Reduzierung von verschiedenen Fertigungsschritten (vgl. Abb. 7.6).

Weiterhin entfallen in den meisten Fällen die spanabhebende Bearbeitung und evtl. Glühvorgänge mit nochmaligem Richten. Durch integrierte Laserkantkonstruktionen ist außerdem eine erhebliche Reduzierung des Bauteilgewichts bei größe-

Abb. 7.6 Beispiel „Halterung", links bisherige Konstruktion aus vielen Einzelteilen, rechts neue Konstruktion aus einem Integral-Bauteil

rer Steifigkeit realistisch. Dazu ist der Einsatz eines FEM-Tools in der Entwicklung unabdingbar.

7.2.6 Modularisierung

Ein weiterer Standardisierungsansatz liegt in der Modularisierung. Dabei werden einzelne Standard-Bausteine zu einer Gesamtmaschine zusammengefügt. Das wohl bekannteste Beispiel für Modulbauweise ist LEGO. Zur Umsetzung des Modularisierungsgedankens sind verschiedene Punkte zu beachten:

Definierte Schnittstellen Individuelle Anbindungen zwischen Bauteilen und/oder Baugruppen sind für den jeweiligen Fall die isoliert betrachtet kostengünstigste Lösung. Durch immer wieder unterschiedliche Schnittstellen zwischen Bauteilen, Baugruppen und Maschinen wird ein einheitliches Design dieser Komponenten verhindert.

Optimal ist eine Festlegung von Standard-Schnittstellen zwischen Bauteilen, Baugruppen und auch Maschinen, die immer wieder verwendet wird. Solche standardisierten Schnittstellen können beispielsweise durch Lochbilder mit einheitlichen Lochdurchmessern oder definierten Oberflächenbeschaffenheiten entstehen.

Die Vielfalt auf dem Zuliefererkmarkt kann beim Maschinenbauer wiederum zum Variantenchaos führen. Deshalb ist es wichtig, dass der Maschinenbauer standardisierte Schnittstellen definiert und nur solche Zulieferer zulässt, die Produkte mit identischen Schnittstellen anbieten.

Lochreihen für Mehrfachanbindung Die funktions- und kundenorientierte Ausprägung von Maschinen macht es immer wieder erforderlich, dass Bauteile an unterschiedlichen Stellen angebaut werden müssen. Im Regelfall bedeutet dies in der konstruktiven Umsetzung, dass entsprechende Lochbilder an den dafür vorgesehenen Stellen platziert werden und im nächsten Auftragsfall entsprechend versetzt werden. Die Folgen sind: Konstruktiver Aufwand, viele Varianten, hohe Durchlaufzeit, hohe Kosten durch Einzelfertigung (Tab. 7.2).

Eine Möglichkeit, diesem Phänomen zu begegnen ist, die tragenden Teile mit Lochreihen zu versehen, so dass im Auftragsfall die Bauteile in einem bestimmten Raster angebaut werden können. Grundsätzlich könnte für jede optionale Baugruppe eine eigene Lochreihe vorgesehen werden.

Wenige Lochreihen (Befestigung aller möglichen Bauteile und/oder Einzelteile) halten die Bauteilkosten in Grenzen, denn jede zusätzliche Lochbildreihe erhöht die Herstellkosten.

Im Sinne eines best practice-Denkens veranschaulicht diese Logik beispielsweise die Fischertechnik oder die leider nicht mehr im Markt befindlichen Märklinbaukästen.

Baukasten/Legoprinzip Oft führt der Aufbau einer Stückliste nach z. B. Fertigungs- oder Logistikgesichtspunkten zu hohem Änderungsaufwand. Sollte bei-

Tab. 7.2 Standardisierungs-Denkansätze im Sinne von best practice (allgemein in der produzierenden Wirtschaft)

Themen-Bereiche	Best practice-Maßnahmen	Standardisierungs-Denkansatz	Effekte
Standard-Produkte	Basis-Produkte + Funktions-Baukästen	Größen-Raste Leistungs-Raster	Flexibles Kundenangebot Kostengünstige Herstellung
	Produkt-Katalog	Vermarktung nach Katalog-Programmen	Bewährte Technik Schnelle und kostengünstige Herstellung
	Farbgebung/Design	Standardisierte Oberflächen-Konservierung Farbgebung standardisieren	Stückzahlenerhöhung der Bausteine mit identischer Oberfläche Weniger Umstellungskosten in der Lackiererei
Facelift	Zeitliche Einfrierung von Veränderungen	Für Technologien Für Daten Für Prozesse	Plug and Play Ideen-Sammlung für Verbesserungen
Verwendbarkeit	Bei Kern-Typen	Standard-Produkte	Kostengünstige Herstellung
	Konfigurieren statt Programmieren	Standard-Software mit allen Optionen Standards und Optionen durch konfigurieren kundengerecht einstellen	Wiederverwendbarkeit der Softwarebausteine
	Dezentrale Anordnungen	Dezentrale Antriebskonzepte	Geringerer Kabelaufwand Weniger Schaltschränke
	Bedienkonzept	Einheitlicher Bedienerfläche Mobile Terminals für Wartungspersonal	Einheitliches „look-and-feel"
Tools und Daten	CAD	Parametrisches oder dynamisches CAD-Tool	Schnelles Konstruieren 24 Stunden konstruieren „follow the sun"
	PLM	CAD-Datenverwaltung mit Freigabesystem	Simultaneous Engineering
	ERP	Muttersystem	Eindeutigkeit durch Artikel

spielsweise konstruktiv ein anderer Antrieb mit Konsole und entsprechendem Schutz umgesetzt werden, so müssten die Standardelemente Antriebe, Schweißteile, Laser-Kantteile und Befestigungselemente geändert werden.

Deshalb kann mit einem funktionsorientierten Aufbau einer Engineering-Stückliste direktes Plug- and Play realisiert werden. Der Kunde kauft Funktionen bzw. Optionen, die nach dem Lego-Prinzip an verschiedenen Stellen konstruktiv integriert werden.

Dazu ist bei der Überführung von Engineerings-Stücklisten in weitere Stücklistenformen eine Sortiermöglichkeit nach Logistik- oder Fertigungsgesichtspunkten anzustreben. Auf diese Weise können z. B. alle Schweißteile in eine Stückliste zusammengeführt werden.

7.2.7 Die Standardisierung im Maschinenbau ist eine Symbiose aus standardisierten Basismaschinen + modularisierten Funktionsbaukästen

Insbesondere im Anlagen- und Sondermaschinenbau werden zunächst Produkte geschaffen, die für sich betrachtet die einfachste und kostengünstigste Lösung bieten. Meist entstehen in den folgenden Aufträgen Varianten gemäß den Kundenanforderungen. Bereits in der Konstruktion entsteht jedes Mal eine Vielzahl an neuen Bauteilen in verschiedenen Baugruppen.

Möglichst schon bei den ersten Aufträgen ist eine funktionsorientierte Strukturierung der Maschinen ratsam. Sehr hilfreich sind in diesen Fällen Checklisten für den Vertrieb. So können die konstruktionsrelevanten Daten wie Größe, Leistung, Ausführung, Ausstattung und Optionen abgefragt werden und die Informationen in einem Anforderungspflichtenheft und in der Folge in einem Ausführungspflichtenheft dargestellt und umgesetzt werden.

Der Fokus ist somit nicht auf eine vermeintlich optimale Einzellösung, sondern auf Wiederverwendung bewährter Basismaschinen und der dazugehörigen Optionen gerichtet.

7.2.8 Zusammenfassung

In diesem Beitrag zum Thema „Benchmarking" wird ein „quer"-gedachter Bogen von Benchmarking über best practice zur praktizierten Standardisierung nicht nur allein im Produktbereich, sondern auch für Fertigungs- und Logistikprozesse, IT-Programme bzw. Konfigurationen sowie für strukturorganisatorische Vereinheitlichungen geschlagen, um ganzheitliche Problemlösungskonzepte in einem Unternehmen zu erreichen.

7.3 Value Management an Frischbackanlagen

Hans-Dieter Lehnen, Sebastian Meindl und Achim Roloff

7.3.1 Einleitung

Reimelt-Anlagen zum Handling von pulverförmigen und flüssigen Rohstoffen für die Nahrungsmittel- und Chemieindustrie haben international einen hervorragenden Ruf und blicken auf eine lange Tradition zurück. Denn Reimelt ist hier weltweiter Marktführer und bekannt für ein enormes verfahrenstechnisches Know-how in der Prozesstechnologie.

Innerhalb der Reimelt Henschel Gruppe beschäftigt sich die Reimelt Food-Technologie GmbH am Standort Rödermark mit der Konzeption, Entwicklung und Vertrieb von Anlagen und Systemen für die Nahrungsmittelindustrie. Frischbackanlagen stellen ein wichtiges Segment innerhalb dieses Angebotsspektrums dar. Mit Frischbackanlagen werden Backwaren für den täglichen Verzehr wie Brot, Brötchen und Feinbackwaren hergestellt. Im hier vorgestellten Projekt liefert Reimelt an den Markt Komponenten für das Lagern, die Aufbereitung und Dosierung, der für die Teigherstellung notwendigen festen und flüssigen Rohstoffe.

Die Folgekomponenten bis zum fertigen Frischbackprodukt können zum Teil von Reimelt oder anderen Anbietern in diesem Produktsegment bezogen werden.

Innerhalb der Reimelt-Gruppe werden unter anderem auch Einzelkomponenten produziert, die neben der Lagerungstechnik, wie z. B. Silos und Tanks, Bestandteile einer Frischbackanlage sind. Abb. 7.8 zeigt ausgewählte Beispiele von Reimelt-Komponenten innerhalb einer typischen Frischbackanlage.

7.3.2 Projektauftrag

Im Produktsegment Frischbackanlagen ist der Wettbewerb so hart, dass die Herstellkosten bei Reimelt erheblich gesenkt werden müssen, um Umsatz und Ertrag in diesem Bereich nachhaltig zu sichern und zu verbessern. Die Vorgabe des Reimelt

Abb. 7.7 Ein Auszug aus dem Spektrum der Lösungen von Reimelt im Food Processing

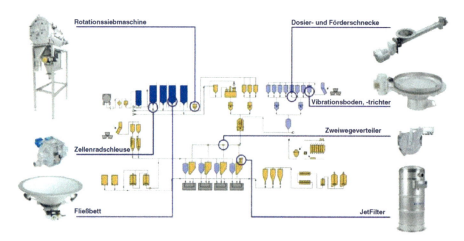

Abb. 7.8 Beispiele für Anlagenkomponenten innerhalb einer Frischbackanlage

Managements war eine Kostenreduzierung um 20 %. Außerdem galt es, das Working Capital zu verringern. Zahlungsverzögerungen, verursacht durch Leistungsstörungen, hatten zu einem unerwünschten Anstieg des Working Capital geführt. Im Projekt sollten die Anlagenkomponenten so konzipiert werden, dass Leistungsstörungen weitgehend eliminiert werden.

Nach Abschluss des Projekts wird mit Hilfe dieser Maßnahmen eine Umsatzsteigerung von mindestens 30 % angestrebt.

Zeitlich hatte man sich ebenfalls viel vorgenommen. Innerhalb von nur vier Monaten musste das Grobkonzept erarbeitet, drei Monate später sollte die Angebotsfähigkeit erreicht sein und nach weiteren zwei Monaten das Detail Enginee-

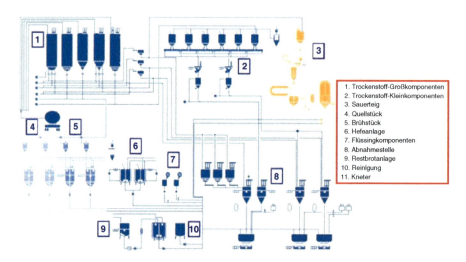

Abb. 7.9 Ein Auszug aus dem Spektrum der Lösungen für Frischbackanlagen von Reimelt

ring vorliegen. Diese ehrgeizige Zielvorgabe erforderte ein sehr straffes Projektmanagement und ein zielorientiertes Vorgehen. Darüber hinaus war es erforderlich die Gestaltungsfelder und -möglichkeiten vorab klar zu definieren. Hohe monetäre Zielvorgaben erfordern in den meisten Fällen einen großen Gestaltungsspielraum, bspw. die Änderung des Materialeinsatzes. Diese Freiräume müssen vor Projektstart mit dem Management abgestimmt sein.

7.3.3 Vorgehensweise/Teamarbeit

Das Team wurde interdisziplinär zusammengesetzt, wobei darauf geachtet wurde, dass die Teammitglieder mit Entscheidungskompetenz ausgestattet waren. Alle Teammitglieder wurden sorgfältig sowohl bzgl. ihrer Teamfähigkeit, der benötigten Fachkompetenz, den ihnen zur Verfügung stehenden Kapazitäten, zur Durchführung einer solchen Aufgabe, als auch ihrer Wissensbasis ausgewählt.

Im Team waren Vertreter von:

- Einkauf,
- Controlling,
- Vertrieb,
- Produktmanagement,
- Engineering,
- Konstruktion und
- Montage/Service.

Darüber hinaus wurde dem Projektstart ein eintägiges Wertanalyse-Seminar vorangestellt, um die Projektmitglieder thematisch einzustimmen. Begleitet wurde das gesamte Projekt durch eine Maßnahmen- und Aufgabenliste, die verfolgt und abgearbeitet wurde.

Eingebettet wurde die Vorgehensweise in die Überlegungen des Wertetreiber-Modells mit Produkten (s. Abb. 7.10).

7.3.4 Markt

Vorbereitend zur Wettbewerbsanalyse bzw. des Preis/Nutzen-Portfolios wurden im Team die kaufentscheidenden Kriterien, also Begeisterungsanforderungen, ermittelt und gewichtet. Es handelt sich um Leistungen, die der Kunde in der Regel nicht erwartet und von denen er positiv überrascht ist oder selber einen positiven Nutzen daraus hat. Dieser Analyseschritt ist immer erforderlich, da Begeisterungsanforderungen durch Marktbedingungen über die Zeit zu Basisanforderungen des Kunden werden und daher die Begeisterungsanforderungen periodisch vom Unternehmen ermittelt und überprüft werden müssen, um einen Wettbewerbsvorteil dadurch zu erlangen. Die Abb. 7.11 zeigt das Ergebnis für das Projekt „Frischbackanlagen".

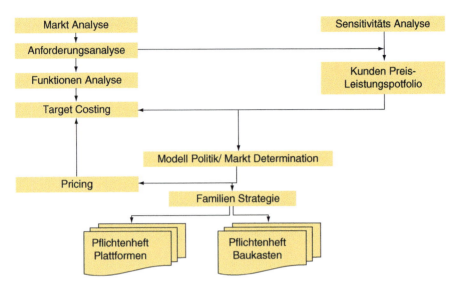

Abb. 7.10 Wertetreiber Modell mit Produkten

Aus der Betrachtungsweise wird ersichtlich, dass es Kriterien gibt, die der Wettbewerb besser erfüllt als Reimelt und wo Handlungsbedarf besteht, aber auch Kriterien, in denen Reimelt gleich gut oder besser als der Wettbewerb abschneidet und die für Reimelt eine Differenzierungschance darstellen. Das heißt, wir erfüllen ein Kriterium mindestens gleich gut wie der beste Wettbewerber, aber mit mehr Wert, z. B. Leistung, Qualität etc. und können uns hier vom Wettbewerb abheben. Dies gilt es, später im Kundengespräch darzulegen.

Anhand der Tabelle lässt sich ein Kunden-Nutzen-Preis Portfolio erstellen. Aus diesem wird klar ersichtlich, dass Reimelt exzellente Produkte zu einem hohen Marktpreis vertreibt. Reimelt lebt von seiner guten Qualität und einem hervorragendem Vertrieb. Eine strategische Neuausrichtung für das obere und mittlere Marktsegment ist möglich, wobei es einer stärkeren Kostenreduzierung als zu Beginn angenommen bedarf. Ein Teil der Erlöse aus den Kostensenkungen müssen an den Kunden weitergegeben werden, was bei einer angestrebten konstanten Marge bedeutet, dass die Ziele verändert werden müssen.

Dieser Analyseschritt veranlasste das Projektteam, dem Management vorzuschlagen, die Ziele dahingehend zu korrigieren, dass die Herstellkosten nicht wie geplant um 20 %, sondern sogar um 25 % reduziert werden sollten, um eine Chance zu haben, auch im mittleren Marktsegment angebotsfähig zu sein. Diese Verifikation bzw. Korrektur der Aufgabenstellung aus der Teamarbeit heraus war im Projekt sicher eine Besonderheit.

7 Praxisbeispiele

Begeisterungs-Anforderungen	Gewichtung	Anbieter 1	Anbieter 2	Anbieter 3	Anbieter 4	Anbieter 5	Anbieter 6	Mittleres Marktsegment	Best Practice	Handlungsbedarfe	Differenzierungschancen
geringer Personalbedarf	4	16	16	16	16	16	16	16	0	4	
hohe Anlagenverfügbarkeit	5	25	20	25	15	20	15	15	25	0	0
technische Zuverlässigkeit	5	25	15	25	15	20	15	15	25	0	0
gleichbleibende Produktqualität	5	20	20	20	20	20	20	20	20	0	5
Beratungsqualität	5	25	15	15	20	10	15	15	25	0	0
„alles aus einer Hand"	4	20	16	20	16	20	16	12	20	0	0
kurze reibungslose Montage/IBN	4	12	16	16	8	12	12	16	16	4	4
Liefertermintreue	4	8	12	16	8	12	12	12	16	8	4
Wartungsfreundliche Aggregate	4	16	8	16	8	8	12	8	16	0	4
Bedienerfreundlichkeit	4	16	12	16	12	16	12	12	16	0	4
einfache Lösungen	4	8	16	12	12	8	12	16	16	8	4
Verminderter Staubanfall	3	12	12	12	9	9	9	9	12	0	3
Optimierte Steuerungssysteme	3	6	9	6	12	9	9	9	12	6	3
Anlagendesign/Optik	3	12	6	15	9	6	6	6	15	3	0
after-sales-Betreuung	2	8	4	6	4	6	4	6	8	0	2
leichte modulare Erweiterbarkeit	2	8	2	6	4	4	4	6	8	0	2
Edelstahl	1	5	2	3	2	2	2	3	5	0	0
verbesserter Notfallservice	1	1	2	1	2	1	2	2	2	1	3
geringerer Energiebedarf	1	3	5	3	4	3	3	3	5	2	0
Summe		246	208	249	196	202	196	201	278		
rel. Marktpreis		100	70	90	80	90	90	85			
Marktanteil EU		14	6	5	7	4	6	20			

Abb. 7.11 Gewichtete Begeisterungsanforderungen

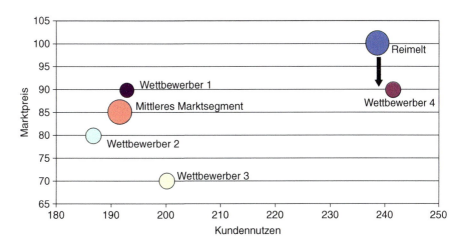

Abb. 7.12 Kunden-Nutzen-Preis-Portfolio

Abb. 7.13 Ergebnistabelle der Sensitivitätsanalyse

Kosten	Oberes Segment (Mehldurchsatz t/d)
Personalkosten (MA)	**40%**
Energiekosten (KW)	3%
Verschleißteile & Wartung	4%
Kapitalkosten	**53%**
Summe	100%

7.3.5 Sensitivitätsanalyse

Bei einer Sensitivitätsanalyse findet eine Grenzbetrachtung der Ergebnisse statt: der Einfluss von Inputfaktoren auf bestimmte Ergebnisgrößen.

Mit Hilfe der Sensitivitätsanalyse wurde am Beispiel des sogenannten „oberen Marktsegments", also Betreiber großer Produktionsanlagen, überprüft, in welcher Weise die verschiedenen Kriterien, den wirtschaftlichen Erfolg des Kunden, der eine solche Anlage betreibt, beeinflussen.

Entgegen den Vermutungen verdeutlicht die Analyse, dass die Energiekosten nicht die entscheidende Einflussgröße sind, sondern die Kapitalkosten gefolgt von den Personalkosten. Im Projekt war es jedoch so, dass die Frischbackanlage bezogen auf den Gesamtprozess nicht allein Ausschlag gebend war. Bestimmte andere Prozesse erfordern eine Mindestanzahl Mitarbeiter, so dass hier kein Ansatz gefunden werden konnte. So ergab sich, dass für die Frischbackanlage allein die Kapitalkosten die entscheidende Größe bei der Kaufentscheidung darstellen.

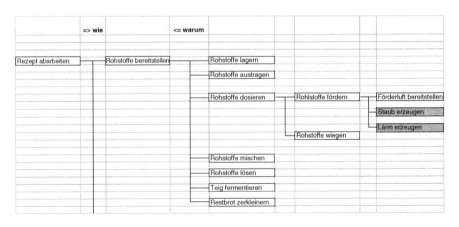

Abb. 7.14 Auszug aus der Funktionenanalyse der Frischbackanlage

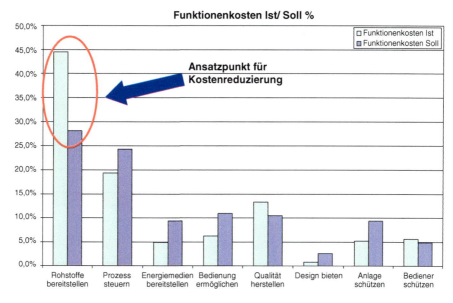

Abb. 7.15 Funktionenkostenvergleich

7.3.6 Funktionenkosten

Selbstverständlich wurde gemäß Wertanalyse-Arbeitsplan die Funktionenanalyse der kreativen Phase vorgeschaltet. Für die Teammitglieder war das „Erkennen, was IST" und das „Beschreiben, was SOLL" türöffnend für das Denken in neuen, bisher noch nicht betrachteten Lösungen. Die Funktionenkostenbetrachtung gab die entscheidenden Anhaltspunkte, an denen man „den Hebel ansetzen konnte".

Dieses methodische Vorgehen „vom Grundsatz her" bietet den Vorteil, dass auch grundsätzlich andere Lösungsansätze diskutiert werden, dass Mitarbeiter im Teamprozess Wissen erwerben, vertiefen, erweitern und dass die Identifikation mit dem Produkt, als auch die Motivation gestärkt werden.

Mittels der Methodik „Quality Function Deployment" konnten dann die Soll-Funktionenkosten ermittelt werden und anschließend den Ist-Funktionen gegenübergestellt werden, wie in Abb. 7.15 dargestellt ist.

Durch die Betrachtungsweise wurde auch deutlich, dass die Soll/Ist-Differenz nicht bei allen Funktionen tendenziell gleich ausfällt und daher an allen Funktionen gleichmäßig gearbeitet werden muss. Es handelte sich also nicht um ein sogenanntes „Rasenmäherprojekt", also eine einfache Kostenreduzierung über alle Funktionen oder sogar Baugruppen, sondern es musste sehr gezielt an einer Funktion gearbeitet werden, um die Zielvorgaben zu erreichen. Die Funktion „Rohstoffe bereitstellen" ist der Haupt-Kostenträger und bietet aus Kundensicht am ehesten Potenziale zur Kostensenkung.

In einem weiteren Schritt wurde die Wertvergleichsmethodik eingesetzt, um eine Abschätzung des Werteverfalls durch den Einsatz von für die Kunden ungewohnten

Wirtschaftl. Funktionen	Gewicht	Rang	Geltungsfunktionen	Gewicht	Rang neues Konzept	Punkte neues Konzept	Rang altes Konzept	Punkte altes Konzept
Verfahren	9	10	90 Material	7	5	35	10	70
Wirtschaftlichkeit	9	10	90 Ausführung	5	7	35	10	50
Lebensdauer	9	5	45 Image	10	5	50	9	90
Wartung	8	6	48 Neuheit	10	8	80	4	40
Verfügbarkeit	9	10	90					
Bedienungsfreundlichkeit	9	3	27					
Summe			390			200		250

Abb. 7.16 Tabelle Wertvergleichsmethodik

	Gesamtwert=	Gewichteter Gebrauchswert	+	Gewichteter Geltungswert
Neues Konzept	369	351		18
Bisheriges Konzept	376	351		25
Unterschied Gesamtwert	1,81%			

Abb. 7.17 Berechnung des Gesamtwertes im Vergleich

Werkstoffen vorzunehmen. Mit dieser Methode können nicht quantifizierbare Anteile der Wertigkeit eines Produkts mit den quantifizierbaren Anteilen verglichen werden. Ausgangspunkt für die Durchführung des obigen Wertevergleichsverfahrens war das subjektive Empfinden, Kunststofftanks und Kunststoffrohrleitungen würden die Wertanmutung der Anlage drastisch reduzieren und so für den Kunden unattraktiv machen.

Dieser Betrachtung liegt die Hypothese zugrunde, dass bei Investitionsgütern der Anteil der Gebrauchsfunktionen überwiegt (80–100 %), wobei der Anteil der Geltungsfunktionen z. B. bei Schmuck, Kunst oder auch Bekleidung überwiegt. Die Wertevergleichsmethodik bietet einen Ansatz, Gebrauchs- und Geltungswert quantitativ vergleichend für ein Produkt darzustellen.

Annahme: Bei einem Investitionsgut wie einer Frischbackanlage werden 90 % des Kaufentscheids durch wirtschaftliche Faktoren und nur 10 % des Kaufentscheids durch den Geltungswert bestimmt.

Die nachstehende Tabelle fasst den Wertevergleich zusammen:

Wenn man nun den Anteil der Gebrauchsfunktionen (= wirtschaftliche Funktionen) auf 90 % und den Anteil der Geltungsfunktionen auf 10 % setzt, was ein typischer Wert für Investitionsgut ist, ergibt sich für den Gesamtwert:

Die Berechnung ergab eine Wertminderung der Anlage aufgrund der Geltungsfunktionen von rund 2 % des Verkaufspreises. Der absolute Zahlenwert darf si-

7 Praxisbeispiele

geht für	Aufgabe/Maßnahme	Verantwortl.	Grob-Bewertung D: Detail K: Konzept X: Ausgeschieden A: Außerhalb Aufgabe	Kostenbewertung flüssig	Kostenbewertung fast	Anwendung	Bemerkungen
fest	Schnecke		D	X	5	Mehl	
fast/flüssig	Klappe		D	2	2	Mehl	
fest	Schleuse		D	X	5	Mehl	
fest	Kokeisl		D	X	4	Mehl	
fest/flüssig	Irisblende		D	3	3	Mehl	
fest	Vibro-Rinne		D	X	4	Mehl	
fest/flüssig	Doppelklappe		D	4	4	Flüssigkeiten	
fest	Band-Dosierer		D	X	5	Mehl	
flüssig	Dosierpumpen		D	5	X		
fest/flüssig	Lochblende		D	1	1		
fest	Dosierverteiler		D	X	5	Mehl	
fest/flüssig	Becherwerk		K	5	5		fällt aus wg. Hygiene
fest/flüssig	Schaufel		D	1	1		
fest/flüssig	Elevator		K	5	5		fällt aus wg. Hygiene
fest/flüssig	Quetschventile		D	2	2		
fest/flüssig	Volumetrisch dosieren (Kolben)		D	4	4		
fest/flüssig	Schieber		D	3	3	Mehl	
flüssig	Durchflußzähler		D	2	X		
flüssig	Proportionalventil		D	3	X		
fest/flüssig	von Hand dosieren (Gebindeeinheiten)		D	1	1		
fest/flüssig	Vibro-Schale		K	4	4		nicht für frischback-Mengen
flüssig	Druckhalteventil		D	1	X		

Abb. 7.18 Auszug aus der Ideensuche (hier nach der Grob- und Mittelbewertung)

Nr.	Baugruppe/ Funktion	Anlagenteil	Aufgabe/Maßnahme	Verantwortl.	Bemerkungen	Potential in €
						€
1	Rohstoffe lagern	Schüttgüter	Kunststoff-Silo verwenden	Hr. Mustermann	bis Termin x	0,00 €
2	Rohstoffe dosieren	Schüttgüter	Verteilerkreuz weglassen			
3	Rohstoffe lagern	Schüttgüter	Waagen optimieren (Variante 1 bis 4)			
4	Rohstoffe lagern	Schüttgüter	optimale Tragkonstruktion für Silos			
5	Rohstoffe lagern	Schüttgüter	Anzahl Silos reduzieren, dafür vergrößern			
6	Rohstoffe lagern	Schüttgüter	Trockner oben/unten/zentral/dezentral			
7	Rohstoffe lagern	Schüttgüter	Überfüllsicherung weglassen (Option)			

Abb. 7.19 Auszug aus der Potenzialliste

cherlich keine wissenschaftlich exakte Berechnung suggerieren. Dennoch ist die Größenordnung entscheidend. Damit konnten im Team subjektive Vorurteile abgebaut werden und es wurde die Grundlage gelegt, kostengünstigere Werkstoffe in die Suche nach Lösungsansätzen mit einzubeziehen.

7.3.7 Vorgehen im Projekt

Aus der Liste der Sollfunktionen wurden im Besonderen für die Funktionen „Rohstoffe lagern" und „Rohstoffe austragen", aber auch für die anderen Funktionen im Brainstorming Ideen generiert. Egal, auf welche Methodik der Ideenfindung man sich einigt, ist es wichtig, erst einmal Ideen wertneutral zu sammeln. Dadurch entsteht ein „Schneeballeffekt", der durch die wertfreie, kreative Atmosphäre erzeugt wird.

Nr.	Haupt-Baugruppe	Verwendung	Merkmalsausprägung/neuer Standard
11	Anstellsauertank	Flüssigkomponente	GFK
12	Sauerteiganlage	Flüssigkomponente	Vorlagebehälter als Differenzialdosierer
13	Sauerteiganlage	Flüssigkomponente	Drehkolbenpumpe statt Monopumpe
14	Gesamte Anlage	Trocken und Flüssig	Modulkonzept incl. Verkabelung
15	Rohrleitungen	Trockenkomponente	separater Maßnahmenplan
16	Sauerteiganlage	Flüssigkomponente	Lagertank aus GFK einwandig, Kühlung durch vorhandenen Wärmetauscher realisieren
17	Rohrleitungen	Trockenkomponente	Geraden aus Aluminium, Bögen aus VA
18	Reinigungstank	Netzwasser	GFK, z.B. Burkau
19	Reinigungstank	Warmwasser	GFK, z.B. Burkau
20	Lagertank	Pflanzenöl	GFK z.B. Christen und Laudon
21	Fermentationstanks	Sauerteig	GFK, nicht gerührt

Abb. 7.20 Auszug aus der Merkmalliste

Dabei wurden die Ideen weiterverfolgt, die entweder eine neue Detail-Lösung oder gar ein neues Konzept darstellten. In der Grobbewertung wurden die Lösungen ausgeschieden, die entweder außerhalb der Aufgabe oder aus anderen Gründen nicht zielführend waren. Die Ergebnisse finden sich im Wesentlichen als monetäre Veränderungen in der Potenzialliste.

Nach ersten wirtschaftlichen Grob-Bewertungen wurden aus den Ideen Aufgaben generiert, die im Laufe der Projektarbeit bearbeitet wurden. Viele Maßnahmen konnten sofort, einige erst nach weiterer Detaillierung durchgeführt werden. Die Verantwortlichen für die Maßnahmen wurden stetig aktualisiert und die Abarbeitung nachgehalten. Dieses sehr simple Vorgehen im Projektmanagement hat sich hinsichtlich der Einhaltung des Zeitzieles als sehr praxiswirksam erwiesen.

Diese Phase des Projekts war geprägt von viel Detailarbeit sowie Einzelaufgaben der Teammitglieder.

Im Team wurde eine Merkmalliste für zukünftige Basisangebote erstellt. Die in der Liste aufgeführten Positionen verstehen sich als Basisausführung der einzelnen Komponenten.

Die Merkmalliste ist ein relevantes Steuerungsinstrument für die zukünftigen Anlagenkomponenten.

7.3.8 Projektergebnis

Im Gesamtergebnis wurden die Herstellkosten um 26 % reduziert und sogar das im Projektverlauf verschärfte Ziel erreicht. Damit sind die ersten Voraussetzungen für weiteres Wachstum im Markt geschaffen. Darüber hinaus konnten die zeitlichen Vorgaben eingehalten werden.

Durch die Verwendung von Modulen und teilweise auch durch Verfahrensvereinfachungen wurden die Voraussetzungen geschaffen, Leistungsstörungen zu minimieren und dadurch das Working Capital zu senken.

7.3.9 Fazit aus Sicht des Aufgabenstellers

Die Wertanalyse ist eine gute Methode, um ein Produkt in Funktionseinheiten zu zerlegen und aus der Kundensicht zu bewerten. Gerade bei einem Unternehmen wie Reimelt werden moderne Anlagen mit den langjährigen Erfahrungen der Ingenieure konzipiert. Es werden dabei Funktionen berücksichtigt, die zwar das Auge erfreuen, aber zur Bewältigung der gestellten Aufgabe nicht erforderlich sind.

Das Wertanalyse-Projekt „Frischbackanlagen" beschränkte sich auf die Betrachtung und Bewertung einer ausgeführten Anlage in einem Backbetrieb. In allen Funktionseinheiten wurden Einsparpotenziale gesucht und gefunden. Stellvertretend möchten wir hier nur die Definition und Umsetzung von Anlagensegmenten als ein abgeschlossenes Anlagenmodul erwähnen. Es wurden Einheiten definiert, welche im Werk vormontiert, pneumatisch verrohrt und elektrisch verdrahtet sind. Diese Module können auch in anderen Anlagen verwendet werden.

Wir erwarten hier eine Reduktion der Engineeringkosten, schnellere Montage und Inbetriebnahme beim Kunden und eine Erhöhung der Funktionssicherheit. Diese analytische und methodische Vorgehensweise hat uns überzeugt. Reimelt wird die gefundenen Potenziale aktiv verfolgen und auch in anderen Bereichen umsetzen.

Unser Wertanalyse-Team war sehr heterogen besetzt. Alle Ansätze waren erlaubt und wurden in der Diskussion betrachtet. Möglich ist dieses jedoch nur, wenn die Moderatoren über die ausreichende Qualifikation verfügen und stets „Herr" der teilweise kontrovers geführten Diskussionen sind.

7.4 Mehr als Lüftung: Frischluftklima! Wertanalytische Produktprogrammplanung und Serienentwicklung am Beispiel eines neuartigen Systems für Lüftung/ Kühlung/Heizung

H. Kampmann und Sebastian Meindl

7.4.1 Einleitung

Die Kampmann GmbH ist ein innovatives, kontinuierlich wachsendes Unternehmen in der Heizungs-, Klima- und Lüftungstechnik. Eine ihrer Kernkompetenzen ist die wirtschaftliche Darstellung von individuellen Lösungen für Kunden. Aus diesen Individuallösungen hat sich ein tragfähiges, sehr kundenorientiertes und technisch abgesichertes Produktportfolio entwickelt, mit dem sich die Kampmann GmbH heute vorwiegend auf dem deutschen und mitteleuropäischen Markt etabliert hat.

Gegründet 1972 ist der einstige Einmann-Betrieb auf heute 550 Mitarbeiter am norddeutschen Hauptstandort Lingen angewachsen, weitere Standorte sind Gräfenhainichen/Sachsen-Anhalt und Łęczyca/Polen. Im DIN EN ISO 9001:2000-geprüften Unternehmen werden die Erzeugnisse auf einer Produktionsfläche von über 50.000 m² entwickelt und hergestellt. Der Vertrieb fußt auf dem dreistufigen Vertriebsweg: Hersteller – Fachgroßhandel – Handwerk. Rund 50 Außendienstmitarbeiter sorgen im In- und Ausland für eine flächendeckende Kundenberatung.

In diesem Beitrag wird ein neues Kampmann-Produkt vorgestellt, das sowohl hinsichtlich seiner Funktionsweise als auch des Gerätekonzepts Neuland für die Kampmann GmbH war. „Frischluftklima", nachfolgend auch „FLK" genannt, ist ein Kühlsystem, das auf der Taupunktkühlung basiert. In Kombination mit der Funktion „Raum belüften" ergibt sich ein neuartiges, umweltfreundliches Konzept zur Kühlung von Gebäuden – vom Einfamilienhaus über Bürogebäude bis hin zu Werkhallen. Dabei nimmt das System für die Kühlfunktion kaum Energie in Anspruch, da dieses nach dem Vorbild der Natur mit der Verdunstungskühlung arbeitet. Es hilft

7 Praxisbeispiele

Abb. 7.21a, b Rooftop 3000 WRG auf einem Gebäudedach und Indoor 400 (Einbau in Zwischendecke)

also, nicht nur das Raumklima zu verbessern, sondern führt zu einer Verringerung der benötigten Leistung. Es werden weniger fossile Brennstoffe verbraucht und der CO_2-Ausstoss ist im Vergleich zu einer herkömmlichen Anlage deutlich geringer.

7.4.2 Aufgabe

Als zentrale Aufgabe galt es, möglichst schnell mit einer qualitativ hochwertigen und verkaufsfähigen Produktpalette erfolgreich in den Markt zu gehen. Als Ausgangsbasis konnten die von Oxycom entwickelten und schon existierenden Rooftop- (Dachaufbau, vgl. Abb. 7.21a) und Indoor- (Geräte für den Einbau innerhalb von Gebäuden, vgl. Abb. 7.21b) Geräte herangezogen werden. Dabei sollte das Gerät – in der Kampmann Design-Linie – in ein Baukastensystem eingebettet und möglichst nicht nachbaufähig sein.

Die Baugröße der Geräte war ebenso wichtig. Es galt, FLK als möglichst kompaktes (und damit auch möglichst kostengünstiges) Gerät darzustellen. Diese kompakte Bauform auch mit wenigen größeren Modulen ist wichtiger als die Möglichkeit, die Geräte in bereits fertig gestellte Gebäude nachträglich einzubringen. Es wird davon ausgegangen, dass der Planer bereits in der Konzeptionsphase des Gebäudes ein FLK-Gerät vorsieht.

Bei einer kompletten Neueinführung – ohne bekannte Herstellkosten – ist der gesamte Wertgestaltungsprozess mit den drei Kernkomponenten Produktplatzierung, -programmplanung, Preis- und Zielherstellkostendefinition sowie der wertorientierten Serienproduktentwicklung zu durchlaufen. Dabei wird die Projektarbeit in drei Stufen gegliedert, wie Abb. 7.22 zeigt. Die Inhalte der Projektstufen sind in Abb. 7.23 wiedergegeben.

7.4.3 Marktbetrachtung

Es gibt zahlreiche Hersteller und Produkte von Wohnungslüftungsgeräten, die jedoch allesamt keine Kühlfunktion aufweisen. Auch Kastengeräte als solche gibt es

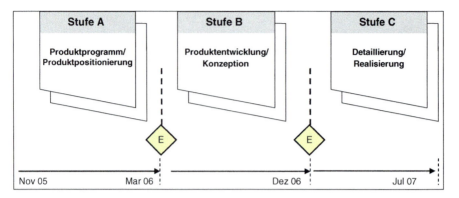

Abb. 7.22 Gliederung der Projektarbeit

nur mit konventioneller Kühlung, das heißt Kompressorkühlung mit hohem Aufwand an Energie.

Die Zahl der Hersteller für Klimageräte auf Basis der Verdunstungskühlung, die im mitteleuropäischen Markt präsent sind, ist sehr klein. In Deutschland lassen sich nur zwei weitere Wettbewerber ausmachen deren Technologien Marktreife erlangt haben. Im Unterschied zu den Kampmann-Produkten wird bei diesen Geräten aber prinzipiell die Raumluft als Prozessluft benutzt, während beim Frischluftklima-Ge-

A: Produktprogramm, Produktpositionierung	B: Produktentwicklung/ Konzeption:	C: Detaillierung/ Realisierung:
• Klare Marktpositionierung • Aufbau als Baukastenmodul • Geringe Herstellkosten	• Optimale Funktionserfüllung • Ermittlung der Ziel-Herstellkosten • Darstellung eines serienfertigen Gerätes • Schutz vor Nachbau • Entwicklung eines Baukastensystems • Aufbau einer serienfertigen Produktion • Schnelle Ergebnisse zur Markteinführung • Projektverfolgung in einzelnen Stufen	• Kosten-Controlling auf Funktionsebene • Herbeiführen schneller Entscheidungen • Risikoanalysen • Durchführung und Auswertung von Versuchen • Feldtests, Zulassungen • Optimierungen im Detail • Aufbau von Lieferquellen • Definitionen der Ein- und Auslaufstrategie mit deren konkreter Planung • Vorbereitung Markteinführung • Aufbau von Prototypen • Vorbereitung der Produktion/Übergabe des Produktes an die Produktion

Abb. 7.23 Inhalte der Projektstufen

rät die Außenluft als Prozessluft verwendet wird. Generell ist die Außenluft trockener und kann somit mehr Feuchtigkeit aufnehmen, was zu enormen Wirkungsgrad-Vorteilen für die FLK-Geräte führt.

Bei einer, durch die im Team beteiligten Vertriebsmitarbeiter, durchgeführten Kundenbefragung hat der FLK einen deutlichen Zuspruch erfahren. Gerade aus ökologischer und wirtschaftlicher Sichtweise liegt diese Technologie im Trend. Dabei zeigte sich, dass es erforderlich sein wird, verschiedene Baugrößen (Luftleistungsklassen) für die verschiedenen Anwendungsbereiche herzustellen:

- <800 m³/h für Wohnungen oder Einfamilienhäuser
- <1500 m³/h für Mehrfamilienhäuser oder kleinere Bürogebäude
- <3000 m³/h für kleinere Gebäude von Marktketten, Gaststätten
- <6000 m³/h für Werkhallen, größere Märkte, größere Bürogebäude
- <12.000 m³/h für Großbauten (Flughäfen, Shopping Malls etc.)

Gemeinsam mit dem Vertrieb wurde eine Verkaufszahlenprognose basierend auf den ermittelten Marktzahlen erstellt. Mögliche Umsätze wurden mit Marktpreisen von Technologien mit ähnlicher Wirkung ermittelt, so dass letztendlich Zielpreise für die neuen Geräteserien vorlagen. Damit konnten Zielkosten für die Geräte der verschiedenen Baugrößen vorgegeben werden.

7.4.4 Vorgehen

Die Kampmann GmbH hat ihr Vorgehen in den Wertanalyse-Arbeitsplan nach DIN 699107/VDI 2800/EN 12973 eingefügt. Der Arbeitsplan erleichtert systematisches Arbeiten, so dass termingerechte Ergebnisse bei zugleich wirtschaftlichem Aufwand erreicht werden. Darüber hinaus bietet der Arbeitsplan Projektorientierung und fördert die Projektdisziplin.

Vorbereitend zur Wettbewerbsanalyse bzw. des Preis/Nutzen-Portfolios wurden im Team folgende Begeisterungsanforderungen ermittelt, das heißt, wofür ist der Kunde bereit zu zahlen. Neben der Umweltfreundlichkeit, wurden der Energiebedarf, niedrige Folgekosten sowie recyclebare Materialien genannt. Darüber hinaus war sich das Team einig, dass die Lufthygiene entscheidend sei und der FLK geräuscharm sein muss. Bei den Überlegungen über die Gestalt des Gerätes, war sich das Team bewusst, dass „alles in einem Gerät" sowie montage- und wartungsfreundlich sein müsse. Des Weiteren ist ein leichtes Nachrüsten von Gewerbeprojekten von Vorteil, jedoch nicht zwingende Vorgabe.

Mit den Begeisterungsanforderungen im Gepäck, wurde die Analyse des Ist-Zustandes anhand der existierenden Gerätekonzepte auf funktionaler Ebene durchgeführt. Den ermittelten Funktionen des Gerätes wurden die Ist-Kosten zugeordnet. Die nachstehende Abbildung zeigt die Verteilung der Funktionenkosten im Ist-Zustand, also basierend auf den von Oxycom konzipierten Geräten:

Die Funktionenanalyse bietet nicht nur einen optimalen Einstieg in die Thematik, sondern hilft auch, den Untersuchungsrahmen optimal festzulegen und bildet

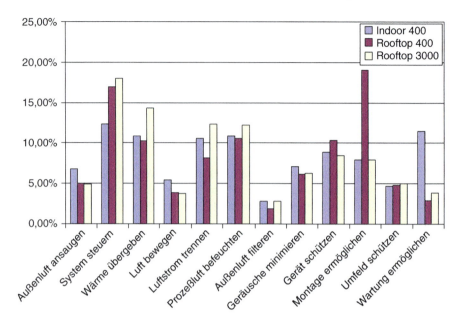

Abb. 7.24 Vergleich der Ist-Funktionenkosten an den bisher existierenden Gerätetypen

eine gute Grundlage zur Erstellung des Lasten- und später Pflichtenheftes: „Was soll das Gerät eigentlich tun?" Auf Basis der Funktionenanalyse und später einer differenzierten Funktionkostenbetrachtung wurden Gestaltungsrichtlinien und Zielkosten für die neu zu entwickelnden Geräte ermittelt.

Erkenntnisse aus der Funktionenkostenbetrachtung: Verglichen wurden hierbei die existierenden Geräte. Obgleich im Vorfeld klar war, dass die neu zu entwickelnden Geräte völlig andere Konzepte haben würden, war ein Vergleich zwischen diesen Geräten angebracht, um im Vorfeld bei verschiedenen Lösungen die Wirkung einerseits und die Kosten andererseits vergleichen zu können. Diese Erkenntnisse konnten dann in der Neuentwicklung verwendet werden.

Indoor 400: Die Kosten sind bei dieser Variante relativ gleich verteilt. Die Funktion „System steuern" zeigt leicht höhere Kosten sowie die Funktion „Wartung ermöglichen". Die Funktionen „Wärme übergeben", „Prozessluft befeuchten" und „Luftstrom trennen" ergeben zusammen ca. 30 % der Kosten, was wiederum bedeutet, dass sich in Kombination der Kosten eine Anhäufung derer ergibt. Es spiegelt sich hier wider, dass Kosten in den eigentlichen Hauptfunktionen richtig verteilt sind.

Rooftop 400: Beim Rooftop 400 erscheint vor allem die Funktion „Montage ermöglichen" mit erhöhten Kosten realisiert. Der Grund liegt darin, dass diese Systeme auf das Dach montiert werden und die Vorbereitung einer Dachdurchführung am Gerät aufwändig ist.

7 Praxisbeispiele

Anforderungen	Gewichtung	Außenluft ansaugen	System steuern	Wärme übergeben	Luft bewegen	Luftstrom trennen	Prozeßluft befeuchten	Außenluft erwärmen	Außenluft filtern	Geräusche minimieren	Gerät schützen	Montage ermöglichen	Umfeld schützen	Wartung ermöglichen
Energiebedarf	5	15	5	30	15	15	30	30	10	0	0	0	0	0
Umweltfreundlichkeit (kein Kältemittel)	4	0	0	12	0	12	12	0	0	0	0	12	24	12
Lufthygiene (immer frische, saubere Luft)	4	24	12	0	4	24	0	0	24	0	0	8	24	24
„Alles in einem Gerät"	2	0	6	4	0	0	0	0	0	0	2	8	0	8
Montagefreundlichkeit	3	0	0	0	0	0	0	0	0	0	0	18	3	0
geringe Folgekosten (ohne Energie)	3	3	0	9	3	0	18	9	9	0	0	0	0	18
leichte Nachrüstbarkeit von Gewerbeobjekten	2	0	0	0	0	0	0	0	0	2	12	12	2	6
Geräuschentwicklung ?	3	9	18	0	18	9	6,9	3	9	18	0	0	9	0
Wartungsfreundlichkeit	4	0	4	0	0	0	12	4	24	12	4	0	12	24
Recycling-Material	1	0	0	0	0	0	0	0	0	0	1	0	0	0
Bedienerfreundliche Steuerung	4	0	24	0	0	0	0	0	0	0	0	0	0	0
Funktionenkosten Soll	100	51	69	55	40	60	78,9	46	76	32	19	50	74	92
		6,9%	9,3%	7,4%	5,4%	8,1%	10,6%	6,2%	10,2%	4,3%	2,6%	6,7%	10,0%	12,4%
		6,86	9,29	7,40	5,38	8,08	10,62	6,19	10,23	4,31	2,56	6,73	9,96	12,38

Abb. 7.25 Soll-Funktionenkosten

Rooftop 3000: Die Funktion „System steuern" erscheint zu deutlich höheren Kosten realisiert, was baugrößenbedingt ist. Im Verhältnis zu den kleineren Geräten sind die an der Kühlung beteiligten Funktionen allesamt mit relativ hohen Kosten realisiert (Wärme übergeben, Luftstrom trennen, Prozessluft befeuchten).

Soll-Funktionenkosten Die Ermittlung der Soll-Funktionenkosten wurde mit einer Korrelationsmatrix aus den Begeisterungsanforderungen (kaufentscheidende Kriterien) und den Soll-Funktionen (in diesem Fall identisch mit den Ist-Funktionen) durchgeführt. Nachfolgende Tabelle zeigt eine ideale Aufteilung der Kosten auf die ermittelten Funktionen.

Erkenntnisse und Gestaltungsleitlinien aus der Funktionenanalyse:

- „Das Geld des Kunden ist grob gesehen richtig investiert, an Einzelbereichen müssen die Werte neu verteilt werden."
- „Der Wert für den Kunden muss in die „Hauptfunktionen" gesteckt werden."
- „Der Anteil für die Steuerung und Bedienung sollte nicht mehr als 10 % betragen, im Gegensatz zum Ist-Zustand."
- „Montage ermöglichen ist zwar wichtig, muss aber kostengünstig realisiert werden."
- „Der Kunde legt Wert auf saubere Raumluft. Wartung des Gerätes und Filtern der Luft hängen zusammen, da nur ein regelmäßig gewarteter Filter die Funktion des Gerätes sichern kann."

7.4.5 Produktprogramm – Baukasten und Pflichtenheft

Nach Festlegung der Soll-Funktionen sowie Zielkosten mittels der Funktionenanalyse, ging es im Team zur Ideenfindung. Mit den Sollfunktionenkosten werden die Prioritäten im Arbeitsprozess definiert. Der gesamte Prozess wurde in einem Pflichtenheft, also einer Leistungsbeschreibung, dargestellt. Verschiedene Varianten wurden angedacht und diskutiert.

Im Team wurde schnell klar, dass nur eine modulare Bauweise im Baukastensystem kosteneffizient ist. Das Team entwickelte folgendes Produktprogramm:

Bei dem Gerät der Luftleistungsklasse von 400 m³/h hat sich im Rahmen der Projektarbeit gezeigt, dass zunächst mit dem bestehenden Konzept weitergearbeitet werden kann. Nach Durchführung von Kostenreduzierungen in Fertigung und Mon-

Luftleistung	400 m³/h	1500 m³/h	3000 m³/h	6000 m³/h	12000 m³/h
Gerät	I 400 WRG	FLK 15	FLK 30	FLK 60	FLK 120
Status	✓	(✓)	✓	✓	(✗)
Funktionsumfang	Kühlen	Kühlen	Kühlen	Kühlen	
	Lüften	Lüften	Lüften	Lüften	
	WRG	WRG	WRG	WRG	
	Nachheizen (opt.)	Nachheizen (opt.)	Nachheizen (opt.)	Nachheizen (opt.)	
Aufstellungsart	Innen	Innen/Außen	Innen/Außen	Innen/Außen	

Abb. 7.26 Produktprogramm. (Auszug aus dem Pflichtenheft)

tage ist man im Hause der Kampmann GmbH sicher, mit realistischen Marktpreisen erfolgreich am Markt zu agieren.

Aufgrund des Entwicklungsaufwandes hat das Team entschieden, zunächst die Neuentwicklung der Geräte FLK 30 und FLK 60 (Luftleistungsklassen 3000 m³/h und 6000 m³/h) anzugehen. Das Gerät FLK 15 sollte später nachgeschoben werden. Obgleich der Markt ein Gerät der höchsten Luftleistungsklasse mit 12.000 m³/h brauchen würde, wollte das Team zunächst den Erfolg der FLK 60-Geräte abwarten, bevor eine solch große Entwicklung (und damit ist nicht nur der Aufwand, sondern auch die schiere Größe eines solchen Gerätes gemeint) angegangen wird.

7.4.6 Serienentwicklung

Mit den Ergebnissen aus den Untersuchungen zu den Themen Marktanforderungen, Funktionenanalyse und daraus abgeleiteten Gestaltungsrichtlinien, Ermittlung von Marktpreisen und daraus abgeleiteten Zielkosten konnte nun die Entwicklung der Seriengeräte begonnen werden, wie in Abschn. 5 angesprochen zunächst für die Geräte FLK 60 und, aufgrund der Kapazitätsplanung in der Konstruktion zeitlich leicht nach hinten versetzt, der FLK 30.

Wesentliche Arbeitsschritte hier waren:

- Spezifikation der Funktionsbaugruppen einschließlich Steuerung
- Erstellung der 3D-CAD-Modelle
- Mitlaufende Kalkulation zur Überwachung der Zielkosten
- Herstellung bzw. Disposition der Prototypen-Teile
- Aufbau eines Prototypen im Hause der Kampmann GmbH
- Planung, Durchführung und Auswertung erster Funktions- und Spezifikationsmessungen

Am Beispiel des FLK60-Gerätes beschloss man, die Spezifikationsmessungen zusätzlich von einem unabhängigen Prüfinstitut durchführen zu lassen, um die Qualität der Messungen im Hause der Kampmann GmbH zu validieren. Bei den Funktionsmessungen des FLK 60 zeigte sich, dass die ursprünglich angedachte Paneelbauweise zu technischen Schwierigkeiten einerseits und zu wenig Kostenreduzierungspotenzial andererseits führte. Aus diesen Erkenntnissen hat das Team bei der Entwicklung des FLK 30 auf eine sogenannte Rahmenbauweise umgeschwenkt, die dann auch für den zweiten Prototyp des FLK 60 verwendet wurde. Bei höherer Qualität der Bauteile konnten auch Kostenvorteile bei den Gehäuseteilen erzielt werden.

Die nachfolgenden Grafiken zeigen die Geräte FLK 30 (Abb. 7.27) in Schnittdarstellung und FLK60 als 3D-CAD-Modele.

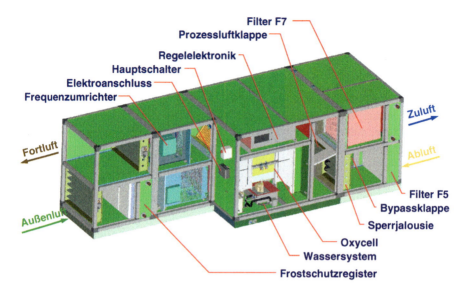

Abb. 7.27 FLK 30 in Schnittdarstellung

7.4.7 Status Quo

Die Prototypen des FLK 30 sowie 60 haben sich in den internen Funktions- und Spezifikationsmessungen bewährt. Diese sind durch die Ergebnisse der Messungen eines externen Prüfinstitutes validiert.

Die Geräte der Baugrößen FLK 30 und FLK 60 haben die Serienfreigabe erhalten. Die offizielle Vorstellung der Geräte erfolgte auf der Leitmesse ISH im März 2007. Die Kampmann GmbH hat mit den dort vorgestellten Geräten die Fachwelt

Abb. 7.28 Präsentation des FLK30 auf dem Kampmann-Messestand der ISH 2007

beeindruckt: Zum einen mit der Vorstellung eines neuen, energiesparenden Lüftungs- und Kühlungskonzepts und zum anderen durch den Vorstoß in ein von der Kampmann GmbH bisher nicht betrachtetes Segment der sogenannten Kastengeräte.

7.4.8 Fazit

Verkürzte Produktentwicklungszeiten bei qualitativ hochwertigen Produkten sind Standard-Anforderungen für produzierende Unternehmen und der Maßstab im Wettbewerb um Marktanteile und wirtschaftlichen Erfolg. Die Kampmann GmbH hat es geschafft binnen weniger als zwei Jahre ein komplettes Produktprogramm mit einer neuartigen, innovativen Technologie und mit für Kampmann völlig neuen Gerätekonzepten erfolgreich in den Markt einzuführen. Die wertanalytische Herangehensweise im Team war unter anderem ein ausschlaggebendes Kriterium für die rasche Umsetzung. Kosten sparen, wenn möglich, ohne wichtige Leistungspotenziale zu verlieren. Dabei gab es im Prozess einige unveränderbare Größen, wie z. B. die Lizenzvereinbarungen für die Wärmetauscher. Gerade der straffe, enge methodische Projektablauf hat dazu beigetragen, die Terminvorgaben in qualitativer als auch quantitativer Sicht einzuhalten.

7.5 Aktives Value Management (VM) mit dem Kunden – Partnerschaft oder der Partner schafft

Manfred Jansen

Im vorliegenden Beitrag wird dargestellt, warum gemeinsames Wertemanagement (VM) mit Partnern betrieben werden muss und welche Vorteile daraus erwachsen können. Basierend auf über zehnjähriger Erfahrung auf diesem Gebiet wird skizziert, welche Grundvoraussetzungen geschaffen werden müssen und welche Vorgehensweise zu empfehlen ist, um den gewünschten Erfolg sicher zu stellen. Verdeutlicht werden die Ausführungen anhand eines Praxisbeispieles.

7.5.1 Fakten, die gemeinsames Wertemanagement (VM) fordern

Der Kostendruck auf unsere Kunden, und damit auch auf uns – die Zulieferer – nimmt stetig zu. Globalisierung ist hier eines der bekannten Schlagworte, die in der Ursachenforschung immer wieder genannt werden. Die Margen werden somit zunehmend geringer. Durch die Tendenz hin zu Systemlieferanten/-entwicklern wird diese Auswirkung für den Kunden zusätzlich verstärkt, da zunehmend „Verteilungskämpfe" entlang der Wertschöpfungskette zu beobachten sind.

Um den Auswirkungen der dargestellten Tendenzen entgegen zu wirken, werden vermehrt – und immer wieder – Kostensenkungsprogramme aufgelegt und seitens der Kunden mit entsprechendem Nachdruck an die Zulieferer herangetragen.

Beispiele solcher Programme, wie sie in der Vergangenheit aufgelegt wurden, sind:

- „Partnerschaftliche Prozesskostenoptimierung" PPO (VW)
- Comité materiére (Valeo)
- Mercedes-Benz Produktionssystem (DC)
- 20 in 3 (Opel)
- und viele mehr.

Ziel dieser Programme ist die Reduzierung des Einkaufspreises. Der Zulieferer wird aufgefordert Maßnahmen zur Kostenreduzierung (einseitig) zu erarbeiten, zu bewerten und dem Kunden vorzuschlagen. Dabei wird ein – meist sehr hohes – Ziel vorgegeben. In der Regel legt der Zulieferer eine entsprechende Vorschlagsliste zur Kostenreduzierung vor. Diese Vorschläge bzw. die gesamte Baugruppe werden vom Kunden „gegenbewertet" – die Kosten fallen dabei immer geringer aus. Anschließend wird auf Initiative des Kunden die Diskussion der beiden unterschiedlichen Kostensichten entfacht. Diese Forderungen nach Kostenreduzierungen werden erfahrungsgemäß dann gestellt, wenn die betroffenen Produkte in Serie sind oder kurz vor Serienstart (SOP) stehen. Konstruktive Änderungen sind demnach nur schwer durchzusetzen, vor allem wenn die Umgebungskonstruktion betroffen ist.

7.5.2 Mängel dieser Vorgehensweise und wie sie zu beheben sind

Die Entwicklung der Produkte wird auf technischer Ebene über den gesamten Produktentstehungsprozess hinweg von den Partnern gemeinsam vorangetrieben. Im Vordergrund steht die technische Qualität der Lösung. Kommerzielle Aspekte kommen erst später – oft zu spät – ins Spiel. Die kommerzielle Diskussion wird meist kurz vor Designfreeze bzw. Serienstart (SOP) geführt – viel zu spät! Es muss ein „Wertemanagement (VM) von Anfang an" angestrebt werden. Die kommerzielle Sicht muss die technische Entwicklung ständig begleiten, um so letztlich zu einem ganzheitlichen Optimum zu gelangen. Ein ganzheitliches Optimum zu erzielen bedingt eine ganzheitlich zusammengesetzte Arbeitsgruppe. Neben Entwicklern müssen Technologen, Arbeitsvorbereiter, Kalkulatoren usw. von Beginn an in die Produktentwicklung mit einbezogen werden – und zwar von beiden Entwicklungspartnern. Diese gemeinsame Arbeitsgruppe ist in der Lage an Funktionen orientiert sowohl in technischer als auch in kommerzieller Hinsicht das optimale Produkt zu entwickeln.

Kostenrechnung unterliegt – zumindest im Bereich der umzulegenden Fixkosten – unternehmensspezifischen Vorgaben, die vor dem Hintergrund der jeweils geltenden betriebswirtschaftlichen Philosophien entstanden sind. Richtig oder falsch gibt es hier nicht. Es ist demnach wenig sinnvoll, die Kundenkalkulationen mit dem Ziel zu diskutieren, irgendwelche Zuschlagssätze zu reduzieren oder die Verteilung der Fixkosten anders vorzunehmen. Das Ergebnis wäre eine einseitige Belastung des Zulieferers durch „Wegdiskutieren" von Kosten und daraus resultierender Preisreduzierung. Kostensenkungen im Sinne kostengünstigerer Produkterstellung werden hierdurch nicht erarbeitet! Natürlich wird kein Zulieferer derartigen Diskussionen gegenüber offen und damit positiv gestimmt sein!

Ziel muss es sein, die Diskussion der Kosten zu einer Diskussion der Funktionen im Sinne eines Wertemanagements zu machen!

Die Orientierung an den vom Produkt zu erfüllenden Funktionen bietet die Möglichkeit eine Win-Win-Situation zu schaffen. Durch entsprechende konstruktive und /oder technologischen Maßnahmen werden die Herstellkosten positiv beeinflusst und aufgrund dessen der Preis reduziert. Kosten runter – Preis runter; stärkt die Wettbewerbsfähigkeit beider Partner!

Unterschätzt werden sollte auch der Faktor Standortsicherung nicht, der mit derartigen Aktivitäten positiv beeinflusst wird. Gemeinsames Wertemanagement (VM) über große Entfernungen und Kulturgrenzen hinweg bringt sicherlich zusätzliche Schwierigkeiten vielfältiger Art mit sich.

Die entscheidenden Voraussetzungen für erfolgreiches Wertemanagement (VM) mit dem Kunden sind demnach:

- Frühzeitiges Wertemanagement (VM) (je früher, umso erfolgversprechender)!
- Diskussion der Funktionen statt der Kosten!
- Offenheit der Vorgehensweise gegenüber!

7.5.3 Wie kann nun das gemeinsame Wertemanagement (VM) mit dem Kunden konkret aussehen? Was sollte beachtet werden?

Die folgenden Darlegungen basieren auf über 10-jähriger Erfahrung mit gemeinsamen Wertemanagement (VM) mit dem Kunden; sind also nicht reine Theorie, sondern gelebte Praxis! Ford war der erste Kunde, der gemeinsame Wertanalyse-Workshops forderte. Heute wird der Wunsch nach derartigen Workshops flächendeckend an uns herangetragen. Diesem Wunsch wird aus den geschilderten Gründen und unter den nachfolgend dargestellten Randbedingungen auch gerne nachgekommen.

7.5.3.1 Vorbereitung

Sollen die gemeinsamen Aktivitäten Früchte tragen, müssen sie vom Zulieferer sorgfältig vorbereitet werden. Dabei ist im ersten Schritt der „interne Projektleiter" festzulegen. Er sollte derjenige sein, bei dem die Informationen zum Kunden hin zusammenlaufen (one voice to the customer). In unserem Hause kommt dieses Teammitglied immer aus dem Bereich „Kostenanalyse/Wertanalyse". Die Teammitglieder sind zu benennen und erarbeiten die gemeinsamen Unterlagen. Diese Unterlagen bestehen in erster Linie aus Zeichnungen und Kalkulationen. In welchem Detaillierungsgrad diese Unterlagen vorzubereiten sind und auch übergeben werden, hängt von verschiedenen Faktoren ab. Zunächst ist entscheidend, wie offen der Zulieferer die gemeinsame Arbeit gestalten möchte. Dabei ist zu berücksichtigen, dass größere Offenheit auch für positivere und damit konstruktivere Stimmung bei den Teamsitzungen sorgt. Im Falle größerer Offenheit ist dem Kunden aber auch unmissverständlich klar zu machen, dass diese Offenheit sofort zurückgenommen wird, wenn bekannt wird, das Daten bzw. Unterlagen an Dritte gelangt sind. Dessen muss sich der Kunde bewusst sein! Des Weiteren ist entscheidend, ob das Referenzprodukt bereits definiert ist oder ob diese im Rahmen eines Kick-Off-Meetings gemeinsam mit dem Kunden festzulegen ist. Im ersten Fall wird der Detaillierungsgrad der Unterlagen größer sein als im Zweiten.

7.5.3.2 Zeichnungen

In der Regel werden dem Kunden Angebotszeichnungen übergeben. Diese beinhalten Maße, die für die Funktionserfüllung aus Kundensicht relevant sind. Fertigungszeichnungen, die Rückschlüsse auf Technologien zulassen, werden im Rahmen eines gemeinsamen Wertemanagements nicht ausgehändigt. Der Kunde muss diese Unterlagen auch nicht haben und sollte Verständnis dafür haben, dass etwa ein technologiegetriebenes Unternehmen – und um solche handelt es sich bei einem Großteil der Zulieferer – seine Technologien nicht gänzlich offen legen will und kann. Dennoch hat es sich als sinnvoll erwiesen diese Unterlagen in elektronischer Form oder als Folie bereit zu haben. Anders kann die Situation bei Anfragezeichnungen gehandelt werden. Zukaufteile gehen normalerweise mit den Materialgemeinkosten (MGK) zwischen 5 und 10 % beaufschlagt, sozusagen 1:1, in die Kalkulation ein. Sollte der Kunde der Meinung sein bei mindestens gleicher Qualität kostengünstigere Zulieferer zu kennen, spricht nichts dagegen, wenn er mit der bestehenden Anfragezeichnung dort anfragt. Sollte er tatsächlich erfolgreich sein, kann der Zulieferer auch andere ähnliche Zukaufteile aus seinem Spektrum dort anfragen und bei den Endprodukten, in die diese verbaut werden, die Gewinnmarge erhöhen bzw. wettbewerbsfähigere Preise anbieten!

7.5.3.3 Kalkulationen

Wenn es um die Funktionserfüllung eines Produktes geht, darf die Wirtschaftlichkeit natürlich nicht außer Acht gelassen werden – es geht also auch immer um die Kosten. Ein gemeinsames Wertemanagement (VM) ohne Offenlegung der Kosten ist demnach nicht denkbar!

Die Frage ist nur, in welchem Detaillierungsgrad das geschehen muss. Der Detaillierungsgrad hängt zunächst einmal davon ab, ob ein konkretes Produkt (Referenzprodukt) oder eine ganze Produktpalette untersucht werden soll. Im letzteren Fall genügt es zunächst sicherlich die Kosten auf Baugruppenebene darzustellen bzw. eine Liste mit aktuellen Preisen zu erstellen, um Schwerpunkte der gemeinsamen Arbeit herauszufiltern.

Wird ein konkretes Produkt im Sinne einer Wertverbesserung untersucht, sollte der Detaillierungsgrad höher gewählt werden (auf Bauteil bzw. Arbeitsgangebene), um zum einen ein gemeinsames Verständnis der Ausgangssituation herbeiführen zu können und zum anderen, um später die Herleitung der Funktionenkosten nachvollziehbar gestalten zu können. Ein Beispiel für den ersten Detaillierungsgrad zur Vorbereitung des Kick-Off-Meetings ist der Tab. 7.3 zu entnehmen.

Kostenrechnung entspringt einer Geisteswissenschaft und unterliegt damit keinen Naturgesetzen, wie etwa technische Abläufe, und ist demnach, wie bereits oben geschildert „philosophiegetrieben". Über die Richtigkeit dieser der jeweiligen Kostenrechnung zugrunde liegenden Philosophie könnte man streiten; dieser Streit endet aber erfahrungsgemäß ergebnislos. Lange Diskussionen über Verrechnungs- und Zuschlagssätze sollten vermieden werden, zumal diese Sätze entweder ungenau ermittelt oder aber seit langem nicht angepasst wurden bzw. die exakte Berechnungsgrundlage den Teammitgliedern in der Regel gar nicht bekannt ist. Hilfreich bei der Einordnung der Größenordnung der einzelnen Zuschlagssätze kann der alle zwei Jahre aktualisierte „Kennzahlenkompass" des VDMA sein.

Tab. 7.3 Detaillierungsgrad der Kalkulationen auf Baugruppenebene

Cost-Break-Down Bauteil/Baugruppe: CBS 740/125-249-164-4589
Kunde: Hausweiler
Datum: 2005-01-17
Jahresbedarf: 390.000 Stück

Pos.	Bezeichnung	Sachnummer	Preisbestandteil	Bemerkung
1.	Hebel	050-165-425-9002	0,457 € (17,9 %/23,0 %)	
2.	Schraube	050-607-057-9002	0,144 € (5,6 %/7,3 %)	Zukauf
3.	Scheibe oben	125-068-637-5001	0,338 € (13,2 %/17,0 %)	
4.	Bolzen	256-357-819-2007	0,117 € (4,6 %/5,9 %)	
5.	Käfig befüllt	146-252-425-2563	0,148 € (5,8 %/7,5 %)	
6.	Scheibe unten	125-025-200-4890	0,230 € (9,0 %/11,6 %)	
7.	Wellfeder	230-124-895-1254	0,005 € (0,2 %/0,3 %)	Zukauf
8.	Distanzstück	135-456-789-4563	0,123 € (4,8 %/6,2 %)	
9.	Nadelrolle	458-789-423-2390	0,060 € (2,4 %/3,0 %)	
10.	Fett	148-897-236-4512	0,002 € (0,1 %/0,1 %)	Zukauf
	Montage		0,362 € (14,2 %/18,2 %)	
	Herstellkosten		1,986 € (77,8 %/100,0 %)	
	Vertrieb und Verwaltung		0,218 € (8,6 %/11,0 %)	
	Forschung und Entwicklung		0,248 € (9,7 %/12,5 %)	
	Gewinn		0,099 € (3,9 %/5,0 %)	
	Verkaufspreis		2,552 € (100,0 %/128,5 %)	

Tab. 7.4 Detailliertere Kostenrechnung auf Teileebene

Cost-Break-Down Bauteil/Baugruppe: Scheibe oben/125-249-164-4589
Kunde: Hausweiler
Datum: 2005-01-17
Jahresbedarf: 390.000 Stück
Losgröße: 80.000 Stück

Pos.	Arbeitsprozess	Bearbeitungskosten	Rüstkosten
1.	Stanzen	0,0460 € (24,3 %)	2148 €
2.	Waschen und Trocknen	0,0018 € (1,0 %)	921 €
3.	Härten	0,0100 € (5,3 %)	201 €
4.	Waschen und Trocknen	0,0018 € (1,0 %)	
5.	Anlassen	0,0021 € (1,1 %)	
6.	Polieren	0,0214 € (11,3 %)	
7.	Waschen und Konservieren	0,0012 € (0,6 %)	
	Summe	0,084 € (44,5 %)	3270 €
	Anteilige Rüstkosten	0,041 € (21,6 %)	
	Materialkosten	0,036 € (19,1 %)	
	Ausschusskosten	0,008 € (4,2 %)	
	Werkzeugverschleißkosten	0,020 € (10,6 %)	
	Herstellkosten	0,189 € (100,0 %)	

Bekommt die anschließende Diskussion des Ist-Zustand mehr Tiefgang, ist es sicherlich nötig für das ein oder andere Bauteil den Detaillierungsgrad zu erhöhen. Ein Beispiel hierfür ist der Tab. 7.4 zu entnehmen. Es ist sicher sinnvoll auch diesbezüglich die entsprechenden Vorbereitungen zu treffen.

7.5.3.4 Das „Kick-off-Meeting"

Im Kick-off-Meeting gilt es ein gemeinsames Verständnis für die Ausgangsituation zu schaffen und einige Randbedingungen festzulegen.

Was für das gemeinsame Verständnis der Ausgangssituation getan werden kann, wurde bereits dargelegt. Darüber hinaus gibt es aber noch ein paar weitere Punkte, die angesprochen werden sollen:

- Geheimhaltung
  Selbstverständlich sind die ausgetauschten Informationen vertraulich zu behandeln. Das gilt ebenso wie für andere gemeinsame Entwicklungsaktivitäten unter Partnern.
- Patente
  Die Patentsituation ist zu klären. Wer ist Patentinhaber und wie dürfen diese verwertet werden? Dies sollte klar geregelt sein.
- Ergebnis
  Wie wird das ausgewiesene Ergebnis aufgeteilt? Auch das sollte vorab geklärt werden. Es gibt hierzu verschiedene Modelle, wie etwa 50/50, 100 % der Kunde

(in Einzelfällen, wenn der Kunde z. B. extremen Preisdruck am Markt ausgesetzt ist), der Kunde erhält 100 % der Kostenreduzierung und die Marge bleibt in der Höhe erhalten etc. Zum Thema Ergebnisaufteilung sind also sehr viele Alternativen denkbar. Entscheidend ist, dass dieses Thema vorab einvernehmlich verabschiedet wurde.

- Dokumentation
  Zum gemeinsamen Value Management gehört selbstverständlich die entsprechende Dokumentation dessen was besprochen und vereinbart wurde! Um Doppelarbeit oder gar Missverständnisse zu vermeiden, ist es unabdingbar ausführliche Besprechungsprotokolle, versehen mit einer To-do-Liste, zu erstellen und zu verteilen.

Wenn keine Einigung bezüglich vorgenannter Punkte erzielt wird fehlt die Basis für eine erfolgreiche Zusammenarbeit, d. h. das Projekt ist jetzt beendet.

7.5.3.5 Fallbeispiel

Das dargestellte Fallbeispiel zeigt eine Klemmvorrichtung für Lenksäulen, die nach einem ersten Angebot gemeinsam mit dem Kunden entwickelt wurde. Die Klemmvorrichtung hat die Funktion, die beiden ineinander verschiebbaren Teile der Lenksäule miteinander so zu verklemmen, dass sie sicher in Position gehalten werden. Im Bedarfsfall soll diese kraftschlüssige Verbindung gelöst werden können, um eine Positionsänderung des Lenkrades zuzulassen. Der grundsätzliche technische Aufbau kann den Abb. 7.29, 7.30, und 7.31 entnommen werden.

Mittels eines aus der Lenksäulenverkleidung herausragenden Hebels wird die Klemmvorrichtung verdreht. Dadurch laufen zwei Wälzkörper entlang einer Rampenkontur von ihrem höchsten Niveau auf der maximalen Breite der Druckscheibe in eine Mulde. Die Gesamtbreite der Klemmvorrichtung wird verringert und

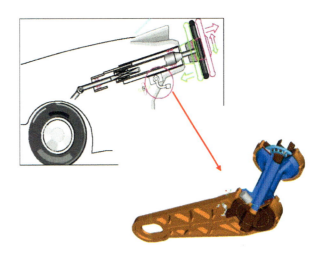

Abb. 7.29 Lager und Komponenten für Lenkung (Lenksäulenklemmung)

Abb. 7.30 Lenksäule W203/MB, C-Klasse

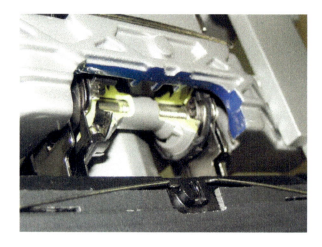

Abb. 7.31 Lenksäule W203/MB, C-Klasse

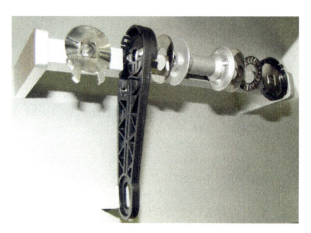

verklemmt die ineinander verschiebbaren Elemente der Lenksäulen nicht mehr gegeneinander. Nachdem das Lenkrad in die gewünschte Position gebracht worden ist, wird diese fixiert, indem die Klemmvorrichtung in umgekehrter Drehrichtung wieder geschlossen wird. Die beiden großen Wälzkörper bewegen sich entlang der Rampenkontur und führen somit einen Axialhub aus, somit stellt sich die maximale Breite der Klemmvorrichtung ein und die Lenksäule ist verspannt und damit fixiert. Die Wälzlagerung an der rechten Seite dient lediglich der Reibungsminimierung zur Komfortverbesserung.

Das Ergebnis (siehe Abb. 7.32 und 7.33) wurde in 15 gemeinsamen Sitzungen während des Produktentstehungsprozesses erarbeitet. Der ursprüngliche Angebotspreis konnte von der interdisziplinären Arbeitsgruppe (vier Mitarbeiter DC und vier Mitarbeiter INA) um 35 % gesenkt werden.

7 Praxisbeispiele

Abb. 7.32 Klemmvorrichtung W 203 vor der Wertanalyse

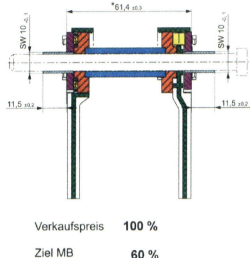

Abb. 7.33 Klemmvorrichtung W 203 nach der Wertanalyse

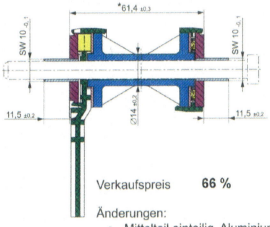

Die wesentlichen eingeflossenen Änderungen im Einzelnen:

- Einteiliges Zwischenstück aus Aluminiumdruckguss anstatt massiv gefertigter 3-teiliger Ausführung. Die Verschleißfestigkeit wird durch zwei Stahlscheiben garantiert.
- Unterquadratische LRB $6 \times 5{,}8$ wurden in 6×8 geändert. Dadurch erheblich stabilerer Fertigungsprozess.
- Standardaxialnadellager mit verminderter Wälzkörperanzahl anstatt Sonderlager.

Im Laufe der Projektarbeit ist eine homogene Arbeitsgruppe zusammen gewachsen, die das gemeinsame Ziel die Kosten und damit den Preis zu minimieren, konsequent verfolgt hat. Der erzielte Erfolg basiert im Wesentlichen auf dem Vertrauen, das sich im Projektverlauf zunehmend gebildet hat. Das gesteckte hohe Ziel (Preisreduzierung um 40 %) konnte so zu 85 % erreicht werden. Ein weiterer Erfolgsfaktor neben der angenehmen Art und Weise der Zusammenarbeit war die Bereitschaft beider Partner, bestehendes in Frage zu stellen und technische Risiken gemeinsam zu tragen!

Seit diesem Erstprojekt wurden noch viele weitere gemeinsame Aktivitäten dieser Art durchgeführt.

7.5.4 Resümee

Erfolg wird sich bei gemeinsamen Wertemanagement (VM), bei Beachtung der dargestellten Regeln, dann einstellen, wenn beiderseits offen, vertrauensvoll und mit der nötigen Bereitschaft zur Veränderung (bezogen auf das Verhältnis der Entwicklungspartner zueinander als auch auf die konstruktive Auslegung des zu entwickelnden Systems) an die gestellten Aufgaben herangegangen wird. Gemeinsame Erfolge binden und machen Lust auf weitere Zusammenarbeit!

Also bleibt fest zu stellen: „Besser ist Partnerschaft, anstatt das nur der Partner schafft."

Die dargestellten Inhalte entstammen unseren langjährigen Erfahrungen. Haben Sie Mut, Ihre eigenen Erfahrungen auf dem Gebiet des Wertemanagements (VM) gemeinsam mit Partnern zu machen und erschließen Sie sich und ihrem Kunden/ Zulieferer Kostensenkungspotenziale. Viel Erfolg!

7.6 Erhöhter Kundennutzen durch Value Engineering

Ernst Tott

7.6.1 Hoher Stellenwert: Value Engineering in der chemischen Industrie

Das Umfeld der Spezialchemie ist geprägt durch ein starkes Wachstum in Asien und wesentlich schwächerem Wachstum in den etablierten Märkten, Kostendruck und starken weltweiten Wettbewerb.

Gleichgültig welche Aufgaben der globale Markt stellt, sei es ein neues Produkt zu entwickeln, neue oder vorhandene Prozesse zu gestalten; immer wieder sind diese Aufgaben im Spannungsfeld zwischen Zeit, Kosten und Qualität zu erledigen.

Ziel des Value Engineering (VE) ist es, den Wert eines Produktes oder einer Dienstleistung zu optimieren. Dies bedeutet das richtige Verhältnis zwischen Kundennutzen und dem dafür entstehenden Aufwand (z. B. Preis, Investition) zu finden. Value Engineering richtig verstanden bedeutet damit nicht nur die Kosten zu senken, sondern die notwendigen Kundenforderungen so zu erfüllen, dass der Kunde optimal produzieren kann. Unnötige oder übererfüllte Anforderungen sind zu identifizieren und zu eliminieren.

Vor einigen Jahren fand daher in der Anlagenplanung der chemischen Industrie eine regelrechte Renaissance der Wertanalyse unter der international eingeführten Bezeichnung „Value Engineering" statt.

7.6.2 Einsatz von Value Engineering in der Planung chemischer Anlagen

Produktionsanlagen in der chemischen Industrie sind meist Unikate und oft sehr umfangreich in Investition und Anzahl der Bauteile. Nicht selten werden bei Großprojekten mehrere Tausend Messstellen, Hunderte von Apparaten und Maschinen und tausende von Rohrleitungen eingeplant. Der Anlagenbau nebst Planung und die Produktionsanlage selbst sind also von hoher Komplexität. In den meisten Fällen des Einsatzes von Value Engineering ist also nicht etwa der einzelne Reaktor das Thema sondern die komplette Produktionsanlage, oft auch mit der gesamten Infrastruktur beginnend mit der Energieversorgung über die Abwasserleitung bis zum Werksschutz.

Im Unterschied zur klassischen Wertanalyse im Maschinenbau wird also in den meisten Fällen nicht ein Bauteil untersucht, sondern das komplette Investitionsprojekt.

In welchem Projektstadium wird VE von uns empfohlen?

Die Abb. 7.34 zeigt, dass die Beeinflussbarkeit des Wertes mit dem Fortschritt des Projektes sinkt. Deshalb wird ein Value Engineering im frühen Projektstadium, z. B. in der Vorplanung empfohlen. In besonders umfangreichen Projekten wird ein VE in der Vorplanung und zusätzlich gegen Ende der Basisplanung durchgeführt.

Wie wird ein Value Engineering im „konzerninternen Engineering" durchgeführt?

Wie Abb. 7.35 zu entnehmen ist, erfolgt im Kickoff-Meeting, neben einer Kurzschulung in Value Engineering, die Bestimmung des genauen Ziels, des Terminplans und der Teilnehmer. Um ein optimales Team für den Workshop zu finden wird die Potenzialanalyse (s. Tabelle unten) eingesetzt. Im Kickoff erfolgt die Beauftragung des Engineering.

Jetzt muss organisiert werden, Ressourcen, Räume und Materialien müssen abgeklärt werden.

Im zweiten Schritt folgt die Einarbeitung der Value Engineers in den Prozess. Wegen des Zeitdrucks und der Projektkomplexität wird hier die Funktionenanalyse nicht in diversen Teamsitzungen für die ganze Anlage erarbeitet, sondern nur

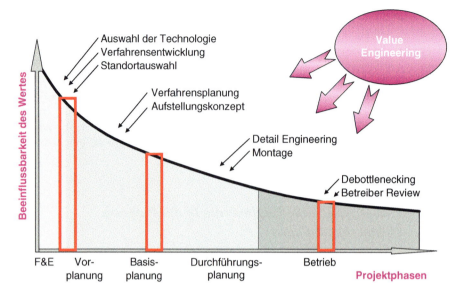

Abb. 7.34 Beeinflussbarkeit des Wertes

für besonders wichtige Schlüsselstellen der Produktionsanlage. Um diese wichtigen Punkte zu identifizieren muss eine systematische Einarbeitung erfolgt sein. Hierfür werden Projektunterlagen herangezogen. (Tab. 7.5)

Die kreative Phase erfolgt im Workshop, wobei die Funktionenanalyse und eine Funktionskostenmatrix als Grundgerüst für den Workshop dienen. Der Workshop ist der Kern eines Value Engineerings. Hier wird intensiv im multidisziplinären Team zusammen gearbeitet. Es handelt sich im Workshop um eine systematische, organisierte und partizipative Vorgehensweise. Er dauert zwei bis drei Tage und hat durchaus eine konzentrierte Klausuratmosphäre. Um im Workshop effektiv arbeiten zu können hat sich das Competence Center im Laufe der Jahre eine sehr funktionel-

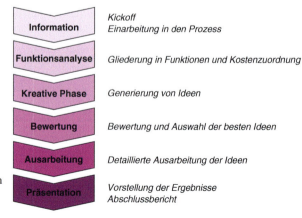

Abb. 7.35 Inhaltlicher Ablauf der Durchführung von Value Engineering im konzerninternen Engineering

Tab. 7.5 Beispiel

Prozessbeschreibung	Projektorganigramm
Verfahrens- und R&I-Fließbilder	Unterlagen „Technisches Gespräch"
Spezifikationen u. Zeichnungen der Hauptkomponenten	Stand bisheriger Maßnahmen zur Kostenoptimierung
Aufstellungskonzept/-plan (2D, 3D)	Renditerechnung
Sicherheitskonzept	Antrag auf nächste Projektphase
Detaillierte Kosteninformation	Marketingprognosen
Informationen zum Produkt	Besonderheiten des Projekts

le Toolbox geschaffen. Die Tab. 7.6 zeigt die „Top Ten" der eingesetzten Methoden oder Werkzeuge.

Diese Methoden werden eingesetzt um eine kreative Vorgehensweise sicherzustellen, die eine Vergrößerung der Vielfalt der zu betrachtenden Lösungen zum Ziel hat und den Markt, das Umfeld und die Technik berücksichtigt.

Die Ideen und Lösungen werden im gesamten Workshop, für die Teilnehmer sichtbar, protokolliert und nach vorher im Konsens mit dem Team vereinbarten Kriterien bewertet. Alles was im Workshop erarbeitet wird wie Ideen, Kriterien, Bewertungen wird in einem von uns entwickelten Tool dem „VE-Wizard" dokumentiert.

Das Grundprinzip für das Tool ist das FAST-Diagramm (Funktionen Analyse System Technik). Dieses IT-Tool bietet den Vorteil, dass die gesamte nachfolgen-

Tab. 7.6 Top Ten der im Value Engineering eingesetzten Methoden oder Werkzeuge

Methode im Value Engineering	Wann wird sie eingesetzt?
Business Process Reengineering (BPR) → Verbesserung der Geschäftsprozesse	Wenn betriebliche Abläufe nicht optimal sind
Kosten/Nutzen-Analyse → Schätzen des Wertes nicht marktfähiger Eigenschaften	In jedem VE mit dem Ziel der Kostenoptimierung
Unterschiedliche Kreativitätstechniken → Hervorbringen innovativer Ideen	Wenn in der Diskussion keine Ideen kommen oder in jedem Innovationsworkshop
Life Cycle Costing (LCC) → Schätzung der Gesamtkosten im Lebenszyklus der Anlage	In jedem VE mit dem Ziel der Kostenoptimierung
Projektmanagement (PM) → Management eines Projektes und des beteiligten Teams zur effizienten Zielerreichung	Wichtige Arbeitsgrundlage in jedem Projekt
Quality Function Deployment (QFD) → Übereinstimmen von Kundenanforderungen mit Anwendungstechnik, Produktionszielen und Know-how	Bei Umstellung auf ein anderes Produkt oder bei neuen Anlagen
Zuverlässigkeitsanalyse → Entdecken und Eliminieren von Fehlerursachen	Für Instandhaltungsprojekte
Target Costing (TC) → Ziele setzen und Projektanforderungen im Rahmen eines Budgets erfüllen	In den meisten Investitionsprojekten
Bewertungsmethoden → Auswahl von Alternativen	In jedem Value Engineering
Potenzialanalyse → Bestimmung der Teilnehmer und des Umfeldes	In jedem Value Engineering

de Dokumentation hochautomatisiert erstellt werden kann. Was sich direkt auf die Kosten für ein VE auswirkt. Nach dem Workshop werden die ausgewählten Ideen ausgearbeitet wobei der Fertigstellungstermin hierfür mit dem Team vereinbart wird. Nach der Fertigstellung werden die Ergebnisse zusammengestellt und in einer Abschlusspräsentation vorgestellt. Die Ergebnisse sollen hier den eingeladenen Entscheidern kurz und verständlich vorgetragen werden. Jetzt ist der Zeitpunkt über Realisierung der neuen Lösungen zu entscheiden.

Das Controlling für die Umsetzung der neuen Lösungen übernimmt in der Projektrealisierung der Projektmanager.

7.6.3 Beispiel: Kapazitätserweiterung einer Produktionsanlage aus der Sicht des Value-Engineers

Die zu untersuchende Chemieanlage produziert eine Spezialchemikalie, in einem großen deutschen Chemiepark. Diese Anlage konnte laut Marketingplan 2011 die geforderte Produktmenge nicht mehr erzeugen. Die Anlagenkapazität musste also erhöht werden.

Zur Erklärung: Der Anlagenbetreiber darf laut Konzern-Investitionsrichtlinie die Investition für die Erweiterung der Produktion nur tätigen, wenn die erwartete DCF-Rate mindestens den Konzernvorgaben entspricht. Da jedoch laut DCF (Discounted Cash-Flow)-Berechnung, die geplante Investition mit den in der Basisplanung ermittelten Kosten nicht wirtschaftlich war, wurde ein Value Engineering beauftragt. Der Druck auf die Beteiligten war entsprechend groß, da eine Erweiterung außer einer gewissen Zukunftssicherung auch ein Plus an Arbeitsplätzen gebracht hätte.

Projektziel für die Anlagenplanung (Basisplanung Oktober 2008):

- Schnellstmögliche, kostengünstige, Realisierung einer Kapazitätserweiterung der Produktion um 60 %
- Option mit einer zukünftigen Erweiterungsoption um weitere 40 %
- Parallel dazu verfahrenstechnische Entwicklung mit einer Stripptechnologie

Ziel des Value Engineering: Hinterfragen der Investition mit dem Ziel der deutlichen Kostenreduzierung

Technische Problematik im Betrieb war ein sehr störanfälliges Vakuumsystem und eine reparaturanfällige Kälteanlage.

Das Value Engineering Das **Kickoff-Meeting** und die **Vorbereitung** verliefen planmäßig. In dieser Phase des VE finden Gespräche mit den Fachdisziplinen statt. Bereits in ersten Gesprächen kamen Ideen seitens des Betreibers. Dieser fertigte, sehr motiviert, bereits Varianten für wichtige Prozessschritte an. Auch in Gesprächen mit der Verfahrenstechnik wurden bereits alternative Vorschläge zu Kolonnenkonzepten entwickelt. Jetzt war relativ klar wohin der Weg ging und wir bereiteten mit Verfahrenstechnik und Betreiber zwei Funktionenanalysen vor. Die Funktionsanalyse war dann auch im Workshop der rote Faden in der Agenda.

Der **Workshop** fand bei angenehmer Atmosphäre in einem Landhotel statt. Er dauerte zwei Tage. Das bedeutet für die Moderatoren zwei mal zehn Stunden volle Konzentration, da die Diskussion ständig beschleunigt, gebremst oder abgebrochen werden muss. Fachlich zeigte sich deutlich welche Aggregate mehr und welche weniger benötigt wurden. Das Team aus multidisziplinären internen und externen Spezialisten sowie zwei Querdenkern arbeitete in einem straff moderierten Workshop sehr zielorientiert und kreierte eine Idee nach der anderen. Insgesamt wurden nach der Ideenbewertung 52 Ideen von Spezialisten ausgearbeitet.

Für die **Ausarbeitungen** der Ideen bzw. Lösungsvorschläge wurden vier Wochen benötigt. Beim Sichten und Bewerten der Ideenausarbeitungen kristallisierten sich aus vierzehn sinnvollen Varianten fünf Topvarianten heraus. Deren Bewertung wurde nach den benannten Kriterien und deren Wichtigkeit vorgenommen.

In der **Präsentation** der Ergebnisse wurden die fünf Topvarianten nach den Kriterien Wirtschaftlichkeit, Investitionszeitpunkt und verfahrenstechnischem Risiko diskutiert. Beschlossen wurden ein neues Wäscherkonzept, sowie ein stufenweises Vorgehen bei der Investition. Hierfür wurde, da es viel weniger Bauvolumen benötigt ein kompletter Stahlbau mit Fundament, das in der Basisplanung enthalten war, überflüssig. Mit diesem neuen Wäscherkonzept konnte auch die Produktqualität erheblich verbessert werden. Letztendlich wurde die vorhandene Basisplanung vom VE-Team in wichtigen Belangen optimiert.

Ergebnis des Value Engineering:
- Die Investitionssumme konnte um 45 % gesenkt werden.
- Die Investition kann schrittweise realisiert werden.
- Geruchsverbesserung bei Einsatz der Strippkolonne eröffnet neue Marktchancen.
- Die neue Technologie ist energieeffizienter und instandhaltungsfreundlicher, was die Betriebskosten senkt.
- Der neue Verfahrensschritt ersetzt instandhaltungsintensive und die Verfügbarkeit reduzierende Anlagenteile.

Laut Konzernvorgabe wird die Investition der Produktionserweiterung freigegeben und das Projekt kann realisiert werden.

Das gesamte Value Engineering dauerte von der Beauftragung bis zur Abgabe des Abschlussberichtes sieben Wochen.

Das Kundenfeedback zu diesem Value Engineering fiel entsprechend gut aus. Der Kunde lobte neben den hervorragenden Ergebnissen, besonders die gute Vorbereitung, die schnelle Abwicklung und das systematische Vorgehen im Workshop.

Die nächsten Aufträge für Value Engineerings für diesen Geschäftsbereich wurden übrigens bereits kurz danach an uns vergeben.

7.6.4 Fazit

Value Engineering wird im gesamten Konzern anerkannt und ist eine häufig eingesetzte Methode.

Die Schlüsselelemente des Value Engineering sind:

- Funktionenanalyse
- Methode
- Teamarbeit

Der Erfolg von Value Engineering ist stark von folgenden Faktoren abhängig:

- Setzen von konkreten Zielen
- Kooperatives Verhalten – offener Informationsaustausch
- Akzeptieren von ungewohnten Vorgehensweisen und Lösungen
- In Frage stellen von bisherigen Lösungen
- Delegation von Verantwortung/Übernahme von Verantwortung
- Förderung von Teamleistung
- Bereitstellung von ausreichend Bearbeitungskapazität
- Entscheidungsbereitschaft des Managements
- Ausbildung und Erfahrung der Value Engineers

Aussagen von Kunden:

- „Wir hätten dieses gute Ergebnis ohne diese methodische Vorgehensweise nicht erreicht."
- „Value Engineering ist eine effektive Methode um den ROCE zu verbessern."
- „Value Engineering ist ein exzellentes Beispiel welches Potenzial in einer gut moderierten Teamarbeit steckt."
- „Value Engineering ist mehr als eine Methode. Es ist eine Einstellung."
- „Wir erreichen mit Value Engineering eine erhöhte Wettbewerbsfähigkeit durch die Förderung technischer und organisatorischer Innovationen."

Resultate aus 62 Value Engineerings seit 2005:

- Reduzierung der Investitionskosten um 7 bis 57 %
- Erhebliche Minderung der Betriebskosten
- Value Engineering ist inzwischen zu einem festen Bestandteil der Projektbearbeitung geworden.
- Reduzierung der Betriebskosten um mehrere Millionen Euro
- Verfügbarkeitserhöhung in mehreren VEs
- Deutliche Verkürzung von Projektzeitdauern

Das im Konzern eingeführte Werkzeug Value Engineering wird von den Kunden bereits als kritischer Erfolgsfaktor angesehen und ist inzwischen auch in der Investitionsrichtlinie enthalten. Das ist auch ein Erfolg der Value Engineers und deren Förderer.

7.7 Wertgestaltung an Bauteilen in der Elektroinstallation
Strom ist schlau – Wertanalyse aber auch!

Gerhard Salewski und Sebastian Meindl

7.7.1 Einleitung

Die OBO Bettermann GmbH & Co. KG ist ein weltweit führendes Unternehmen für Produkte in allen Bereichen der Elektroinstallation. Das Unternehmen wurde 1911 gegründet und hat sich zu einem Komplettanbieter zukunftsweisender Gebäudeinstallationstechnik entwickelt. Mit ca. 2.300 Mitarbeitern und ca. 30.000 Produkten wird ein Jahresumsatz von ca. 400 Mio. € erwirtschaftet. Der Exportanteil liegt bei etwa 50 %.

Die Produkte kommen u. a. aus den Bereichen Verbindungs- und Befestigungs-Systeme, Transienten- und Blitzschutz-Systeme, Kabeltragsysteme, Brandschutz-Systeme, Einbaugeräte-Systeme, Unterflur-Systeme und Leitungsführungs-Systeme. Bei vielen der im Sortiment befindlichen Produkte ist OBO Marktführer.

Etliche der Produkte des Unternehmens sind seit vielen Jahren im Angebot und bedürfen einer Überarbeitung, um einerseits die Marktfähigkeit zu erhalten und andererseits die Herstellkosten zu reduzieren.

Bei den drei Produkten

- GRIP-Sammelhalterung
- Bügelschelle
- Potenzialausgleichsschiene

will man dies in einem konzentrierten Projekt in drei parallel arbeitenden Teams erreichen. Als methodische Basis soll die Wertanalyse dienen, unter der Anwendung professioneller externer Methodenkompetenz und Projekterfahrung, die durch Krehl & Partner, Karlsruhe, beigesteuert wird.

Anhand der folgenden OBO-Produkte wurde die Produktüberarbeitung mittels der Methodik Wertanalyse durchgeführt:

Die Grip-Sammelhalterung in Abb. 7.36 ist ein Installationsprodukt zum Bündeln, Sammeln und Ordnen von Kabeln sowohl an Wänden, Decken als auch in sogenannten Zwischendecken. Im Handwerk ist der Begriff OBO Grip etabliert. OBO hat verschiedene Größen- und Materialvarianten und Zubehör im Programm der Grip. Besonderheit der OBO Grip ist, dass hiermit kostengünstig sowie flexibel Kabel verlegt werden können. Die Grip ist jederzeit werkzeuglos zu öffnen, das heißt, Nachinstallationen sind leicht möglich.

Die OBO Bügelschelle in Abb. 7.37 dient zur Verlegung von Kabeln über Putz an Wänden und Decken. Die Bügelschelle wird auf eine passende Tragschiene montiert. Meist hält eine Bügelschelle ein Kabel, eine Bündelung mehrerer Kabel in einer Bügelschelle ist zulässig und auch gebräuchlich. Sie wird meist in Gebäuden

Abb. 7.36 Grip-Sammelhalterung

Abb. 7.37 Bügelschelle

kommerzieller Nutzung, z. B. Fabrikhallen, öffentliche Gebäude, Kraftwerken etc. eingesetzt. In Gebäuden privater Nutzung werden Bügelschellen nicht oder äußerst selten genutzt.

Die Potenzialausgleichsschiene (vgl. Abb. 7.38) ist ein Transienten- und Blitzschutzsystem. Sie ist damit ein Bestandteil der Elektroinstallation und des inneren Blitzschutzes eines Gebäudes. Die Potenzialausgleichsschiene besteht im Wesentlichen aus einer Metallleiste, auf der in hinreichender Anzahl und Größe Schraubklemmen angebracht sind. Die Schraubklemmen dienen zum Anschluss von Erdungs- und Schutzleitungen in Innenräumen. Die Potenzialausgleichsschiene legt alle über sie miteinander verbundenen metallenen Strukturen und Einrichtungen eines Gebäudes sowie den Fundamenterder auf ein gemeinsames Erdpotenzial. Ein Potenzialausgleich ist in jedem neu zu erstellenden Gebäude gesetzlich vorgeschrieben. Auch das typische Einfamilienhaus muss mit einem Potenzialausgleich ausgerüstet sein.

Abb. 7.38 Potenzialausgleichsschiene

7.7.2 Aufgaben und Untersuchungsrahmen

Externe Einflüsse: Für alle drei zu überarbeitenden Produkte ist die primäre Aufgabe, die Herstellkosten signifikant zu senken. Dabei darf der Verbraucher, welcher im speziellen Fall meist der Elektroinstallateur ist, keine wirklichen Nachteile in Kauf nehmen müssen. Die Suche nach Innovation, also neuen Funktionalitäten oder zusätzliche Produkteigenschaften ist ebenfalls Programm. Damit möchte OBO weiteres Wachstum generieren.

Interne Einflüsse: Es gibt auch interne Randbedingungen, die im Rahmen der Projektarbeit beachtet werden müssen. Auch wenn für die Projektarbeit ein Repräsentant in einer bestimmten Baugröße bestimmt wurde, muss die Untersuchung letztlich für das gesamte Programm gelten. Umform- oder Kunststoff-Spritzgusswerkzeuge für verschiedenste Baugrößen oder aber auch Montage- und Verpackungsautomaten sind für viele Produkte vorhanden und Änderungen hier müssen wirtschaftlich sinnvoll sein. Einflüsse der Gestaltung des Produktprogramms (auch über OBO-Produkte hinweg) einerseits und Investitionen andererseits auf die Gemeinkosten von OBO müssen im Projekt berücksichtigt werden.

7.7.3 Vorgehen im Projekt

In der Vorplanung des Projekts hat sich gezeigt, dass der OBO-internen Organisation bei der Besetzung der interdisziplinären Teams Rechnung getragen werden sollte. Die technische Hoheit über die Produkte liegt beim Produktmanagement (PM), das als Bindeglied zwischen Technik und Vertrieb funktioniert. Dem PM wiederum sind die Entwickler und Konstrukteure zugeordnet. Weitere funktionale Besetzungen in jedem der drei interdisziplinären Teams kommen aus zentralen Bereichen wie Werkzeugbau/Betriebsmittelkonstruktion, Controlling, Produktion oder Einkauf. Besonderheit war, dass die drei Teams nicht völlig verschieden zusammen gesetzt waren, sondern dass einige Teammitglieder durchaus in zwei Teams vertreten waren. Das war in diesem Falle durch die OBO-Organisation begründet (z. B. organisatorische Zugehörigkeit von F&E zum Produktmanagement) und hatte den Vorteil der Know-how-Übertragung in F&E über die Projektthemen hinweg, aber gleichzeitig bei höherer personeller Belastung.

Die Projektarbeit wurde an dem Wertanalyse-Arbeitsplan ausgerichtet. Dabei war es die Aufgabe, folgende Gestaltungsfelder und Inhalte abzuarbeiten:

- Markt- und Kundenanforderungen, Kaufentscheidende Kriterien, Wettbewerbsvergleich, Produktposition im Preis-Nutzen-Portfolio, Ausstattungsumfänge und Varianten
- Ist- und Soll-Funktionen sowie Zielkosten je Funktion, Begeisterungs- Funktionen und Vorgaben für die Optimierung
- Produktkonzeption und -optimierung unter strengen Zielkostengesichtspunkten, Ausgestaltung von Einzelkomponenten/Baugruppen und konstruktive Gestaltung im Hinblick auf einfache, kostenoptimale, fertigungs- und montagegerechte Ausführung

7.7.4 Die OBO-WA-Objekte im Wettbewerbsvergleich

Zur Einschätzung der OBO-Produkte im Vergleich mit den Produkten der Wettbewerber müssen zunächst die kaufentscheidenden Kriterien herausgearbeitet werden. Für alle drei Produkte ergeben sich zwei Klassen von Kriterien:

- Direkte Kriterien (das heißt Kundenbedarfe, die direkte Auswirkung auf technische Ausführungen haben) und
- Indirekte Kriterien (das heißt Kriterien, die unabhängig von der technischen Ausführung sind, aber stark mit dem Image des Unternehmens OBO zu tun haben).

Zu den direkten Kriterien lassen sich über alle drei Produkte als wichtigste nennen:

- Einfache, flexible Montagemöglichkeit,
- Möglichst geringer Werkzeugeinsatz bei der Montage,
- Möglichst geringer Arbeitszeiteinsatz bei der Montage,
- Stabilität/Festigkeit und
- Lebensdauer.

Diese Erwartungen erfüllt OBO in fast allen Produktbereichen. Der Begriff „OBO" steht für „Ohne Bohren", suggeriert also geringstmöglichen Werkzeugeinsatz und damit eine schnelle und sauberere Verarbeitungsmöglichkeit der Produkte auf der Baustelle. Dass OBO für solche Produkteigenschaften steht, führt wiederum zu einem exzellenten Image, das in langjähriger Praxis erworben wurde. Somit werden von OBO eben auch Faktoren wie Image, Anmutung, Lieferprogramm eines Voll-

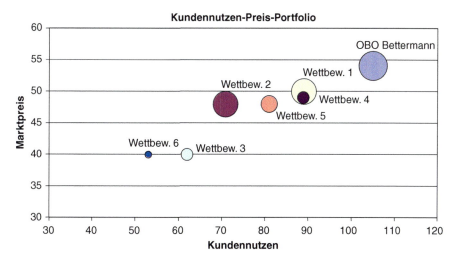

Abb. 7.39 Kundennutzen-Preis-Portfolio am Beispiel eines OBO-Produktes

sortimenters, Qualität und Service erwartet, was mit indirekten kaufentscheidenden Kriterien beschrieben wird.

Der Vergleich der Produkte im Wettbewerb liefert für alle drei Produkte ein quasi ähnliches Bild. OBO führt den Markt aus der Technik-Seite und kann durch die hohe Erfüllung der Kundenbedarfe leichte Vorteile bei der Durchsetzung der Preise erreichen. Obgleich OBO hinsichtlich Marktanteile immer mit vorne ist, teilen sich die „Mittelklasse"-Wettbewerber aber doch einen Anteil des Marktes, der für OBO aufgrund der Preisgestaltung nicht immer zugänglich ist.

Abbildung 7.39 zeigt ein Kundennutzen-Preis-Portfolio mit OBO als Produktführer. Mit gewissen Abweichungen gilt es für alle drei betrachteten Produkte. Für das erklärte Ziel, weiter Marktanteile zu gewinnen, kann also die angestrebte Senkung der Herstellkosten Türöffner für Märkte sein, die bisher nicht bedient werden können.

7.7.5 Funktionenanalyse – Was tun die Produkte eigentlich?

Kernpunkt einer jeden wertanalytischen Betrachtung ist die Funktionenanalyse. Sie ist der methodisch wichtigste Baustein zum Erkenntnisgewinn für die Teammitglieder. Damit wird mit dem „richtigen Verstehen" des Objekts die Grundlage für eine im Sinn der Aufgabenstellung zielführende Ideenfindung gelegt. In diesen drei Projekten wurde die Funktionenanalyse durchgeführt, in dem zunächst die Funktionen gesammelt, auf Redundanz geprüft und anschließend mit Hilfe des Funktionenbaumes strukturiert wurden, sowohl für den Ist- als auch für den Soll-Zustand, wie beispielsweise in Abb. 7.40 dargestellt.

Eine ausführliche Funktionenkostenbetrachtung, die auf der Methodik des Quality Function Deployment basiert, liefert die Diskrepanz zwischen den Kosten für die

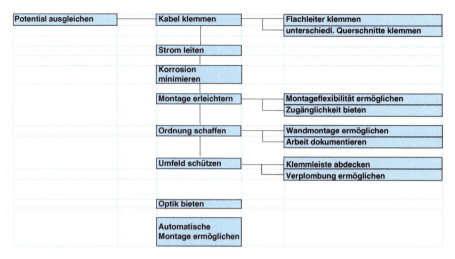

Abb. 7.40 Funktionenbaum der Potenzialausgleichsschiene im Ist-Zustand

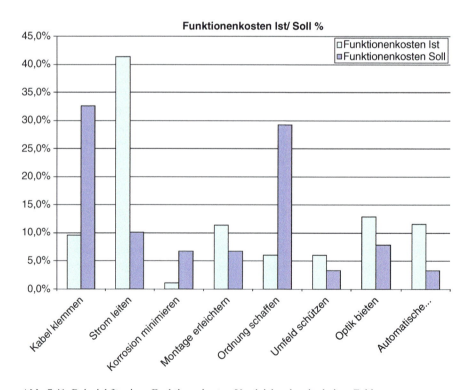

Abb. 7.41 Beispiel für einen Funktionenkosten-Vergleich anhand relativer Zahlen

Soll- und Ist-Funktionen und bietet damit ebenfalls neue Ansätze zur Stimulierung der Kreativität. Bemerkenswert ist bei dieser Betrachtung auch, dass offensichtlich Funktionen, die in unmittelbarem Zusammenhang mit dem Kundenwunsch bzw. der eigentlichen Nutzung stehen, im Ist-Zustand unterbewertet wurden.

Auf den ersten Blick möge man schließen, dass es unerlässlich sei, in Kosten für diese Funktion zu investieren. Dem ist aber nicht so, solange im Wettbewerbsvergleich kein Handlungsbedarf identifiziert wurde. Es wird aber deutlich, was der Kunde vom Produkt eigentlich will und wofür er denkt, zu investieren. Konkret hat diese Erkenntnis im Projekt zu Überlegungen geführt, durch große konzeptionelle Veränderungen diese Produkt-Funktionen im Sinne des Kunden positiv zu beeinflussen.

7.7.6 Kosten- und Nutzentreiber – Wo sind eigentlich die Knackpunkte?

In den drei Projekten galt es nun, die wesentlichen „Knackpunkte" zu identifizieren und anzugehen. Konkret ergab sich folgendes Bild:

7.7.6.1 Grip-Sammelhalterung

In diesem Projekt ergab sich ein besonderer Freiheitsgrad dadurch, dass die bestehenden Kunststoff-Werkzeuge erneuert werden durften und auch andere Spritzgussmaschinen in Betracht gezogen werden konnten. Rein für das Produkt wurde hier besonderen Wert auf Innovation gelegt, und zwar im Sinne des Monteurs. Die Idee, eine spezielle Halteplatte, an der die eigentliche Sammelhalterung an der Wand befestigt werden kann, direkt als ablösbares Teil an die Halterung anzuspritzen, wurde erfolgreich durchgeführt. Der Einsatz moderner Simulationstechnik (FEM-Analysen) war an der Stelle sehr hilfreich.

Obgleich ein hoher Innovationsgrad und eine hohe Erfüllung der Kundenbedarfe erreicht wurden, gab es durch die im Team konzipierte neue Produktionstechnologie und durch Optimierung des Materialverbrauchs eine signifikante Herstellkostenreduzierung. Die neue Grip-Sammelhalterung wird vom Monteur einfach, beispielsweise mit einem Schlagdübel, vom Monteur an dem angespritzten Halter an der Wand befestigt. Anschließend wird die Sammelhalterung vom Halter abgetrennt und am selbigen eingerastet.

7.7.6.2 Potenzialausgleichsschiene

Im Wettbewerb haben sich unterschiedlichste Prinzipien zur Erfüllung der Anforderungen an eine Potenzialausgleichsschiene vorgestellt. OBO fährt mit seinem Prinzip ein eigenständiges Konzept. Erkennbar wurde aber, dass die wesentlichen

Kostentreiber der Potenzialausgleichsschiene die Anzahl der Anschlussmöglichkeiten einerseits und andererseits der Materialeinsatz beim Schienenkörper ist. Beide hängen konstruktiv sogar stark zusammen. Hierzu wurde in einer Untersuchung im Rahmen des Wertanalyse-Projekts herausgefunden, dass andere Materialien eine deutlich bessere Kosten/Leitfähigkeitsrate aufweisen als das bisher eingesetzte Messing. Das bedeutet konkret: Bei gleicher Leitfähigkeit kann der Schienenkörper kleiner werden oder aber bei gleicher Schienenkörpergeometrie steigt der absolute Wert der Leitfähigkeit, so dass evtl. höhere Spezifikationen erreicht werden, die beispielsweise Grundlage für eine besondere Zertifizierung im Elektrohandwerk sind.

7.7.6.3 Bügelschelle

Kostentreiber der Bügelschelle ist der eigentliche Schellenkörper, der als Stanz-/Umformteil ausgebildet ist und für einen perfekten Korrosionsschutz Tauch-feuerverzinkt wird. Weitere Kostentreiber sind die Schraube und die Druckwanne, die sowohl in Kunststoff als auch in Stahl ausgeführt werden können. In der Projektarbeit ergab sich in umfangreichen Versuchen und rechnergestützten Simulationen, dass sicherheitsrelevante Materialquerschnitte bereits optimal ausgelegt waren und keinen Ansatz zur Kosteneinsparung bringen. Die Form des Schellenkörpers selbst ist jedoch darauf ausgelegt, sowohl Kunststoff- als auch Metalldruckwannen aufzunehmen. Dies bedingt einen besonders hohen Materialverbrauch, da bei gleicher Wirkung im Einsatz die Variante mit der Kunststoff-Druckwanne deutlich aufwändiger ist. Im Team wurde eine Lösung entwickelt, die hier optimalen Materialeinsatz verspricht. Dazu kommt, dass die Schraube, die an den Gesamt-Herstellkosten in hohem Maße beteiligt ist, nur aus dem Grunde eine bestimmte höhere Länge haben muss, damit der Abstand des längeren Schellenkörpers überwunden werden kann. Fazit: Kleinerer Schellenkörper ist ausreichend, spart Geld, benötigt kleinere Schraube, spart wiederum Geld.

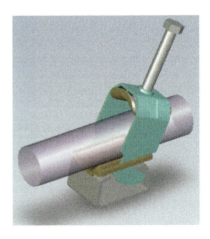

Abb. 7.42 Neue Bügelschelle mit Simulation des Einhängens in die Halteschiene

7.7.7 Projektergebnisse

In den drei Wertanalyse-Projekten „Bügelschelle", „Potenzialausgleichsschiene" und „Grip-Sammelhalterung" wurden verschiedene Ergebnisse erreicht. Produktinnovation bei der Grip-Sammelhalterung mit neuen Alleinstellungsmerkmalen und einer guten Basis für Wachstum einerseits, reine Kostenreduzierung bei gleichbleibendem Produktkonzept andererseits bei der Bügelschelle. Die Ergebnisse im Projekt Potenzialausgleichsschiene gehen hauptsächlich in die Richtung der Kostenreduzierung, es gibt aber auch nennenswerte Verbesserungen im Produkt selbst.

Konkret wurden, abhängig vom Beispiel-Teil, der Baugröße und der Variante Kosteneinsparungen von ca. 10 % bis hinauf zu 40 % erzielt.

7.7.8 Fazit

Der Einsatz der Methodik Wertanalyse zur Optimierung von Kosten einerseits und Nutzen andererseits war für OBO und seine Mitarbeiter neu. Hiermit konnte eine völlig andere Sicht auf die zu betrachteten Produkte generiert werden. Ein neuartiges Verständnis der Funktionsweise der Produkte konnte mit Hilfe der Funktionenanalyse als zentrales Element der Wertanalyse-Methodik geschaffen werden. Obgleich die Produkte schon seit langer Zeit im Markt etabliert sind, konnten neue Begeisterungsmerkmale gefunden und realisiert werden. Bei den Teammitgliedern hat sich ein Verständnis für die Kostenmechanik der Produkte gebildet. Kostentreiber wurden identifiziert. Durch konsequenten Einsatz von Ideenfindungstechniken wurden viele neue Lösungskonzepte erarbeitet, die anschließend von der technisch/wirtschaftlichen Bewertung unterzogen wurden. So konnten funktions- und kostenoptimierte Lösungen zur Umsetzung vorgeschlagen werden.

Für das Gelingen der Projekte gab es drei Schlüssel zum Erfolg:

1. Der konsequente Einsatz der Methoden innerhalb der Wertanalyse unterstützt durch externe neutrale Moderation als Know-how-Katalysator, Antreiber und Coach.
2. Neuartige interne Kommunikation durch fachgebietsübergreifende interdisziplinäre Teams und dadurch ermöglichten Wissenstransfer.
3. Schaffung von Freiräumen im Rahmen der Aufgabenstellung
   - Ideeller Natur, z. B. Freiräume für Ideen und Kreativität, die Bereitschaft neues auszuprobieren.
   - Faktischer Natur, z. B. durch Budgetierung der zur Projektumsetzungen notwendiger Investitionen, z. B. Werkzeuge, Formen, Maschinen.

Nach den überaus positiven Erfahrungen in den Projekten ist OBO fest entschlossen, mittels dieser drei Schlüssel weitere Potenziale an anderen für OBO wichtigen Produkten und Produktbereichen zu erschließen.

7.8 Mit Wertanalyse Overheadkosten transparent machen und beeinflussen – Potenziale gezielt erschließen

Manfred Jansen

Overheadkosten werden in Zeiten weltweiter Rezession zunehmend kritisch gesehen. In den immer kopflastiger werdenden Unternehmen stellen die Personalkosten in den Overheadbereichen nun einmal ein großes Rationalisierungspotenzial dar. Im vorliegenden Bericht soll gezeigt werden, wie diese Overheadkosten mit Hilfe der Vorgehensweise nach dem Wertanalyse-Arbeitsplan transparent gemacht werden können, um so Potenzial gezielt zu heben.

7.8.1 Motivation

Die Unternehmen werden immer kopflastiger. Daher sind es inzwischen gerade die Overheadbereiche, in denen zunehmend nach Effizienzsteigerung gesucht wird, wenn es darum geht Kosten zu senken. Lässt sich der notwendige Personalbedarf in den direkten, produzierenden Bereichen leicht ermitteln, er ist zum größten Teil direkt proportional zur Auslastung zu sehen, geht das in den produktionsferneren, indirekten Bereichen nicht mehr so einfach. Die Auslastung vieler Aufgabenbereiche steht in keinem direkten, oft sogar im umgekehrt proportionalen Verhältnis zur Auslastung bzw. dem Auftragsbestand/-eingang. Beispielsweise kann die Auslastung einer Personalabteilung bei schwacher Konjunktur unverändert hoch sein, da anstatt Einstellungs- nun Ausstellungsgespräche und -massnahmen zu führen bzw. zu entwickeln sind. Anwendungstechnische Bereiche, gerade von Zulieferern, sind in Zeiten schwacher Konjunktur oft stärker ausgelastet als bei Hochkonjunktur. Grund hierfür ist die Tatsache, dass die entsprechenden Bereiche der OEM´s bei schwächerer Konjunktur auf Eis gelegte Entwicklungen oftmals neu beleben. Die Intransparenz hinsichtlich des tatsächlichen Personalbedarfes führt somit immer zu Maßnahmen, die mit der „Rasenmähermethode" über die gesamte Organisation gestülpt werden.

Maßnahmen zur Effizienzsteigerung haben sich bislang im Wesentlichen auf die direkten Produktionsbereiche konzentriert. Hier erschwert sich die Erschließung weiterer Potenziale dadurch zunehmend. Die indirekten Bereiche, die von solchen Aktivitäten bislang weitgehend verschont geblieben sind, geraten zunehmend in den Fokus.

7.8.2 Ziele

Mit Hilfe der Wertanalyse soll, unter Einbeziehung aller betroffenen Mitarbeiter, Kostentransparenz im Overheadbereich und damit eine sinnvolle Basis für Maßnahmen zur Effizienzsteigerung geschaffen werden; also der Ist-Zustand als Basis für die Ableitung des Soll-Zustandes aufbereitet werden. Durch die Schaffung derartiger Transparenz hinsichtlich der Funktion die ein Organisationsbereich zu erfüllen hat und die Bewertung mit entsprechenden Kosten, sowie die Gegenüberstellung des Nutzens/Outputs (Kostentreibern) soll bei jedem einzelnen Mitarbeiter Handlungsbedarf wecken und ihn zur aktiven Mitarbeit motivieren.

Der zu erarbeitende Soll-Zustand kann sowohl mehr Durchsatz mit gleicher Personalkapazität als auch gleichbleibender Durchsatz mit verringerter Personalkapazität bedeuten. Insbesondere die Gewinnung von Kapazität zur Stärkung von Kernaufgaben, die derzeit nicht ausreichend abgearbeitet werden können, muss Ziel sein ($\rightarrow$ Kapazitätsoptimierung; strategische Ausrichtung)!

Nebenbei wird hierdurch eine nachvollziehbare (Personal-)Planungsbasis für die Zukunft erarbeitet. Steigt die Anzahl der Kostentreiber, lässt sich der benötigte zusätzliche Personalbedarf leicht errechnen und muss nicht immer, wie in indirekten Bereichen üblich, mühsam verargumentiert werden. Umgekehrt verhält sich dies natürlich auch bei sich verringerndem Kapazitätsbedarf.

Letztlich bieten der erarbeitete Ist-Zustand bzw. der Soll-Zustand die Basis für den Vergleich ähnlicher Funktionsbereiche im Unternehmen miteinander und unterstützen so die Übertragung erarbeiteter Maßnahmen zur Steigerung der Effizienz auf ähnliche Organisationseinheiten.

7.8.3 Vorgehensweise

Wert ermittelt sich aus dem Quotient aus *Nutzen bzw. Output* und *Aufwand*. Das gilt auch für die Overheadbereiche. Aufgabe ist es also den Nutzen/Output und den Aufwand des zu untersuchenden Bereiches zu ermitteln. Der Begriff „Nutzen" sollte vorzugsweise durch den Begriff „Output" ersetzt werden. Es kann zwar sehr gut dargestellt werden, welche Leistung eine Abteilung erbringt (Anzahl der Kostentreiber, hier z. B. Anzahl der erstellten Konstruktionsrichtlinien), ob sich daraus ein Nutzen für das Unternehmen ergibt, ist eine andere Frage, die im Rahmen einer solchen Untersuchung schwer zu beantworten bzw. zu verifizieren ist. Wir wissen wie viele Kostentreiber die Abteilung generiert (Anzahl Konstruktionsrichtlinien). Es ist aber schwer (monetär) zu bewerten, welchen Nutzen diese stiften. Beispiel: Der Output der Abteilung betrage X Konstruktionsrichtlinien pro Jahr. Wenn mit diesen nicht gearbeitet, diese also nicht genutzt werden, ist der Nutzen für das Unternehmen tatsächlich gleich Null! Die Untersuchung, ob Output Nutzen stiftet, wird nicht näher betrachtet.

Die Ausgangsbasis (Untersuchungsobjekt): Untersucht wurde u. a. eine Zentralabteilung, deren wesentliche Aufgabe es ist, Konstruktionsrichtlinien zu erstellen. Der Auftrag hierzu kommt aus den jeweiligen Fachabteilungen. Ist der Auftrag zur Erstellung einer Konstruktionsrichtlinie erteilt worden, definiert die Zentralabteilung den Inhalt gemeinsam mit der Fachabteilung, sammelt das Know-how, vervollständigt es und bringt es in die in unserem Hause übliche Form. Die Erstellung einer Konstruktionsrichtlinie ist ein iterativer Prozess und bedarf der ständigen Abstimmung mit der Fachabteilung.

Der Wert lässt sich durchaus darstellen, indem die Anzahl der Konstruktionsrichtlinien pro Jahr (Kostentreiber) ins Verhältnis zu den Kostenstellenkosten gesetzt werden. Als Kehrwert hieraus ergibt sich ein Kostenwert je Konstruktionsrichtlinie. Dieser oberflächliche Wert hilft bei der vorliegenden Analyse sehr wenig. Es ist notwendig in die Tiefe zu gehen und sich die Frage zu stellen: „Welche *Funktion/en* müssen innerhalb der betrachteten *Organisationseinheit* (z. B. Abteilung) erfüllt werden, um den/die Kostentreiber (in der vom Kunden gewünschten Menge) zu generieren?"

Es ist also zuerst eine Funktionenermittlung mit den beteiligten Mitarbeitern im Teamarbeit durchzuführen. Die Mitarbeit an diesem Projekt war den Mitarbeitern übrigens freigestellt. Im Anschluss an diese Funktionenermittlung erfolgt die Funktionengliederung nach bekannter Vorgehensweise im Rahmen einer Wertanalyse. Die Funktionengliederung wird mit den betroffenen Mitarbeitern eingehend diskutiert und gegebenenfalls korrigiert.

Das Zwischenergebnis bis hierher ist der Fragebogen, in den jeder Mitarbeiter einzutragen hatte mit wieviel Prozent seiner Arbeitsleistung/-zeit er welche Funktion unterstützt. Diese Erfassung dauerte je Mitarbeiter rund eine halbe bis eine Stunde, stellte also im Gegensatz zu aufwändigen Aufschreibungen keine Zusatzbelastung dar. Erfahrungen haben gezeigt, dass die Qualität der erhobenen Daten durch Schätzung nicht schlechter ist als durch langwierige Aufschreibungen verbunden mit dem anschließenden Auswerteaufwand. Vor der Erfassung ist deutlich zu machen, dass nur in ganzen Prozentanteilen erfasst wird. Bei siebeneinhalb h/Arbeitstag und fünf Arbeitstage pro Woche entspricht ein Prozent gerade einmal

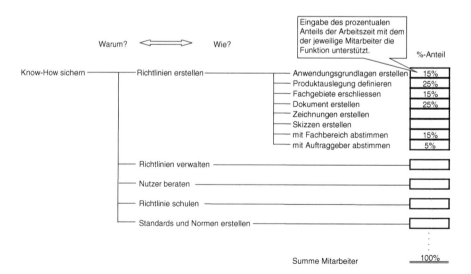

Abb. 7.43 Auszug aus der Funktionengliederung mit Spalte zur Aufwanderfassung

22,5 Minuten. Prozentbruchteile zu schätzen macht also keinen Sinn. Darüber hinaus sollte man sich über den Mindestbetrag eines Schätzwertes einigen. Ob die Mitarbeiter ihre Arbeitsinhalte je Arbeitswoche, -monat oder -jahr abschätzen, hängt im Wesentlichen von der Art ihrer Tätigkeit ab. Bei häufig wiederkehrenden Tätigkeiten (z. B. Vertrieb) ist es sinnvoll, auf Basis einer typischen Arbeitswoche die Abschätzung vorzunehmen. Haben die Tätigkeitsinhalte mehr Projektcharakter, empfiehlt sich ein Arbeitsjahr zu reflektieren.

Mit der Durchführung und Auswertung der erfassten Daten ist der in der Organisationseinheit betriebene Aufwand (Anteil Mitarbeiter je Funktion) transparent dargestellt. Im nächsten Schritt ist der Nutzen bzw. Output zu erfassen, die Art und Anzahl der Kostentreiber zu ermitteln. Kostentreiber ist die Größe, die für die Generierung des jeweiligen Aufwandes in der Fachabteilung verantwortlich ist. Für den Aufwand „Aufträge buchen" ist der Kostentreiber „Anzahl der Aufträge" verantwortlich. Je mehr Aufträge in ein System einzubuchen sind, desto mehr Aufwand „Aufträge einbuchen" muss geleistet werden. Für das Erstellen einer Konstruktionsrichtlinie ist das sicher die Anzahl der Konstruktionsrichtlinien (s. o.). Bewegt man sich aber auf die Ebene der Nebenfunktionen, ist die Ermittlung der Kostentreiber schon nicht mehr immer so einfach. Oft ist die Menge der Kostentreiber nicht im System verfügbar und muss in mühsamer Kleinarbeit zusammengesucht werden. Für eine erfolgreiche Analyse ist es aber unabdingbar für jede ermittelte Nebenfunktion auch den durch sie generierten Nutzen/Output zu ermitteln. Es ist wenig aussagekräftig z. B. den Aufwand „Skizzen erstellen" der Anzahl der Konstruktionsrichtlinien gegenüberzustellen. Vielmehr ist es notwendig diesem Aufwand auch den konkret generierten Nutzen/Output, nämlich die Anzahl der erstellten Skizzen im Betrachtungszeitraum, gegenüberzustellen. Als Betrachtungszeitraum ist in der Regel ein Jahr anzusetzen, es wird also der im (Geschäfts-)Jahr in der untersuchten Organisationseinheit angefallene Aufwand mit dem generierten Nutzen/Output verglichen.

Bisher ist der Aufwand in Arbeitszeit (%-Anteil Mitarbeiter oder darauf basierende Personalstunden) erfasst worden. Um bei den Mitarbeitern aber tatsächlich Handlungsbedarf zu wecken und die bestehende Problematik noch deutlicher zu machen, empfiehlt es sich den prozentualen Personalanteil in Kosten zu überführen.

Hierzu teilt man die in der zu untersuchenden Organisationseinheit im Jahr aufgelaufenen Gesamtkosten auf die Anzahl der Mitarbeiter auf. Ein Beispiel ist in Abb. 7.44 beschrieben. Auf der Kostenstelle X sind 850.000 € im Jahr aufgelaufen. Achteinhalb Personen sind mit der Generierung des geforderten Outputs beschäftigt. Demnach müssen die Gesamtkosten in Höhe von 850.000 € auf achteinhalb Personen verteilt werden, entspricht 100.000 €/Person. Hierbei handelt es sich um einen Durchschnittswert pro Person bei dem das individuelle Qualifikation/Einkommen unberücksichtigt bleibt. Wenn sich nun z. B. 1,07 Personen mit „Skizzen erstellen" befassen, kostet das immerhin 107.000 €/Jahr. Der Kostenwert lässt die Mitarbeiter deutlich mehr aufhorchen als die 1,07 Personen/Jahr! Sinn der Funktionenkosten ist es, wie in klassischen Produktwertanalysen, Schwerpunkte aufzuzeigen. Es geht nicht darum exakte Kalkulationswerte herzuleiten!

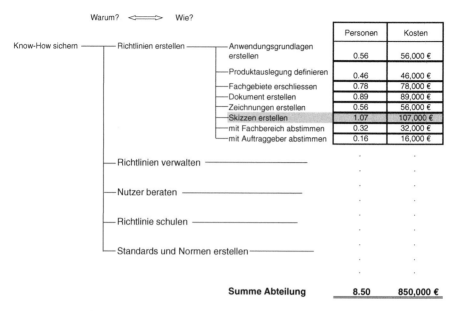

Abb. 7.44 Funktionenkostenermittlung

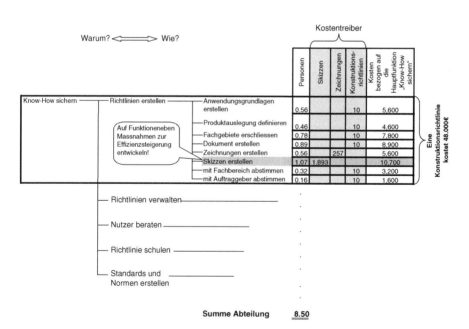

Abb. 7.45 Komplette Auswertung auf der Ebene Kosten pro Hauptfunktion (hier: „Know-how sichern")

7.8.4 Ergebnisse

Hier sind beispielhaft ein paar Ansatzpunkte aufgeführt, die zur Steigerung der Effizienz geführt haben:

- Engere Abstimmung mit Fachbereichen; Regeltermine einführen,
- Übersetzer von Standardtexten arbeiten direkt in die entsprechende Datenbank sowie
- Bessere Systemnutzung durch internen Erfahrungsaustausch.

Die meisten der gefundenen Verbesserungsansätze haben mit Kommunikation und Prozessen zu tun! Verglichen mit Produktwertanalysen kann folgender wesentlicher Unterschied festgehalten werden:

Bei Produktwertanalysen ist es verhältnismäßig einfach den Ist-Zustand umfassend zu beschreiben. Zeichnungen, Kalkulationen sowie Dokumente zur Produkthistorie sind in der Regel ohne weiteres greifbar und beschreiben den Ist-Zustand umfassend. Von dem dargestellten Ist-Zustand zu neuen Lösungsansätzen zu gelangen, erfordert große Anstrengungen und liegt aufgrund des dargestellten Ist-Zustandes nicht zwingend auf der Hand.

Betreibt man Wertanalyse im Overheadbereich, so wird man feststellen, dass die Darstellung des Ist-Zustandes gewissen Aufwand bedeutet. Ist aber der Ist-Zustand transparent dargestellt, liegen die meisten Verbesserungspotenziale auf der Hand.

Bei der Umsetzung der erarbeiteten Verbesserungspotenziale verhält es sich wieder genau umgekehrt. Während eine Produkt- oder Technologieänderung nach Überprüfung der Machbarkeit relativ leicht umzusetzen ist, bedeutet die Umsetzung von Maßnahmen auf der Prozessebene Überzeugungsarbeit zu leisten und die von allen Beteiligten als richtig erkannte Veränderung immer wieder einzufordern.

Die erfolgreiche Umsetzung von Maßnahmen *muss* messbar sein! Es gilt frühzeitig Messparameter zu definieren, deren positive Veränderung eindeutig konkreten Verbesserungen zuzuschreiben ist. Dabei sollten diese Parameter mit geringem Aufwand zu ermitteln sein. Bezogen auf unser Beispiel, die Erstellung von Skizzen, könnte das die Anzahl der zu erstellenden Skizzen sein, die nach engerer Abstimmung mit den beauftragenden Fachbereichen signifikant sinken muss. Die Erfassung der Veränderung der Kostentreiber hinsichtlich Menge und Inhalt (bei konstantem Personalstand) ist einer erneuten Erfassung der Aufwände durch Schätzung der Mitarbeiter wie oben beschrieben zum Nachweis der Effizienzsteigerung auf jeden Fall vorzuziehen.

7.8.5 Erkenntnisse

Nachdem mit der beschriebenen Vorgehensweise inzwischen reichhaltige Erfahrungen gesammelt wurden, können folgende Erkenntnisse als abgesichert gelten:

- Eine belastbare Darstellung des Ist-Zustandes zu erzeugen, ist mit vertretbarem Aufwand möglich.

Die beschriebene Vorgehensweise erlaubt es mit vertretbarem Aufwand die Leistungsströme innerhalb der zu untersuchenden Organisationseinheit transparent zu machen. Die dabei erzielte Genauigkeit reicht vollkommen aus, um das Ziel der Schwerpunktbildung zu erreichen. Alternative Vorgehensweisen wie etwa Aufschreibungen über einen repräsentativen Zeitraum anfertigen zu lassen und dann auszuwerten, bringen keine besseren Ergebnisse!

- Die Transparenz des Ist-Zustandes erzeugt Handlungsbedarf bei den Mitarbeitern.
  Tatsächlich hat die detaillierte Darstellung des Ist-Zustandes zunächst einmal für Überraschung gesorgt. Insbesondere die Bewertung des Personalaufwandes mit realistischen, tatsächlich angefallenen Kosten hat den Mitarbeitern deutlich gemacht, welche hohen Summen sich doch für die Generierung des einen oder anderen Kostentreibers ansammeln.
- Die Auswahl des richtigen Zeitpunktes ist sehr entscheidend für das Ergebnis.
  Den Overheadbereich gemeinsam mit den Mitarbeitern effizienter zu gestalten, ist schwieriger in Krisenzeiten! Wenn die effizientere Gestaltung mehr Durchsatz bedeutet, ist das einfacher zu realisieren als bei einem ausschließlichen Fokus auf geringere Personalkosten.
- Hauptsuchfelder für Verbesserungen sind die Themen „Kommunikation" und „Prozess"!
  Der hauptsächliche Effizienzverhinderer in den Overheadbereichen ist die mangelhafte Kommunikation! Nahezu alle Maßnahmen zur Effizienzsteigerung lassen sich mehr oder weniger auf dieses Thema einhergehend mit dem Thema „Prozesse" zurückführen. Gerade auch im Overheadbereich ist die Gestaltung effizienter Prozesse der Schlüssel zum Erfolg (Wertstrom-Design).
- Ist der Ist-Zustand detailliert bekannt, liegen die möglichen Verbesserungen auf der Hand!
  Der für die Ermittlung des Ist-Zustandes zu treibende Aufwand ist vor dem Hintergrund der zu erzielenden Ergebnisse auf jeden Fall gerechtfertigt. Detaillierte Beschäftigung mit der Ist-Situation generiert Verbesserungspotenzial sozusagen automatisch.

7.9 Supplier Integration: Mit Value Management gemeinsam Werte schaffen – Projekt „Lenkachse"

Martin Kruschel

7.9.1 Das Konzept Supplier Integration

Im Rahmen der fortschreitenden Professionalisierung des Einkaufs wurden wichtige Grundlagen für die Umstellung von der reinen Teilebeschaffung hin zu einem Technologieeinkauf gelegt.

Zur Bewältigung der Herausforderungen einer komplexen deutsch-französischen Post-Merger-Integration und um sich auf veränderte Marktbedingungen einzustellen, wurde die Unternehmensstrategie neu ausgerichtet und die Agenda 2014 verabschiedet. Diese beruht auf den vier Säulen Wachstum, Profitabilität, Internationalität und Kundenzufriedenheit.

Um die Agenda 2014 mit Leben zu füllen, wurde sie auf einzelne Funktionsbereiche heruntergebrochen und es wurde, wie auch im Einkauf, eine eigene Bereichs-Strategie abgeleitet. Somit wurde die aktuell gültige Master Purchasing Strategy geboren, die für das ganze Unternehmen Gültigkeit besitzt. Mit den folgenden fünf Elementen wird die Steigerung der Profitabilität und Wettbewerbsfähigkeit verfolgt:

- Systematisches Lieferantenmanagement
  Optimierung der Lieferantenanzahl und Konzentration auf die leistungsfähigsten Lieferpartner unter Berücksichtigung aller Unternehmensbereiche.
- Standardisierung
  Reduzierung von Spezifikationen und Komplexität zur Kostenoptimierung.
- Optimierung der Wertschöpfungstiefe
  Konzentration auf die Kernkompetenzen durch Make-or-Buy-Entscheidungen sowie Outsourcing-Aktivitäten.
- Lieferantenintegration
  Ausbau der Zusammenarbeit mit System-Lieferanten mit früher und enger Einbindung in den Produktlebenszyklus.
- Best Cost Country Sourcing
  Internationalisierung und Globalisierung. Aufbau eines internationalen Produktions- und Liefernetzwerks.

Zur gruppenweiten Realisierung der Master Purchasing Strategy und um der durch den Merger gestiegenen Komplexität des Einkaufvolumens Rechnung zu tragen, wurde der Einkauf in Form einer mehrdimensionalen Matrix organisiert und mit anderen Funktionsbereichen vernetzt. Somit ist eine standort- und funktionsübergreifend agierende Warengruppenorganisation, die sogenannte *pro*FIT-Organisation, entstanden.

Die operative Umsetzung der Master Purchasing Strategy wurde zusätzlich durch ein Methoden-Portfolio mit mehr als 20 leistungsfähigen Einkaufswerkzeugen unterstützt.

Entsprechend der Master Purchasing Strategy sind die Einkaufswerkzeuge zielgerichtet in drei Hauptinitiativen um das Lieferantenmanagement gruppiert worden: die Lieferantenintegration, das Produktionsnetzwerk und Best Cost Country Sourcing.

Die **Lieferantenintegration** bündelt dabei alle Methoden und Vorgehensweisen zur Integration der Entwicklungs- und Lieferpartner in die Wertgestaltungs-, Wertschöpfungs- und Logistikkette.

Bei der Entwicklung neuer Produkte werden die Lieferanten frühzeitig über sogenannte Konzepttage integriert. Dabei bringen sie ihr Entwicklungs- und Produktions-Know-how mit ein, um die Technologieführerschaft des Kundenunternehmens

Abb. 7.46 Das CLAAS-Einkaufssystem

zu stärken. In dem sich daran anschließenden partnerschaftlichen Entwicklungsprozess lässt der Einkauf nicht, wie in anderen Branchen üblich, den Lieferanten auf sich allein gestellt, sondern optimiert gemeinsam die Produkt-, Prozess- und Kostenstrukturen des Lieferanten. Dabei werden die Methoden des Value Management angewandt. Ziel ist es, den Kundenwünschen mit optimalen Herstellkosten zum Serienstart in jeder Hinsicht gerecht zu werden.

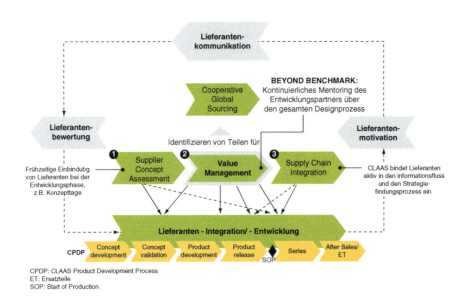

Abb. 7.47 Das Konzept Supplier Integration

7.9.2 Eingliederung des Value Managements im Einkauf

Als die Initiative Value Management gruppenweit eingesetzt werden sollte, musste zunächst geklärt werden, wo die Methodenkenntnis organisatorisch eingegliedert werden sollte. Grundsätzlich ist das Value Management eine funktionsübergreifende Methodik, die Erkenntnisse aus Konstruktion, Produktion, Arbeitsvorbereitung, Einkauf, Kostenrechnung und Verkauf nutzt. Es stellte sich somit die Frage, bei welcher dieser Funktionen das Value Management verankert werden sollte.

Eine Betrachtung der Wertschöpfungs-Verteilung innerhalb der Unternehmensgruppe zeigte, dass ca. 70 % der gesamten Herstellkosten zugekauft werden: der Einkauf verantwortet somit den größten einzelnen Kostenblock.

Aus diesem Grund wurde festgelegt, das Value Management im Einkauf einzugliedern und Spezialisten mit Erfahrungen aus den Bereichen Konstruktion, Arbeitsvorbereitung, Produktion und Kostenrechnung einzusetzen.

7.9.3 Methoden des Value Management

Ziel des Value Managements ist die nachhaltige Optimierung von Kosten und nicht von Preisen. Das Value Management Team fungiert dabei als „interner Berater" für alle relevanten Bereiche der Unternehmensgruppe, wie z. B. den Einkauf, die Entwicklung und die Produktion.

Während beispielsweise über die Entwicklung und die Produktion die Optimierung von eigengefertigten Produkten fokussiert wird, werden über den Einkauf gemeinsame Optimierungsprojekte mit Lieferanten initiiert und durchgeführt.

Grundsätzlich lassen sich drei verschiedene Projekttypen unterscheiden:

1. Wert- und Kostenoptimierungen von Bauteilen und Systemen innerhalb einer Gesellschaft der Unternehmensgruppe
2. Wert- und Kostenoptimierungen von Bauteilen und Systemen über mehrere Gesellschaften der Unternehmensgruppe hinweg (interne Kunden-/Lieferantenbeziehung)
3. Wert- und Kostenoptimierungen von Bauteilen und Systemen mit Lieferanten

In allen Projekttypen finden die Methoden des Value Management Anwendung. Im Besonderen werden drei wesentliche Werthebel zur Beeinflussung von Produktkosten unterschieden:

1. Wertanalyse – Werthebel Technik
   Die Wertanalyse hat zum Ziel, das Design/die Konstruktion/den technischen Aufbau eines Produktes zu hinterfragen und diesbezüglich Optimierungspotenziale zu identifizieren.
2. Zielpreisanalyse – Werthebel Einkauf
   Die Zielpreisanalyse hat zur Aufgabe, die wesentlichen Kostentreiber eines Produktes zu erfassen und so den „wirklichen" Wert eines Bauteils aufzuzeigen bzw. daraus Optimierungspotenziale abzuleiten.

Abb. 7.48 Die drei Werthebel des Value Managements

3. Wertstromanalyse – Werthebel Prozess
   Die Wertstromanalyse (-design) verfolgt das Ziel, den gesamten Wertschöpfungsprozess vom Lieferanten bis zum Verbau-Ort im eigenen Werk zu hinterfragen und Optimierungspotenziale zu identifizieren.

Die drei Methoden werden mit unterschiedlichen Schwerpunkten in den Phasen des Produktentstehungsprozesses eingesetzt. Auch wenn das Produkt in der Serie ist, kann und wird es mit wertanalytischen Werkzeugen bearbeitet.

Die im Unternehmen angewendete Wertanalyse orientiert sich grundsätzlich an der vom VDI empfohlenen Methodik für Wertanalyse.

Es lassen sich aber einige Besonderheiten herausarbeiten:

1. Da sehr häufig Wertanalysen und Projekte mit Externen (Lieferpartnern) durchgeführt werden, wird auf die Bereiche Projektanbahnung, -organisation und incentivierung sehr großen Wert gelegt.
2. Das Wertanalyseobjekt wird neben der klassischen Funktionenkostenanalyse (Handlungsfeld Technik) auch ergänzend auf die beiden Handlungsfelder Einkauf und Prozess analysiert. Diese Vorgehensweise stellt die Anwendung aller drei Werthebel sicher.
3. Bei Projekten mit Lieferanten wird grundsätzlich eine Zielpreisanalyse des Produktes durchgeführt, gleiches gilt auch für Kaufteile in einem internen Projekt. Dadurch wird ein Produkt- und Kostenverständnis im Team sichergestellt.
4. Die Projektworkshops finden grundsätzlich vor Ort beim produzierenden Unternehmen statt, so dass das Analyseobjekt immer greifbar ist.
5. Die Einbindung von Projektbeteiligten aus unterschiedlichen Firmen, Standorten und Funktionen erfordert eine sehr detaillierte, ergebnisorientierte Protokollführung und Realisierungsplanung.
6. Das Value Management Team ist durch die Konzernleitung aufgefordert, permanent die Wirtschaftlichkeit der Aktivitäten aufzuzeigen. Aus diesem Grund wird

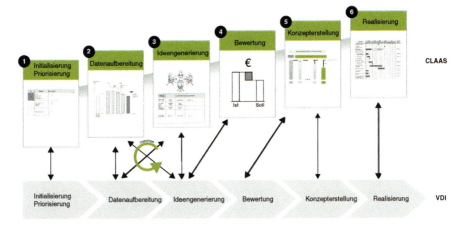

Abb. 7.49 Die Sechs-Stufen-Methodik der Wertanalyse

im Rahmen der Projekte eine sehr detaillierte Bewertung durchgeführt. Hierfür hat sich eine 2-stufige Vorgehensweise bewährt. In der ersten Stufe werden alle Ideen aus den Brainstormings anhand der Kriterien technische Machbarkeit (Ausschlusskriterium), Potenzialerwartung, Realisierungsaufwand und Realisierungsgeschwindigkeit qualitativ bewertet. Die letzten drei Kriterien bilden die Prioritätskennzahl, welche über die weitere Bearbeitung entscheidet.

In der zweiten Stufe werden basierend auf dem Pareto-Prinzip die priorisierten Ideen entsprechend ihres Einsparpotenzials, ihrer Wirtschaftlichkeit und ihres Risikos im Detail bewertet.

Die Detailbewertung wird fortgesetzt, bis genügend Potenzial in der Bearbeitung ist und das definierte Projektziel durch ein Realisierungskonzept sicher erfüllbar ist.

7. Darüber hinaus versteht sich das Value Management Team als interner „Umsetzungsberater". Ein Projekt wird erst beendet, wenn alle Ideen realisiert sind oder sicher durch die Linienorganisation realisiert werden können.

7.9.4 Projekt „Lenkachse"

Als führender Hersteller von Traktoren und selbstfahrenden Erntemaschinen (z. B. Mähdreschern) werden eine Vielzahl an Lenkachsen zum Steuern der Produkte benötigt.

Lenkachsen stellen ein signifikantes Beschaffungsvolumen für die Unternehmensgruppe dar.

Grundsätzlich lässt sich das Lenkachsspektrum anhand der Kriterien „Einbauort" und „angetrieben/nicht angetrieben" unterscheiden und wird von wenigen internationalen Lieferanten geliefert.

Die Herstellkosten der Lenkachsen sind in den vergangenen Jahren permanent gestiegen, weitere Kostensteigerungen waren absehbar. Dieses lag im wesentlichen an steigenden Kosten für Material und Lohn. Durch die somit sinkenden Deckungsbeiträge sah sich die Geschäftsführung veranlasst, die Wertanalyse als innovatives Instrument zur Kostensenkung einzusetzen.

Das Value Management Team wurde beauftragt, in einem gemeinsamen Projekt mit den wesentlichen Funktionsbereichen das gesamte Lenkachsspektrum auf Kostensenkungspotenziale zu untersuchen. Alle Handlungsfelder (Technik, Prozess und Einkauf) waren Projektgegenstand.

7.9.4.1 Projektinitialisierung

In einer der ersten Analysen zur Auswahl des Wertanalyseobjekts wurden alle produzierten Lenkachsen aufgelistet und analysiert. Das umsatzstärkste Produkt wurde gemeinsam als Repräsentant für das Projekt ausgewählt.

Ziel des Projekts war es, durch nachhaltige Maßnahmen die Kostensteigerungen mindestens auszugleichen um somit wieder attraktive Deckungsbeiträge zu erzielen.

Zur Durchführung des Projektes wurde als erster Schritt eine Projektorganisation installiert.

Die Projektleitung wurde durch einen Vertreter des Value Management Teams wahrgenommen, der ein funktionsübergreifendes Projektteam leitete, in dem alle relevanten Funktionsbereiche (Konstruktion, Einkauf, Vertrieb, Produktion etc.) beteiligt waren. Durch die Einbeziehung von weiteren, externen Experten wurde im Bedarfsfall auch der unternehmensübergreifende Know-how-Transfer sichergestellt.

Für wesentliche Entscheidungen berichtete die Projektleitung an den Lenkungskreis, bestehend aus der Geschäftsführung sowie den disziplinarischen Verantwortlichen aus den beteiligten Funktionsbereichen. Die Projektorganisation beinhaltete somit für alle Entscheidungen zusätzlich zur Arbeitsebene zwei Eskalationsebenen.

7.9.4.2 Datenaufbereitung

Die Lenkachse befindet sich bei den selbstfahrenden Erntemaschinen im Gegensatz zum Traktor oder zum PKW im hinteren Bereich des Fahrzeugs. Um die Anforderungen der Endkunden erfüllen zu können, vereint die Lenkachse mindestens folgende Funktionen:

- Maschinengewicht tragen
- Bodenunebenheiten ausgleichen
- Richtungswechsel ermöglichen
- Räder aufnehmen
- Fortbewegung ermöglichen

Abb. 7.50 Beispiel für den Aufbau eines Wertanalyse-Projektteams

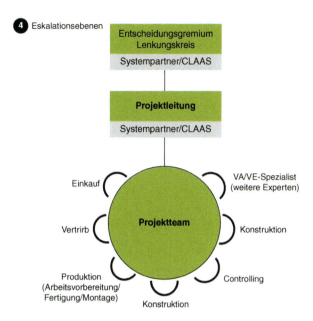

Zur zielgerichteten Analyse wurden alle notwendigen Informationen, wie z. B. das Lasten- und Pflichtenheft, die Stückliste, DIN- und Werksnormen, Konstruktionszeichnungen, der Cost Breakdown und die Lieferantenstruktur, zusammengetragen.

Zunächst wurde die Lenkachse in ihre einzelnen Elemente zerlegt. Um sicherzustellen, dass alle Bereiche zur Potenzialgenerierung betrachtet werden, wurde für jedes Handlungsfeld eine spezifische Analyse durchgeführt:

1. Handlungsfeld Technik – Funktions-/Kostenanalyse
2. Handlungsfeld Prozess – Prozess-/Kostenanalyse
3. Handlungsfeld Einkauf – Einkaufspotenzialanalyse

Die Analyseergebnisse stellten die Grundlage für die Generierung von Potenzialideen dar. Nach dem Pareto-Prinzip wurden in den einzelnen Handlungsfeldern die Projektprioritäten identifiziert und systematisch auf Kostenreduzierungen untersucht.

7.9.4.3 Ideengenerierung und Bewertung

Kern der Ideengenerierung war die aktive Demontage der Lenkachse (Repräsentant) durch das Team. Flankiert wurde diese Vorgehensweise durch das Benchmarking von eigens zu diesem Zweck beschafften Wettbewerbsachsen.

Handlungsfeld Technik - Funktions-/Kostenanalyse

Bauelemente	Maschinengewicht tragen	Bodenunebenheiten ausgleichen	Richtungswechsel ermöglichen	Räder aufnehmen	Fahren ermöglichen	Total
Lenkachse mont.	–	1%	26%	–	6%	33%
Achsschenkel (re./li.)	18%	–	7%	9%	–	34%
Verstellkörper	16%	–	–	–	–	16%
Radnabe	2%	1%	–	1%	–	4%
Lenkachskörper	12%	1%	–	–	–	13%
TOTAL (Wert am Gesamtsystem)	**48%**	**3%**	**33%**	**10%**	**6%**	**100%**

Handlungsfeld Prozess - Prozess-/Kostenanalyse

Bauelemente	Montage	Lackierung	Schweißen	mech. Bearbeitung	Reinigung	Total
Lenkachse mont.	28%	7%	–	–	2%	37%
Achsschenkel (re./li.)	–	–	–	–	–	0%
Verstellkörper	2%	–	13%	–	1%	16%
Radnabe	–	–	–	11%	–	11%
Lenkachskörper	1%	11%	21%	2%	1%	36%
TOTAL (Wert am Gesamtsystem)	**31%**	**18%**	**34%**	**13%**	**4%**	**100%**

Handlungsfeld Einkauf - Einkaufspotenzialanalyse

Bauelemente	Materialwert	Rahmenliefervertrag	Vertragslaufzeit	Stückzahlveränderung in den letzten Jahren?	Abweichung Zielpreisanalyse	Empfehlung zum Global Sourcing
Lenkachse mont.	68%	–	–	+75%	–	nein
Achsschenkel (re./li.)	12%	ja	1 Jahr	+75%	<5%	ja
Verstellkörper	7%	nein	–	+75%	<20%	ja
Radnabe	1%	nein	–	+120%	<40%	ja
Lenkachskörper	12%	nein	–	+75%	<5%	nein

Abb. 7.51 Beispiel einer Datenaufbereitung für die drei Wertanalyse-Handlungsfelder

Darüber hinaus wurden durch das Spezifikationsbenchmarking die Anforderungen aus dem Lasten- und Pflichtenheft mit der konstruktiven Umsetzung verglichen, um übererfüllte Funktionsmerkmale zu identifizieren.

Durch das Design for Manufacturing & Assembly (DFMA) wurden abschließend alle Bauteile auf Substitutions- und Entfeinerungsmerkmale untersucht.

Über den Einsatz der beschriebenen Methoden wurde sichergestellt, dass alle technischen Details jedes Bauteils der Lenkachse hinterfragt wurden. Der Kreativität des Teams waren bei der Generierung von alternativen Ideen, um dieselbe Funktion kostengünstiger zu erfüllen, keine Grenzen gesetzt.

Insgesamt wurden über 100 Ideen aus den Handlungsfeldern Technik, Prozess und Einkauf entwickelt. Mehr als 70 % erwiesen sich als technisch realisierbar.

In der Detailanalyse des Handlungsfeldes Technik ergab sich, dass lediglich 30 % der Ideen sinnvoll bei einem Serienprodukt eingesetzt werden können.

Im Anschluss an diesen Prozess wurden alle Potenziale auf ihre Übertragbarkeit auf das gesamte Lenkachsspektrum untersucht. Dadurch vervielfachten sich die Einsparpotenziale.

Zur Bewertung der Ideen wurde die 2-stufige bereits erwähnte Vorgehensweise herangezogen.

7 Praxisbeispiele

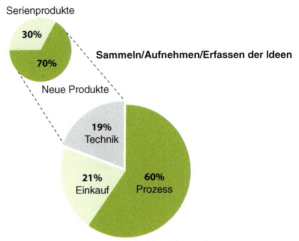

Abb. 7.52 Realisierbarkeit von Ideen für das Handlungsfeld Technik

Im ersten Schritt wurde mittels der Kriterien Potenzialerwartung, Realisierungsaufwand und Realisierungsgeschwindigkeit jede Idee bewertet. Diese Kriterien sind durch einen unternehmensweiten Standard spezifiziert. Das Ergebnis führte zu einer Ideenpriorisierung.

Gemäß dieser Priorisierung wurden im zweiten Schritt alle Ideen in der Reihenfolge ihrer Wertigkeit detailliert auf ihr Einsparpotenzial in Euro, Wirtschaftlichkeit und technisches Risiko untersucht.

Fokus war der Aufbau eines Realisierungskonzeptes zur Erreichung des Projektziels. Aus sich widersprechenden Ideen wurden diejenigen mit dem höchsten Einsparpotenzial ausgewählt. Die verbleibenden Ideen wurden in den Projektideenspeicher übernommen und dienen als Kompensationspotenzial.

Als Resultat der Ideenbewertung konnte ein Gesamtkonzept mit 24 % Einsparpotenzial erstellt werden, welches das Projektziel von 10 % nicht nur erreicht, sondern sogar übererfüllt hat.

7.9.4.4 Realisierung

Für das Gesamtkonzept und die darin enthaltenen Ideen wurden konkrete Realisierungsmaßnahmen definiert und in einem Projektplan unter Nennung von Verantwortlichkeiten und Terminen festgehalten.

Die Abarbeitung des Projektplanes wurde durch regelmäßige Projektsitzungen begleitet und nachgehalten. In sinnvollen Abständen, die sich aus dem Projektverlauf ergaben, wurde der Lenkungskreis über die Projektergebnisse informiert.

Aus dem Gesamtkonzept konnten kurzfristig 15 % an Kostenreduzierungen validiert und realisiert werden. Damit wurde das Projektziel von 10 % bereits übererfüllt. Weitere 9 % an Potenzialen befinden sich in der Umsetzung und werden fortlaufend durch die Linienorganisation bearbeitet.

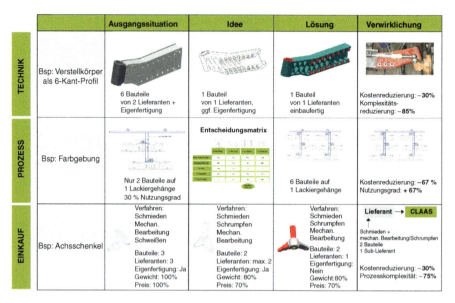

Abb. 7.53 Beispiele für realisierte Wertanalyseideen in den einzelnen Handlungsfeldern des Wertanalyseprojektes

Als weiterer Erfolg des Projektes sind die Auswirkungen auf das gesamte Lenkachsspektrum zu erwähnen. Durch die Übertragung der Potenziale auf andere Achsen konnte eine Portfoliobereinigung realisiert und dadurch die Komplexität um 67 % reduziert werden. Hierdurch war die Umsetzung des Großteils der verbliebenen Potenziale aus dem Handlungsfeld Technik (70 %) möglich.

7.9.5 Zusammenfassung und Ausblick

Die Methoden der Wertanalyse dienen seit vielen Jahren in den Unternehmen dazu Produkte kundenorientiert zu verbessern und Kosten zu senken. Basierend auf der irrigen Annahme, dass die Wertanalyse industrieller Standard und in allen Wirtschaftsbereichen vollständig implementiert ist, haben diese gestalterischen Ansätze lange einen „Dornröschenschlaf" gehalten und wurden als *nicht mehr modern* abgetan. Durch die Komplettierung der Wertanalyse mit flankierenden Methoden aus Einkauf und Prozess zu einem ganzheitlichen Value Management konnte die Bedeutung der Wertanalyse neu herausgestellt werden und erfährt derzeit eine Renaissance.

Da sich in vielen Industrieunternehmen die Wertschöpfungsverteilung in Richtung Lieferant gewandelt hat, ist gerade der industrielle Einkauf gefordert sich dieser Herausforderung zu stellen. Value Management Methoden, gepaart mit einem proaktiven, partnerschaftlich gestalteten Lieferantenmanagement, eingebettet in eine moderne Aufbau- und Ablauforganisation sind bezeichnend für den starken Einkauf der Zukunft.

7 Praxisbeispiele

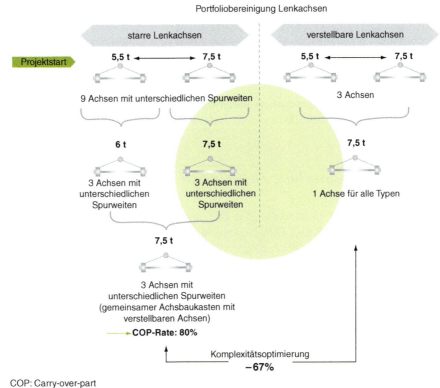

COP: Carry-over-part

Abb. 7.54 Zusatzpotenzial Komplexitätsoptimierung Lenkachsen

Die moderne Einkaufsorganisation kann durch den Einsatz dieser intelligenten Methoden dazu beitragen, den Wert des eigenen Unternehmens nachhaltig zu steigern. Kostensenkende Maßnahmen entlang der Wertschöpfungskette sichern in einem schwierigen konjunkturellen Umfeld die Liquidität und erhalten bzw. steigern demnach die Wettbewerbsfähigkeit.

7.10 Wertanalyse – Headbag-Modul (Kopfairbag)

Wolfgang Bareiß

7.10.1 *Kurzfassung*

Die steigende Ausstattungsquote der Kraftfahrzeuge mit Airbags, die wachsenden Kundenbedürfnisse hinsichtlich Technik, Kosten, Gewicht und ein zunehmender Konkurrenzdruck erfordern vom Unternehmen kostengünstige, marktgerechte und schnell zur Produktionsreife heranwachsende Konzepte. Mit der Methodik der Wertanalyse und einem funktionsübergreifenden Team wurde das bestehende Konzept optimiert und ein neues Konzept, (neue Produktgenerationen) entwickelt und zur Akquisition auf den Markt vorbereitet. Die Herstellkosten konnten durch die neu entwickelten Konzepte reduziert werden. Der Markt honorierte dies mit neuen Aufträgen.

Unterstützt wurde dieses Projekt durch die Firma Sigel Managementmethoden GmbH in 73230 Kirchheim/Teck.

7.10.2 Aufgabenstellung/Zieldefinition

In den 1960er Jahren entstand die Idee eines aspirierenden Airbags und ist heute Stand der Technik. Die Firma TRW begann die Produktion der ersten Airbags in den 1980er Jahren. Der Beginn der Airbagproduktion war für TRW noch ein „Nischenprodukt". Zu dieser Zeit konzentrierte sich der Airbagmarkt noch im Wesentlichen auf die Ausstattung der Fahrzeuge im höheren Marktsegment als Rückhaltesystem für den Fahrer. In den folgenden Jahren zeigte sich der Airbagmarkt als wachsendes Marktsegment. Es erfolgte die Ausstattung der Fahrzeuge im „unteren" Marktsegment, sowie auch die Ausweitung der Rückhaltesysteme im Insassenbereich, wie Beifahrer-Airbag, Seiten-Airbag und des weiteren 1998 die erste Generation Headbag.

In der ersten Generation Headbag – Rückhaltesystem war ein Rohrsystem zur Gaslenkung integriert, um die großflächige Verteilung des Gases zu gewährleisten. Die Ausstattung dieses Produktes war optional und fand nur bei der oberen Mittelklasse und Oberklasse Anwendung.

Die unabhängigen Test- und Verbraucherinstitute erkannten sehr bald den positiven Sicherheitsaspekt vom Headbag als Insassenrückhalteschutzsystem. Die Anforderungen an einen Airbag zum Seitenaufprallschutz sind aufgrund der gegebenen Fahrzeugkonstruktion hinsichtlich Deformation und der daraus resultierenden kurzen Auslösezeit vom Airbag entsprechend hoch.

- Pfahlcrash und Barrierecrash 32 km/h nach EU+US Norm
- Lebensdauer > 15 Jahre
- Füllzeiten < 30 Millisekunden bei Raumtemperatur im kompletten System
- Rollover-Schutz → Rückhaltefunktion über fünf Sekunden
- „Out of Position!" Forderungen einhalten
- Geringes Gewicht und geringer Bauraum

Die Aufgabenstellung an die Neuentwicklung umfasste zusätzlich zum Modul auch das Einbeziehen der Schnittstelle und die Verbindungsteile zum Fahrzeug und zum Dachhimmel. Die Gesetzesforderungen und die Kundenlastenhefte auf dem europäischen und nordamerikanischen Markt mussten sichergestellt werden. Das Erlangen von Wettbewerbsvorteilen auf dem expansiven Markt für die Headbag – Module war ein weiteres Ziel der Firmenleitung. Außerdem galt es eine Reduzierung der

Materialkosten, des Gewichtes, des Bauraumes und eine einfachere Modulmontage zu erreichen. Dies alles bei der Einhaltung eines gesetzten Kostenbudgets und einer Realisierung im definierten Zeitraum.

7.10.3 Prozessablauf der Wertanalyse

Die Markteinführung vom Headbag – Insassenschutzsystem war zu Beginn eine optionale Ausstattung im Kraftfahrzeug. Die Applikation erfolgte sehr häufig in die laufende Serienproduktion (vgl. Abb. 7.55). Der Gestaltungsspielraum der konstruktiven Ausführung des Produktes war dadurch sehr stark eingeschränkt. Auf der Grundlage der ersten Erfahrungen galt es nun ein Produkt für die Zukunft zu gestalten.

Die klassische Variante der Kostenreduzierung der Einzelteile erschien nicht zielführend, da aus Erfahrung der Effekt der Reduzierung zwischen 3–5 % der Herstellkosten liegt. Dem Management wurde mit der Unterstützung der Fa. Sigel die Methode der Wertanalyse mit seiner ganzheitlichen Betrachtung vorgestellt. In einer zweiten Runde wurde mit dem Management die Aufgabenstellung definiert und der Prozessablaufplan entsprechend beschrieben.

Die Zusammenstellung vom Wertanalyseteam erfolgte in abteilungsübergreifender Struktur. Die Auswahl vom Wertanalyseteam sollte die Erfahrung der ersten Entwicklung der Headbagmodule widerspiegeln. Mitarbeitern aus Entwicklung, Fertigungsplanung, Fertigung, Einkauf, Qualitätssicherung, Vertrieb und Finanz wurde vor Projektstart die Methode der Wertanalyse näher gebracht. Die methodische Projektleitung erfolgte durch die Fa. Sigel Managementmethoden. Die fachliche und interne Projektleitung erfolgte durch einen TRW Mitarbeiter aus dem Value Management Team. Die schriftliche Aufgabenstellung für das Wertanalyse-Team war wie folgt:

- Headbagmodul inklusive der Schnittstelle zum Dachhimmel und Fahrzeuganbindung
- Gesetzesanforderungen und Kundenlastenhefte sicherstellen
- Wettbewerbsvorteile auf expansivem Markt

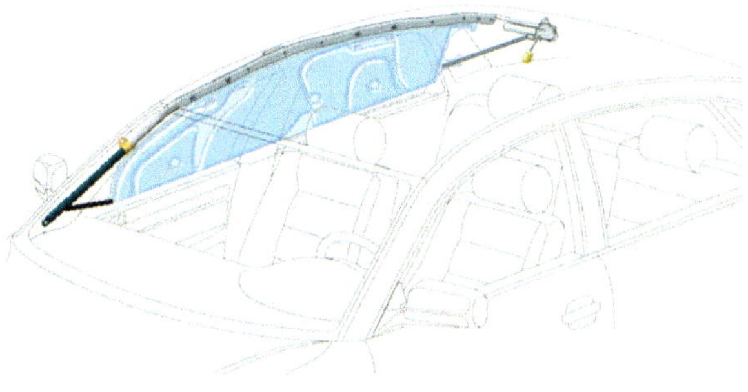

Abb. 7.55 Headbagmodul der ersten Generation

- Reduzierung der Kosten um 18 %
- Einfache Modulmontage

Das Wertanalyse Projekt war bis zur Ergebnispräsentation auf 6 Monate terminiert. Die Durchführung erfolgte in insgesamt 16 Sitzungen. Zu den Sitzungen wurden nach Bedarf und Anforderungen strategische Lieferanten für A-Teile hinzugezogen.

Zu Beginn der Wertanalyse – Sitzungen wurden von verschiedenen Wertanalyseteam – Mitgliedern die entsprechenden „Ist – Daten" wie Konstruktion, Kostenstruktur, Ergebnisse der Benchmark – Untersuchung der Wettbewerber präsentiert. Ziel war es, den Kenntnisstand der Teammitglieder anzugleichen.

Ein Unternehmen kann sich im Wettbewerb umso besser behaupten, je präziser seine Kenntnisse der eigenen Schwächen und der Stärken der Wettbewerber sind. Die Analysen, ob es sich dabei um eine Stärke des Wettbewerbers oder um eine eigene Schwäche handelt, erfolgte in Form einer Ideensammlung. Die Kernfrage dieser Ideensammlung war:

Worauf kommt es bei diesem Produkt an und wie steht im Vergleich der Wettbewerber da?

Die Schwachstellenanalyse (vgl. Abb. 7.56) wurde anschließend noch nach folgenden Gesichtspunkten strukturiert: Design, Montage, Standardisierung, Kosten, Logistik, Kunde, Performance und Applikation. Auf Basis dieser Gesichtspunkte wurden 138 Ansatzpunkte erarbeitet.

Diese wurden dann vom Team beurteilt mit der Bewertung „6" (große Schwäche) bis „1" (keine Schwäche) und der Möglichkeit der Enthaltung. Die Auswertung der erzielten Ergebnisse beschränkte sich darauf, aus den verschiedenen Einzelwerten

	1. Design	**6**	**5**	**4**	**3**	**2**	**1**	**–**
1.1	Nicht vollständiger Verschluss Schuß-Kanal	–	2	2	2	–	–	–	4,0
1.2	Gesamtgewicht	–	–	5	–	1	–	3,5
1.3	Positionierung der Teile zueinander ⇒ Schwer einzuhalten	1	1	3	1	–	–	4,3
1.4	Kordel stört bei neuem Faltprinzip	1	2	1	–	–	2	5,0
1.5	Einbaumaße nicht bis zum Kunden prozeßsicher realisierbar	–	1	3	2	–	–	Clipse geöffnet 3,8
1.6	Zick-Zack-Faltung sehr aufwendig	–	1	4	–	1	–	3,8
1.7	Viele Verbindungsteile (Nieten)	5	1	–	–	–	–	5,8
1.8	Generator/Gaslanze Anbindung	1	1	4	–	–	–	4,5
1.9	Undichtheit Generatorgehäuse ⇒ Performance-Schwankung	–	–	4	–	–	2	Bedingt prozessicher 4,0
1.10	Lage Luftsack / Gaslanze / Schußkanal zueinander				siehe 1.3			

Abb. 7.56 Beispiel einer Schwachstellenanalyse (6=sehr große/1=keine Schwachstelle)

ein Gesamturteil zu bilden. Die ausgewerteten Ergebnisse durch das WA-Team waren Grundlage für die Einschätzung der Bedürfnisse bezüglich Kunde, Unternehmen und für das Produkt.

Für das Airbagmodul wurden vom WA-Team die Funktionen des Insassenrückhaltesystems definiert. Die Funktionengliederung des bisherigen Produktes bildete mit sechs abnehmerorientierten Funktionen und deren Kostenzuordnung, die Basis für die Ansatzpunkte einer zielgerichteten Orientierung für die Funktionenerfüllung.

Anhand der Einschätzung der Funktionenerfüllung und der Kostenschwerpunkte der abnehmerorientierten Funktionen wurde vom Wertanalyse-Team der Ist-Zustand definiert. Die Abweichung der Funktionenerfüllung und die Definition der Kostenschwerpunkte waren die Grundlage zum innovativen Prozess der Ideengenerierung.

Auf Basis der sechs Ideensuchfelder (vgl. Abb. 7.57) generierte das Team 183 Ideen (vgl. Abb. 7.58). In der ersten Grobbewertung der Ideen wurde die Auswahl auf Realisierbarkeit vorgenommen. Dabei wurden 56 Ideen als nicht realisierbar verworfen oder mit anderen Ideen zusammengefasst. In weiteren Teamsitzungen wurde anschließend die Feinbewertung der Ideen nach den Kriterien Wettbewerbsvorteil, Funktionenerfüllung, Kosten und Realisierbarkeit vorgenommen.

Die verbleibenden 87 Ideen wurden als Aufgaben den fachkompetenten WA-Teammitgliedern zur Klärung der Machbarkeit und Kosten zugeordnet. In dieser Definition und Machbarkeitsphase wurden je nach Anforderung auch Lieferanten eingebunden, erste Handmuster gefertigt und geprüft. Die Ergebnisse und die Kostenbewertung der Vorkalkulation oder Anfragen bei Lieferanten wurden im Rahmen

Beispiel Funktionserfüllung Prototypen

lfd. Nr.	Abnehmerorientierte Funktion	Kosten Schwerpunkt	% von Gesamtkosten	Funktionserfüllung < 95%	~95% < 100%	~100%	>100% <105%	>105%	Begründung
1.	Schutzfunktion gewährleisten	⊗	(69,02 %)	⊠		→			Rollover z.Zt. problematisch DIN 201
2	Techn.Daten erfüllen	⊗	(13,42 %)	⊠		→			Forderungen LH's teilweise nicht erfüllt
3	Einbaumaße sicherstellen	⊗	(6,77 %)			⊠ →			Verschluß Schusskanal spez.B5 → Klipse öffnen sich selbständig
4	Montagefreundl. gewährleisten	⊗	(4,59 %)		⊠	→			Verschluß Schusskanal spez.B5 → Klipse öffnen sich selbständig
5	Komfort erfüllen	⊗	(4,59 %)			⊠ →			Unterschiedl. LS-Gewebe
6	Recyclebarkeit gewährleisten	⊗	(1,61 %)				⊠		

Die Funktionserfüllung wird gemessen an:
° Zielsetzung
° Anforderung der Abnehmer bzw. des Marktes

Suchfelder:
° Kostenschwerpunkt ⊗
° Funktionserfüllung ⊠

TRW | Funktionserfüllung/Ideensuchfelder | 21

Abb. 7.57 Kostenschwerpunkt und Funktionserfüllung

➢ **Ideensuchfelder:**

➢ **Ideen:** 183 Ideen gesamt

127 Ideen grob gefiltert

87 Ideen fein gefiltert

➢ **Aktionsblätter:**

➢ **11 Lösungsvorschläge:** bis Serienreife 26 Woche
➢ **15 Lösungsvorschläge:** bis Kundenapplikation 12 Monate
➢ **1 Lösungsvorschlag:** bis Kundenapplikation 18 Monate

Abb. 7.58 Ideensuche und Lösungsvorschläge

der WA-Sitzungen von den Aufgaben-Verantwortlichen dem WA-Team vorgestellt und gegebenenfalls wurden vom Team neue Aktionen definiert. Von diesen 87 Ideen wurden vom WA-Team in den Folgesitzungen insgesamt 27 Lösungsansätze ausgearbeitet und in Aktionsblättern festgehalten. Die Aktionsblätter enthielten neben der Kurzbeschreibung des Vorschlages auch die erforderlichen Investitionen, Ableitung der Kosten (Ist-Zustand zu Soll-Zustand), Einsparungen pro Stück, Kosteneinsparung pro Jahr, Nutzenbetrachtung, Schwachstellenbeseitigung, Realisierungsverantwortung und Realisierungszeit.

Elf Lösungsvorschläge mit einer Umsetzungsdauer von 26 Wochen waren zur sofortigen Umsetzung am Serienmodul geeignet, fünfzehn Vorschläge entsprachen einer mittelfristigen Umsetzung zur Kundenapplikation mit zwölf Monaten. Ein Lösungsvorschlag war aufgrund seiner innovativen technischen Änderung langfristig terminiert. Die Konzeptvorschläge wurden auf die entsprechenden Modulkonzepte und deren Anforderungen abgestimmt. Der Erfüllungsgrad der Leistungsanforderungen und die Rentabilität der Änderungen wurden dargestellt und im geplanten Zeitfenster von sechs Monaten nach Projektstart der Geschäftsleitung präsentiert. Die Konzepte und Lösungsvorschläge wurden auf der Basis der Präsentation vom WA-Team zur Umsetzung durch den Lenkungsausschuss freigegeben.

7.10.3.1 Realisierungsphase

Die Lösungsvorschläge zur sofortigen Umsetzung bei den Serienmodulen wurden unter der Verantwortung der Funktion Value Management Team zur erfolgreichen technischen Freigabe weitergeführt. Die Konzeptfreigabe beinhaltet die technische

7 Praxisbeispiele

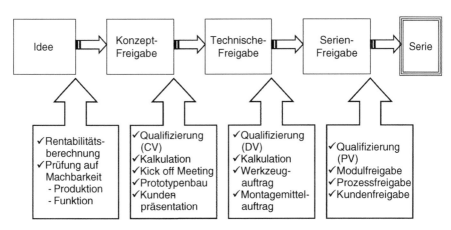

Abb. 7.59 Value Management Prozess bei TRW

Durchführbarkeit, bestätigt durch Grundsatzuntersuchungen und eine Kosten-Nutzen-Betrachtung mit der Amortisationszeit unter zwölf Monate. Nach der technischen Freigabe wurden die Projekte entsprechend dem internen Entwicklungsablauf in einem „Kick-off" Meeting dem Kunden Team zur Umsetzung in die Serie übergeben. Die Erfolgskontrolle erfolgte in den monatlichen Projektstatus-Meetings.

Zur Umsetzung der mittel- und langfristigen Konzepte wurde wiederum auf das zwischenzeitlich in Fach- und Sozialkompetenz erfahrene WA-Team gebaut. Das Team hatte die klare Aufgabendefinition der technischen Umsetzung der Konzepte bis zum Core Design Validation Approval, was der Technischen Freigabe entspricht (Abb. 7.59). Die Projektleitung, Teamleitung mit regelmäßigen Teamsitzungen, Berichtserstellung, Budget- und Terminverantwortung war die Aufgabe eines Mitarbeiters aus der Stabsabteilung.

Zur besseren Effizienz wurde in der konstruktiven Entstehungsphase das Realisierungsteam in ein Kernteam und in ein erweitertes Team strukturiert, da der wesentliche Aufwand zu Beginn der Realisierung in der Produktentstehung lag (vgl. Abb. 7.60). Das Kernteam war zusammengesetzt aus den Bereichen: Entwicklung, Montageplanung, Einkauf und Projektleitung (Value Management). Zu Beginn wurden die Teamsitzungen wöchentlich, dann im 14-tägigem Rhythmus durchgeführt. Je nach Anforderung und Aufgabe konnten Mitarbeiter aus dem erweiterten Team wie Labor, Finanz, Applikation, Vertrieb und Produktion hinzugezogen werden. Aufgrund der strategischen Ausrichtung wurden die Aufgaben und Konzepte in zwei Gruppen eingeteilt. Diese Stufung erfolgte nach den Kriterien der Potentiale, Marktopportunität, Umsetzungsdauer und Investitionen.

In monatlichen Sitzungen zur Erfolgskontrolle mit der Geschäftsleitung stellte der Projektleiter den Projektstatus hinsichtlich Technik, Kosten und Termine vor (Abb. 7.61). Die Konzepte wurden während ihrer Entstehung mit den Lieferanten abgestimmt, kalkulatorisch begleitet und die Erstellung von Prototypen eingeleitet. Die Durchführung der Qualifizierungserprobung erfolgte im Rahmen technischer Spezifikationen und Liefervorschriften. Nach erfolgreicher Qualifizierung zur Kon-

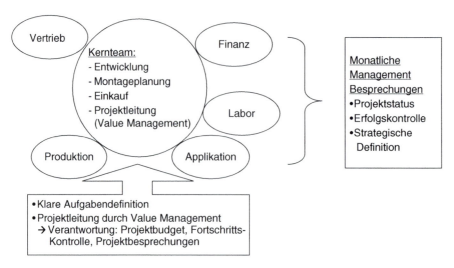

Abb. 7.60 Die Realisierungsphase

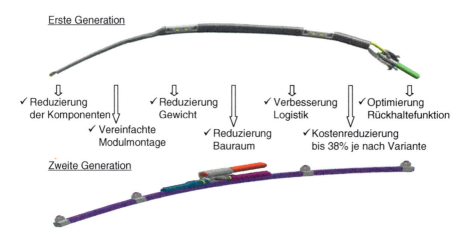

Abb. 7.61 Darstellung Ergebnis Wertanalyse

zeptfreigabe und Core Design Validation (Technische Freigabe) wurde das neue Produkt zur Akquisition an die Kundenteams übergeben.

7.10.3.2 Resümee/Markt

Sechs Monate nach Start der Realisierungsphase im Juni 2000 konnten die ersten Lösungsvorschläge in das Headbagmodul der ersten Generation umgesetzt werden. Für das Ziel der gleichen oder besseren Leistungs- und Qualitätsparametern konnten die Herstellkosten um ca. zwölf Prozent gesenkt werden. Der Kunde belohnte

7 Praxisbeispiele

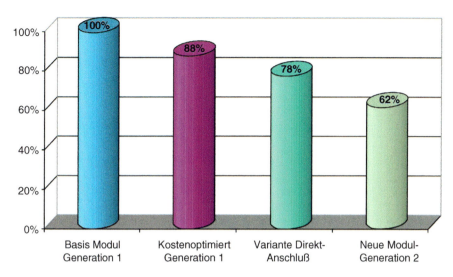

Abb. 7.62 Kostendarstellung

dies mit neuen Aufträgen der ersten Generation Headbagmodule und einer höheren Fahrzeugausstattungsquote (Abb. 7.62).

Die neue Generation der Headbagmodule mit verändertem Design wurde ab April 2001 bei den OEM-Kunden präsentiert. Die Applikation erfolgte in Neufahrzeugen so, dass der Bauraum für das Headbagmodul entsprechend berücksichtigt werden konnte.

Die technischen Anforderungen an das System hinsichtlich Funktion, Alterung und Lebensdauer wurden durch die neue Generation der Module erreicht. Die Füllzeit in der das System seine volle Funktion erreicht, konnte gegenüber der ersten Generation noch verbessert werden, da die konstruktive Auslegung der Gaseinströmung vom Modulanfang auf die Modulmitte gelegt werden konnte.

Die Anforderung des Rollover-Schutzes, welche überwiegend auf dem Nordamerikanischen Markt Bestand hat, wurde mit neuen Ideen am Luftsack kostengünstig und fertigungsgerecht gelöst. Der Rollover-Schutz ist Bestandteil bei einem Fahrzeug – Überschlag. Bei diesem Überschlag wird eine Luftsackstandzeit von mindestens fünf Sekunden gefordert ohne Beeinträchtigung der Rückhaltewirkung. Durch die technische Innovationen und die geringeren Kosten der Headbagmodule konnten auf dem stark umkämpften Airbagmarkt auch Fahrzeuge der unteren Mittelklasse und der Kleinwagenklasse in die Akquise aufgenommen werden. Die Produktion der neuen Generation Headbagmodule ist im Oktober 2003 angelaufen. In 2004 und 2005 sind weitere acht Projekte in Serie gegangen.

Aufgrund steigender Stückzahlen der Headbagmodule waren in der Produktion für das Modul der ersten Generation Investitionen zur Kapazitätserweiterung notwendig. Diese Investitionen wurden zusammen mit der Umsetzung der technischen Optimierungen aus der Wertanalyse ausgelöst. Die Verbesserungsmaßnahmen zur Montage wurden integriert und Zusatzinvestitionen dadurch vermieden.

Innovation Luftsack

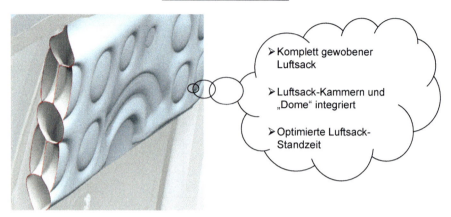

- Komplett gewobener Luftsack
- Luftsack-Kammern und „Dome" integriert
- Optimierte Luftsack-Standzeit

Abb. 7.63 Gewobener Luftsack

Für die innovative Lösung am Luftsack konnte 2002 das Team mit dem TRW Preis (Chairmans Award) ausgezeichnet werden (Abb. 7.63).

7.10.4 Erfolgsfaktoren

Die Produktentstehungsphase der ersten Generation war im Jahr 2000 nahezu abgeschlossen. Die ersten Erfahrungen konnten aus diesem System, als Basis für Neuentwicklungen gezogen werden.

Die Wachstumsphase wurde strategisch erwartet, war aber zum Zeitpunkt der Wertanalyse noch von vorsichtiger Steigung (Abb. 7.64). Der Automatisierungsgrad der Modulproduktion und das vorhandene Investitionskapital war noch gering.

Der Zeitraum der Durchführung der Wertanalyse war aufgrund der bevorstehenden Expansion des Auftragsvolumens noch richtig gewählt. Das abteilungsübergreifende Team war aus fachlicher und aus Sicht der sozialen Komponente gut besetzt. Aus anfänglicher Frustration wurde bei steigendem Projektfortschritt Motivation. Die WA-Teilnehmer lernten sehr schnell mit den bereichsübergreifenden Problemstellungen umzugehen. Die Teammitglieder aus dem Entwicklungsbereich wussten es sehr zu schätzen, dass zu ihren Produkt- und Komponentenentwicklungen nahezu parallel qualifizierte Aussagen zu Kostenstruktur der Komponenten oder Systeme und die Machbarkeit der Montage möglich waren.

Ein sehr wichtiger Aspekt war die Akzeptanz und die volle Unterstützung der Geschäftsleitung zusammen mit den Erfahrungen der Fa. Sigel Managementmethoden in der Wertanalyse. Die klare Zielsetzung, die regelmäßigen Projektbesprechungen mit Fortschrittskontrolle waren weitere Meilensteine zum unternehmerischen Erfolg dieses Wertanalyse Projektes.

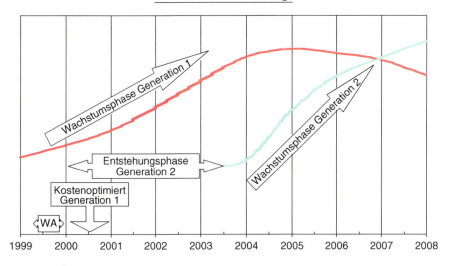

Abb. 7.64 Übersicht der Wachstumsphasen Headbag

7.11 Steigerung des Unternehmenserfolges durch Senkung bestehender und Vermeidung unnötiger Kosten und marktgerechtes Gestalten der Leistung – Erfüllen wir die Anforderungen und Erwartungen des Marktes und der Kunden „so gut wie nötig" und nicht „so gut wie möglich"

Ewald Scherer

7.11.1 Wertanalyseprojekte

Die intensive Beschäftigung mit dem Thema „Wertanalyse" (WA) im Hause ebm-papst St. Georgen begann erst im Jahre 2003 auf Vorgabe der Geschäftsleitung hin. Die ersten kleinen „Wertanalysen" beschäftigten sich dabei zunächst nur mit Kostenuntersuchungen bei erfolgreichen und bei kritischen Produkten. So lernten wir aber sehr schnell den Unterschied zwischen der früheren „Value Analysis" und dem heutigen „Value Management" kennen. Das Verständnis für die Gesamtzusammenhänge wuchs sehr schnell mit der Anzahl der Projekte. Viele der üblichen Managementmethoden waren natürlich bekannt, wurden aber immer sehr isoliert betrachtet und angewandt. Dazu gehören u. a. alle Qualitätsmanagementmethoden, Simultanes Engineering, Benchmark, Konstruktionsmethodik, Projektmanagement, erfolgreiche Teamarbeit, Führungsmethoden, etc.

Abb. 7.65 Das Ergebnis der Wertgestaltung: Vorher – Nachher: Starke Lüfter in neuem Design

Die Aufgabe der Abteilung WA im Hause ebm-papst St. Georgen besteht heute in der Erbringung eines vor jedem Geschäftsjahr gemeinsam festgelegten Einsparungspotenziales.

Highlight der WA war bis heute die Entwicklung eines neuen Lüfters unter wertanalytischen Aspekten bis zur Serienreife, nach den Vorgaben des Lastenheftes, also eine echte Wertgestaltung (vgl. Abb. 7.65).

7.11.1.1 Aufgabenstellung

Grundlage jeder Wertanalyse ist eine ausreichende und vollständige Beschreibung der Aufgabe. In unserem Fall lautet diese eindeutig: „Die Entwicklung eines neuen Lüfters soll wertanalytisch begleitet werden, dass die Bedingungen des Lastenheftes, insbesondere die Herstellkosten, eingehalten werden!" Weitere Bestandteile des Aufgabenblattes müssen sein: Stückzahlen, Aufwendungen, Kosten, Wirtschaftlichkeitsberechnung, Termine und Teammitglieder.

Bei den Teammitgliedern waren die wesentlichen Abteilungen vertreten: Einkauf, Controlling, Vertrieb, Fertigung, Entwicklung und die WA-Experten.

7.11.1.2 Schwachstellenanalyse

Ausgehend von einem ähnlichen, älteren aber vergleichbaren Lüftertyp aus dem eigenen Hause wurde eine erste Schwachstellenanalyse durchgeführt. Es wurden die folgenden Kriterien bewertet von „große Schwachstelle" bis „keine Schwachstelle":

- Anforderungen (hohe Qualitätsanforderungen an Einzelteile – eingeschränkte Lieferantenauswahl),
- Konstruktion/Design (Optik, Geräusch, Design, Rohstoffe, Toleranzen, Elektronik),
- Produktion (Unwucht, Litzenbefestigung, Fertigung, Lüfterbau etc.),
- Konzept (hohe Variantenzahl – geringe Stückzahl).

7.11.1.3 Stärkenanalyse

Diese Analyse wurde mit vergleichbaren Wettbewerbsprodukten von „große Stärke" bis „keine Stärke" im Team bewertet und durchgeführt.

7.11.1.4 Funktionsgliederung

Die anschließende Funktionsgliederung war für alle Teilnehmer Neuland und zugleich spannend, galt es doch, sowohl das „abnehmerorientierte" als auch das „hersteller-, dienstleistungsorientierte" Volumen zu gewichten und die jeweiligen Werte in Euro zu ermitteln. Das Formular ist ohne Werte im Folgenden abgedruckt. Die Reihenfolge der Funktionen auf dem Blatt entspricht nicht der Gewichtung!

7.11.1.5 Funktionserfüllung

Über die Funktionserfüllung, bei der untersucht wird, bis zu wie viel Prozent die abnehmerorientierte Funktion erfüllt ist, gelangt man zur Ideen/Bewertungsliste.

7.11.1.6 Ideen und Bewertungsliste

Wir erarbeiteten für die verschiedenen, abnehmerorientierten Funktionen insgesamt 103 Ideen. Zur Funktion „Luft fördern" wurden z. B. 74 Ideen gesammelt. Zu den anderen Punkten gab es folgende Ergebnisse:

- Design erfüllen: fünf Ideen
- Anschlussmaße gewährleisten: acht Ideen
- Lebensdauer gewährleisten: 13 Ideen
- gesetzliche Vorschriften einhalten: drei Ideen.

Nachfolgend werden exemplarisch drei der 103 Ideen kurz erläutert.
   a) Lüfterrad überarbeiten mit Winglets, bessere Luftleistung, geringeres Geräusch
   Winglets sind die an den Enden der Tragflächen von Flugzeugen angebrachten Anbauten, die die aerodynamische Qualität eines Flugzeugs steigern und den Treibstoffverbrauch bei Verkehrsflugzeugen senken sollen (Internet-Webseite Wikipedia 2011).
   b) andere Flügeloberfläche (Bionik)
   Unter dem Begriff „Bionik" wird im deutschen Sprachgebrauch die Zusammenführung der beiden Begriffe Biologie und Technik verstanden. Bionik ist systematisches Lernen von der Natur. Hauptthema in den Untersuchungen innerhalb dieser Wertanalyse war die Tatsache, dass es nach dem Vorbild der Natur verschiedene Untersuchungen zur Reduzierung des induzierten Strömungswiderstandes inkl. Reduzierung des Geräusches gibt. So besitzen neben den Delphinen z. B. auch viele

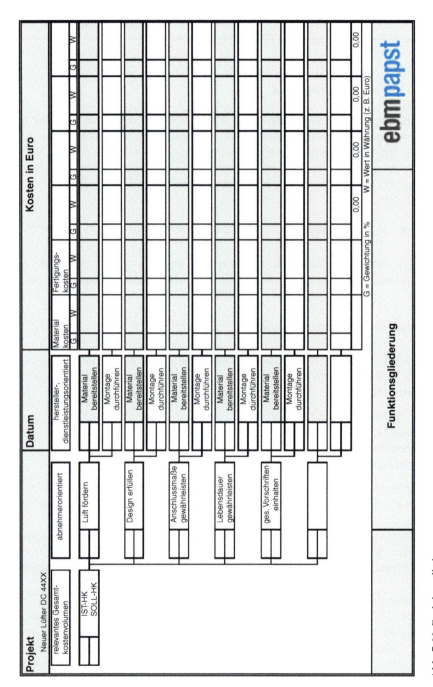

Abb. 7.66 Funktionsgliederung

Abb. 7.67 „Winglets" aus der ebm-papst-Werbung

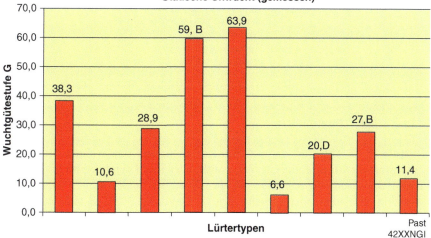

Abb. 7.68 Vergleich mit den Konkurrenzlüftern: Statische Unwucht

schnell schwimmende Fische spezielle Hautstrukturen, die ihnen ein Vorwärtskommen mit möglichst geringem Strömungswiderstand erlauben. Tiefer möchte ich aber an dieser Stelle nicht einsteigen. Das Beispiel soll lediglich zeigen, dass sich auch sehr interessante, neue Wissensgebiete im Laufe einer Wertanalyse auftun, die viele Mitarbeiter begeistern und motivieren können.

c) Urunwucht der Einzelteile reduzieren

Zum dritten Thema, der Reduzierung der Unwucht der Einzelteile, haben wir sehr viele unserer Wettbewerbsprodukte untersucht mit dem für uns ernüchternden Ergebnis, dass wir nicht die Besten waren. Die folgende Tabelle zeigt den Vergleich einiger Rotoren, die wir untersucht haben. Zwei waren tatsächlich besser!

Abb. 7.69 Bewertungsmatrix

BEWERTUNG DER LÖSUNGSIDEEN:

GROBBEWERTUNG:

0 = nicht realisierbar ✚
1 = realisierbar mit wesentlichen Änderungen
2 = realisierbar mit geringfügigen Änderungen

FEINBEWERTUNG:

Kostensenkungspotential „K":
  wesentlich = 6
  kleiner = 3
  kleines = 1

Funktionsverbesserungspotenzial „F":
  wesentlich = 6
  mittlerer = 3
  kleiner = 1

7.11.1.7 Bewertungsmatrix

Mit Hilfe der in Abb. 7.69 dargestellten einfachen, aber sehr wirkungsvollen Bewertungsmatrix wurde eine erste Vorauswahl aller Ideen durchgeführt. Es wurden aus den 103 Ideen insgesamt 77 Aufgaben formuliert und in den 31 Lösungsansätzen/Aktionsblättern niedergeschrieben. Wesentlichen Einfluss auf den Erfolg der Wertanalyse hat in diesem Zusammenhang, das vollständige Ausfüllen und die konsequente Pflege der Aktionsblätter. Dazu gehört natürlich auch die Disziplin der teilnehmenden Teammitglieder.

7.11.1.8 Aktionsblätter, Ergebnisübersicht, Terminplanung und Realisierungsteam Wertanalyse

Zu diesen Punkten kann ebenso gesagt werden, dass die intensive Pflege eindeutig zum Erfolg des Teams und damit der Wertanalyse beiträgt.

7.11.2 Erfolge und Niederlagen

Der größte Erfolg der Wertanalyse bzw. Wertgestaltung war das Erreichen der geforderten Herstellkosten (HK) und die Umsetzung der Vorgaben aus dem Lastenheft

Abb. 7.70 Aktionsblatt Beispiel

im neu entwickelten Lüfter. Die bestehenden HK konnten wie vorgegeben gesenkt werden und die Einschränkungen, welche schon im Vorfeld der Lastenhefterstellung gemeinsam verabschiedet wurden, halfen und helfen uns zukünftig, unnötige Kosten zu vermeiden.

Während der Arbeit in den Teams wurden viele Wettbewerbsuntersuchungen durchgeführt. Das wiederum half uns, die Wünsche des Marktes besser zu analysieren und zu verstehen. So kann ich heute mit Fug und Recht auch behaupten, dass wir das Produkt und die dazugehörigen Leistungen (Entwickeln, Einkaufen, Fertigen, Planen, Analysieren etc.) marktgerechter gestaltet haben.

Nach anfänglicher Skepsis bei einigen Teammitgliedern entstand im Laufe der Zeit eine verschworene Gemeinschaft, die schließlich begeistert und willens war, die gesteckten Ziele mindestens zu erreichen, wo möglich sogar noch mehr zu tun.

Das Denken in Funktionen (die WA-Funktionenanalyse), das disziplinierte Arbeiten an konkreten Themen, die streng geregelte Vorgehensweise (Formulare, Besprechungskultur, Pünktlichkeit, Rücksichtnahme bis hin zum möglicherweise Ändern des persönlichen Verhaltens, Offenheit) mit „ausreichenden Freiheitsgraden" setzte nicht nur sehr viel Kreativitätspotenzial frei, sondern eröffnete den Mitgliedern auch Hilfen und Verbesserungen für ihre persönliche, weitere Arbeitsweise (Zeitersparnis durch planmäßiges Vorgehen, Erstellung einer Wissensdatenbank, Erfahrungsaustausch durch offenen Umgang miteinander etc.).

Zugegeben, der Begriff „Niederlage" ist irreführend aber hier etwas pathetisch zu verstehen: Was wir eindeutig unterschätzt haben, war der zeitliche Aufwand, um so eine komplexe Wertgestaltung in dem vorgegebenen Zeitrahmen durchzuziehen. Wir haben den Zieltermin um genau drei Monate überschritten. Gründe hierfür waren der Mehraufwand für die Vor- und Nachbereitung und Verfolgung der Aufgaben aus den Aktionsblättern und die Tatsache, dass die Teammitglieder im Vorfeld keinerlei Schulung oder Ausbildung zur Wertanalyse erhalten hatten. Bei den kleineren Anfangsprojekten kam als „Niederlage" hinzu, dass die HK zu optimistisch vorgegeben wurden und die vom Vertrieb prognostizierten Stückzahlen nicht eintrafen.

7.11.3 Haben Menschen gestaltet?

Zum besseren Verständnis meiner Erläuterungen zu diesem Thema sei hier noch angemerkt, dass die Firma ebm-papst St. Georgen aus zwei Werken besteht, die räumlich getrennt mit einem zeitlichen Abstand von ca. 70 Minuten Fahrzeit auseinander liegen. Die Hauptverwaltung mit GF, Vertrieb, Entwicklung und Einkauf befinden sich in St. Georgen im Schwarzwald, das Produktionswerk der Lüfter liegt in Herbolzheim in der Rheinebene, etwa 35 km nördlich von Freiburg.

Zur Erreichung gruppendynamischer Wirkungen und einer Wissenserweiterung müssen sich einige Mitarbeiterinnen und Mitarbeiter möglichst abteilungsübergreifend erst einmal zusammensetzen. Nicht jede irgendwie zusammengesetzte Gruppe ergibt ein gut funktionierendes Team im Sinne der Wertanalyse.

Die etwas längere Anlaufphase in unserer Wertgestaltung hatte schlussendlich den großen Vorteil, wenn ein Vertrauensverhältnis der Gruppenmitglieder besteht, denn nur dann werden die erforderlichen Informationen und Wissensstände erfolgreich ausgetauscht.

„Gruppenentwicklung heißt gleichzeitig Persönlichkeitsentfaltung". „Es steht fest in einem Ausmaß, in dem sich Menschen entwickeln, werden sie auch fähiger, sich zu entfalten, wenn sie Mitglieder in einer sich entwickelnden Gruppe sind." (VDI-ZWA 1995)

Die Teammitglieder haben eindeutig „gestaltet", wenn auch die Gestaltungsfreiräume unterschiedlich waren.

7.11.4 Können wir Kunden begeistern?

Wie schon erwähnt, haben wird das angestrebte HK-Ziel erreicht und die Kosten im Vergleich zum IST-Zustand um 35 % reduziert.

Wir haben uns dadurch, wenn auch nur kurzzeitig, Wettbewerbsvorteile verschaffen können. Da aber die Konkurrenz nicht schläft, müssen wir unsere Leistung nicht nur marktgerecht gestalten, sondern ständig verbessern.

Weitere Vorteile, die unsere Kunden auch längerfristig begeistern sollen sind:

- wir werben im Gespräch mit den Kunden mit dem Einsatz von Wertanalyse im Hause.

7 Praxisbeispiele

- durch das Erkennen des Kundennutzens wird die Leistung marktgerechter gestaltet,
- die Einhaltung von internen Regeln wird verbessert, wertanalytisch entwickelte Produkte sind zuverlässiger und werden mit höherer Prozesssicherheit gefertigt,
- durch Zugriff auf die immer umfangreichere Wissensdatenbank werden wir zukünftig schneller

7.11.5 Zusammenfassung und Ausblick

Die Einführung der Methode „Wertanalyse" im Hause ebm-papst hat sich bezahlt gemacht. Die Skepsis zu Beginn, mit den Aussagen: „Was sollen wir noch alles nebenher tun" und „Wieder eine neue Methode dessen, was wir schon kennen" wich irgendwann einer Art Neugier, nachdem die ersten Erfolge bekannt wurden.

Wertanalyse ist aber nur erfolgreich, wenn sie von oben gewünscht und mitgetragen wird. Wir haben die Stelle dem Controlling unterstellt und sind damit sehr erfolgreich.

Wir planen weitere Projekte, die aus aktuellen Problemsituationen heraus entstehen können, aber auch geplante Projekte wie z. B. wertanalytische Untersuchungen von Organisationen und Abläufen (z. B. Gemeinkostenbereiche).

Das Einbeziehen von Lieferantenwissen soll ebenso intensiviert werden wie der Erfahrungsaustausch mit Kunden.

In beiden Werken sollen weitere Mitarbeiter zum Wertanalytiker ausgebildet werden.

Aus dem neu entwickelten Lüfter ist in sehr kurzer Zeit bereits ein Nachfolger entstanden, der viele, in der Wertanalyse entwickelte Vorteile beinhaltet. Der neue Hochleistungslüfter überzeugt nicht nur durch sein gelungenes Design, sondern vor allem durch Leistung. Die beeindruckenden Höchstleistungen resultieren aus der Kombination der neuesten Winglet-Rotortechnologie mit optimaler Motorkühlung.

7.12 Wertorientierte Unternehmensführung: Value Management auf Führungsebene angewendet

Peter Monitor und Jörg Marchthaler

Die Erfahrung im Umgang mit den Grundlagen der Wertanalyse, kombiniert mit dem Grundverständnis des Value Managements zeigt auf, dass die Unternehmensverantwortlichen mit diesen Instrumentarien effektive Hilfsmittel erhalten können. Die Elemente Funktionenbewertung, interdisziplinäre Teamarbeit und Projektsystematik spielen auch bei dieser Vorgehensweise eine zentrale Rolle.

Der wesentliche Unterschied, ist in der Sichtweise und dem Verständnis der richtigen Messinstrumente zu finden. Ausgehend von den Steuerungsinstrumenten des Top-Managements führen die neu definierten Methodenbausteine des Value Designs zu Werkzeugen, die Management, Controlling und Mitarbeiter gleichermaßen verstehen und nutzen können. Im Vordergrund steht ein einheitliches Streben nach Steigerung der Unternehmenswerte.

7.12.1 Potential des Value Managements nutzen

In Zeiten, als die ersten Gehversuche mit der Wertanalyse gemacht wurden, konzentrierte sich die Methode auf reine Kostensenkung und die Bewertung von Produktfunktionen. Den grundlegenden Erfolg, verdankt die Wertanalyse der interdisziplinären Teamarbeit. Um ein effizientes und zielorientiertes Arbeiten der Mitarbeiter zu ermöglichen, wurde seit Beginn entlang eines Arbeitsplans strukturiert vorgegangen. Dieser hat in den wesentlichen Grundzügen noch heute Bestand.

Im Laufe der weiteren Entwicklung wurde die Methode Wertanalyse nicht mehr nur für bestehende Produkte sondern auch für Neuentwicklungen verwendet. Immer mehr Methoden fanden innerhalb des Arbeitsplans Anwendung. Auch wurden Elemente der Wertanalyse, die eigentlich zusammengehörten, getrennt und separat in die Unternehmen gebracht. Dieses Vorgehen erhöhte zwar in manchen Fällen kurzfristig die Unternehmenserfolge, der ganzheitliche Ansatz der Wertanalyse wurde allerdings zerstört.

Fast unbemerkt hat sich die Anwendung der Methode Wertanalyse weiterentwickelt. Die europaweite Zertifizierung-EN 12973- ist nun bereits seit ca. 10 Jahren etabliert (DIN EN 12973 2002). Die „alten" Anwender der Wertanalyse haben neue Betätigungsfelder erhalten und die Einsatzmöglichkeiten der „alten" Wertanalyse wurden aufs Neue getestet.

Nun wurden nicht nur Produkte, sondern auch Unternehmensprozesse, Strategieentwicklungen und Unternehmensgründungsprojekte analysiert und verbessert. Der Übergang von der Wertanalyse zum Value Management wurde beschritten. Der eigentliche Unterschied ist jedoch vielen unklar. 2007 zeigte eine Umfrage bei Unternehmen, die Wertanalyse anwenden, dass mehr als ein Drittel der befragten Personen Value Management als nur die reine englische Übersetzung des Wortes Wertanalyse verstanden (Marchthaler et al. 2008a). Bereits Endes des letzten Jahrhunderts wurde erkannt, dass Value Management deutlich mehr beinhaltet. So vereint es neben der Wertanalyse in klassischer Sicht, also Kosten und Produktivität, auch das Qualitätsmanagement und das Projektmanagement. Ziel ist es, eine Balance zwischen diesen gegenläufigen Größen zu erhalten, um zum richtigen Zeitpunkt, zum richtigen Preis, das richtige Produkt zu liefern (vgl. Abb. 7.71). (Gierse 1998, Ammann 1993).

Diese Ansicht beinhaltet, dass eine Unterscheidung auch durch die Verwendung der Methoden möglich ist. So wird in (Marchthaler et al. 2008b) die Wert-

7 Praxisbeispiele 253

Abb. 7.71 Das Spannungsfeld des Value Managements. (Gierse 1998)

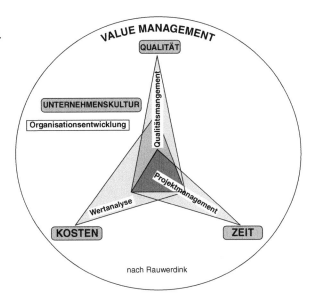

analyse als Kernelement des Value Managements dargestellt. Hierbei umgibt das Value Management die Methode Wertanalyse wie eine Schale und stellt erweiterte Methoden zur Anwendung bereit. Diese können z. B. aus dem Bereich Qualitätsmethoden, Kostenrechnungsmodelle oder Organisationsentwicklungsmethoden stammen.

Gerade im Bereich der Organisationsentwicklung wird der eigentliche Unterschied deutlich. Hier kann eine wertorientierte Unternehmensführung auf Basis des Value Managements entscheidende Vorteile bieten (Monitor 2006). Hierzu muss jedoch die kontroverse Situation zwischen der Sichtweise der Führungsebene und der operativen Ebene bezüglich des Unternehmenswerts genauer beleuchtet werden (vgl. Abb. 7.72).

In der Führungsebene werden Probleme häufig anhand von Kennzahlen identifiziert und bewertet. So wird der Wert des Unternehmens, in der Summe der zukünftigen „Cash-Flows" gemessen. Einfacher ausgedrückt, ist der Wert des Unternehmens so hoch, wie das, was zukünftig in die Kasse kommt. Natürlich steht ein weitaus komplizierterer finanzmathematischer Prozess dahinter. So werden z. B. die „Cash-Flows" abgezinst und ein Fortführungswert für das Ende der Planungsperiode muss ermittelt werden (Haunerdinger und Probst 2005). Die Steuerung des Unternehmens erfolgt durch das Top-Management hauptsächlich über das Controlling. Die technischen Details werden hingegen den hierfür Verantwortlichen überlassen.

Der Value Manager hingegen, hat aufgrund seines historisch bedingten Wertanalysehintergrunds das operative Geschäft viel mehr im Fokus. In der Vergangenheit beschäftigten sich die Anwender von Value Management mit der Produktneuentwicklung über das Kostenmanagement, bis hin zum Produkt-Portfoliomanagement.

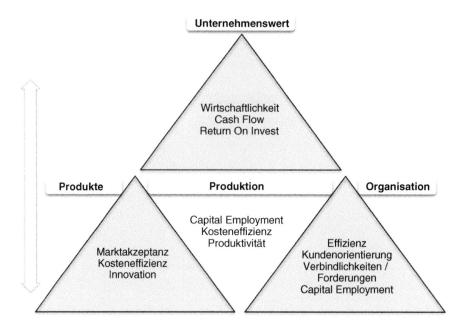

Abb. 7.72 Verbindung TOP Management zur operativen Ebene

Natürlich wurden Marktanalysen, Kundenanforderungen und weitere Umfeldfaktoren für diese Arbeit mit ein bezogen.

Die direkte Unterstützung des Top-Managements war dem Value Manager bisher jedoch nicht möglich. Neben dem gegenseitig fehlenden Verständnis für die jeweiligen Aufgaben, ist die Kommunikation zwischen diesen beiden Parteien von Natur aus recht kompliziert. Häufig werden dieselben Begrifflichkeiten verwendet, die jedoch mit anderen Inhalten belegt sind (Jönsson 2008).

Mit einem besseren Verständnis im Umgang mit Wirtschaftskennzahlen, die in der Bilanz eines Unternehmens dargestellt sind, erhält der Value Manager, ein für das Top-Management neues Instrument, welches sinnvoll zur Unternehmenssteuerung beiträgt.

Bedingt durch das bereits vorhandene Verständnis zur Bewertung von komplexen Problemen, ist der Value Manager in der Lage, nicht produktspezifische Aufgaben anzunehmen. Diese kann er mit seinem Team und der anwendungsneutralen Systematik bearbeiten. Die größte Herausforderung liegt im Verständnis der komplexen Zusammenhänge, die neben den technischen Eigenarten nun betriebswirtschaftliche Grundzüge erhalten.

Die Bewertung der Wertetreiber, insbesondere die Analyse der Bilanz, erfolgt daher gemeinsam mit dem Controlling und dem Management, also den kaufmännischen Experten.

Schließlich gilt es, den Unternehmenswert zu steigern. Hierbei sind nicht nur die finanziellen Ressourcen, sondern auch die Innovationskraft des Unternehmens, im

7 Praxisbeispiele

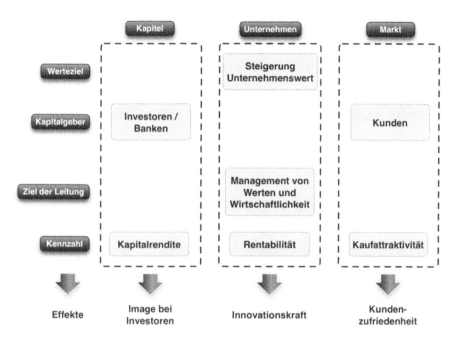

Abb. 7.73 Spannungsfeld der Wertorientierten Unternehmensführung

Auge zu behalten. So beinhaltet die Steigerung des Unternehmenswertes ein ständiges Ausbalancieren des in Abb. 7.73 dargestellten Spannungsfeldes.

7.12.2 Bilanzanalyse mit Value Management

Die Bilanzanalyse zeigt, dass die Unternehmensleitung oft mit der Lösung komplexer Probleme zu tun hat. In den meisten Fällen ist jedoch die positive Wirkungsweise des Value Managements nicht bekannt. Interdisziplinäre Teams kommen nicht zum Einsatz. Auch wird keine Projektsystematik verwendet. Das Ergebnis hieraus ist, dass man häufig auf halbem Weg stecken bleibt.

Diese Situation verspricht ein enormes Potential für ausgebildete Value Management Professionals (PVM). Gemeinsam mit den Controllern des Unternehmens lassen sich komplexe Projekte, die einen interdisziplinären Charakter verfolgen müssen, identifizieren und erste Maßnahmen ableiten.

In Abb. 7.74 ist die Bilanz des Unternehmens aus dem Praxisbeispiel dargestellt. Anhand zweier Beispiele soll gezeigt werden, wie durch kleine Veränderungen der Umgebungsvariablen die Liquidität des Unternehmens schnell negativ beeinflusst wird.

VM Muster Company		Bilanz						
		Augangszustand		Beispiel 1 Organisation		Beispiel 2 Operatives Ergebnis		
Werte in T€								
Lizenzen			250		250		250	
Festes Anlagevermögen (Maschinen etc.)			5.000		5.000		5.000	
Finanzanlagen			150		150		150	
A. Total Anlagevermögen			5.400		5.400		5.400	
Lagerbestand	30 Tage	5.500		45 Tage	8.250	30 Tage	6.000	
Forderungen bis zu 6 Monate	30 Tage	10.000		45 Tage	15.000	30 Tage	10.000	
Bankkonten / Barvermögen		1.367			33		30	
Verschiedenes		0			0		0	
B. Total Umlaufvermögen			16.867		23.283		16.030	
C. Rechnungsabgrenzung, Vorauszahlungen			0		0		0	
TOTAL Vermögen		Aktiva	22.267		28.683		21.430	
Eingetragenes Kapital			1.500		2.750		2.750	
Reserven / Rücklagen			1.250		0		0	
Operatives Geschäftsergebnis aus G u V, EBT			4.800		4.800		1.740	
A. Total Einlagen			7.550		7.550		4.490	
Pensionsrückstellungen			1.000		1.000		1.000	
Steuerrückstellungen			4.800		4.800		1.740	
B. Rückstellungen			5.800		5.800		2.740	
Lieferantenverbindlichkeiten < 6 Monate	35 Tage	6.417		35 Tage	6.417	35 Tage	7.000	
Bankverbindlichkeiten kurzfristig		0		35 Tage,9,5%	6.417	20 Tage,9,5%	4.700	
Bankverbindlichkeiten langfristig	4%	2.500		4%	2.500	4%	2.500	
Verschiedenes								
C. Verbindlichkeiten			8.917		15.333		14.200	
D. Rechnungsabgrenzungen. Einkommen			0		0		0	
TOTAL Verbindlichkeiten und Vermögen		Passiva	22.267		28.683		21.430	
Rahmenbedingung:								
Umsatz p.a.		120 Mio.€		120 Mio.€		120 Mio.€		
Verhältnis Materialeinsatz zu Umsatz:		55%		55%		60%		
EBT		8%		8%		4%		
Zinsaufwand in T€		100		6.517		4.825		
				Lagerbestand steigt		operatives Ergebnis -50%		
				Forderungen steigen		Materialanteil +5% Punkte		
				Zinszahlungen steigen				

Abb. 7.74 Bilanzanalyse eines Musterunternehmens

7.12.2.1 Praxisbeispiel 1: Organisation

Im Folgenden wird nachvollzogen, wie sich der Lagerbestand des Unternehmens um 15 Tage verlängerte. Die Ursache waren mangelhafte Prozessen innerhalb der Logistikkette des Unternehmens. Das Resultat war eine 50 %ige Erhöhung der Kapitalbindung im Bereich fertige Erzeugnisse und Waren um 2,75 Mio. €.

Weiterhin sank die Zahlungsmoral der Kunden. Daraus folgte wiederum, dass die Kundenforderungen um 50 % von 30 auf 45 Tage stiegen. Dies führte zu einem kurzfristigen Kapitalbedarf von weiteren 5 Mio. €. Beide Effekte addiert erhöhten den Liquiditätsbedarf des Unternehmens um 6,4 Mio. Dieser musste in Form von Fremdkapital dem Unternehmen zugeführt werden. Dies wurde jedoch von den Banken nur durch zusätzliche Sicherheiten bewilligt. Durch Umwandlung der Reserven und Rücklagen in Eigenkapital wurden diese erbracht. Dies hatte allerdings zur Folge, dass das Working Capital, also die Differenz der kurzfristig (innerhalb eines Jahres) liquidierbaren Aktiva des Unternehmens über die kurzfristigen Passiva, deutlich sank. Da zunächst die eigenen Mittel aufgebraucht wurden, bevor ein Kredit aufgenommen wurde, entstand aus der Kasse ein Mittelabfluss um den Differenzbetrag von 7,75 Mio. € zu 6,4 Mio. € (1,334 Mio. €).

7.12.2.2 Praxisbeispiel 2: Gestiegene Materialkosten

Im zweiten Beispiel werden die Auswirkungen einer Erhöhung der Materialpreise um ca. 9 % prognostiziert. In diesem Fall bedeutet das eine Anhebung des Materialanteils von 55 % auf 60 % (bezogen auf den Umsatz). Somit entsteht ein um 0,5 Mio. € erhöhter Lagerbestand aufgrund der erhöhten Kosten für Fertigwaren. Wegen der gestiegenen Materialpreise wird, bei konstantem Umsatz, das operative Ergebnis um 2,06 Mio. belastet. Beide Effekte kumuliert, führen zu einer Aufnahme von 4,7 Mio. € kurzfristiger Kredite und somit wiederum zu einer Verlagerung der vorhandenen Reserven in Eigenkapital. Dies führt zu den in Beispiel 1 genannten Effekten. Des Weiteren reduziert sich der Cash-Flow um 1,337 Mio. €.

Die beiden genannten Beispiele zeigen auf, wie durch Szenarien, die in der Praxis täglich vorkommen können, entscheidende Veränderungen in der Finanzierung der Unternehmen auftreten.

Die Gewinne der Unternehmen werden halbiert und Banken bekommen über die nötigen Kredite ein nicht zu unterschätzendes Mitspracherecht. Durch Value Management ist es möglich, die jeweiligen Wertvernichter und Wertbeschleuniger zu identifizieren und geeignete Gegenmaßnahmen frühzeitig einzuleiten.

7.12.3 Mit Value Design Unternehmenswerte steigern

Das Value Management hilft dem Anwender, Unternehmensprobleme zu beurteilen und diese in die richtige Projektdefinition umzusetzen. Um die Übersichtlichkeit des Methodenpools für diesen Bereich zu verbessern, wird eine Differenzierung in folgende Bausteine vorgeschlagen (Abb. 7.75):

Value-Design **G** für die Geschäftsplanentwicklung
Value-Design **L** für die Liquiditätseffizienz
Value-Design **K** für den Bereich Kostensenkung
Value-Design **P** für Produktmanagement
Value-Design **W** für Wachstum

Somit ist es einfach, die entsprechenden Unternehmensbereiche anzusprechen und eine bereichsspezifische Vorgehensweise festzulegen. Dadurch werden bewährte Analyse- und Gestaltungsinstrumente zu neuen Hilfsmitteln der Wertgestaltung.

Die Value Design Methoden basieren auf den bewährten Elementen der Wertanalyse

- Interdisziplinäre Teamarbeit
- Funktionenbewertung
- Projektsystematik
- Berücksichtigung des Umfeldes

Sie beinhalten fach- und bereichsspezifische Vorgehensweisen und sind im Detail auf diese zugeschnitten. Die Zielsetzung ist hierbei, die wertsteigernden Belange der Unternehmensleitung zu berücksichtigen. Dies erfolgt effizient, transparent und bei Bedarf bereichsübergreifend. Eine nachhaltige Wertsteigerung wird durch das

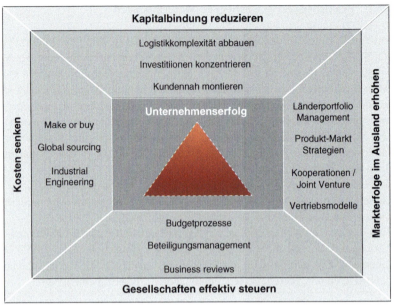

Abb. 7.75 Unternehmenserfolg im nationalen und internationalen Umfeld

Einbeziehen aller erforderlichen Führungskräfte und Mitarbeiter erreicht. In systematischen Arbeitsschritten werden die benötigten Prozesse analysiert.

Nachfolgend soll ein kurzer stichpunktartiger Überblick über die einzelnen Bereiche des Value Designs gegeben werden.

7.12.3.1 Value Design G

Mit Value-Design **G** wird die Ergebnisentwicklung transparent. Die ganzheitliche Unternehmensplanung integriert alle Unternehmenseinheiten und deren Beitrag zur Wertsteigerung

Wertfaktor: Unternehmensentwicklung darstellen

Ziel: Fehlinvestitionen vermeiden
Unternehmen wertorientiert führen

Inhalte:
- Strategische Unternehmensplanung installieren
- Unternehmensentwicklung betriebswirtschaftlich abbilden
- Führungsinstrumente installieren (Dashboard, MbO)
- Auslandsbeteiligungen bewerten
- Integration in den Budgetprozess
- Rechtliche Verpflichtungen einhalten
- Steuerliche Vorteile ausarbeiten

7.12.3.2 Value-Design L

Mit Value-Design **L** werden Strategieportfolios erstellt, die Marktchancen bewertet und die Preisstrategie angepasst

Wertfaktor: Kapitalbindung, Liquidität

Ziel: Cashflow erhöhen

Inhalte:
- Bestandsoptimierung ganzheitlich realisieren
- Kapitalbindung reduzieren
- Forderungs- und Zahlungsmanagement installieren
- Sales and Lease back umsetzen
- Innen- und Außenfinanzierung optimieren

7.12.3.3 Value-Design K

Mit Value-Design **K** werden Kosten gesenkt, die Produktivität gesteigert allgemeine Prozesse optimiert

Wertfaktor: Gewinn und Verluste, Erlöse

Ziel: Herstellkosten senken
Produktivität erhöhen

Inhalte:
- Produktivität bewerten
- Materialeffizienz erhöhen
- Durchlaufzeit verkürzen
- Losgrößen optimieren
- Produktmerkmale mit dem Ziel der Produktionseffizienz bewerten
- Make-or-Buy-Analysen erstellen
- Standortfragen analysieren

7.12.3.4 Value-Design P

Mit Value-Design **P** bei Produktentwicklung und Produkt Management gilt es, Kosten bereits während der Produktentwicklung, zu vermeiden

Wertfaktor: Umsatz, Ergebnisse

Ziel: Deckungsbeitrag erhöhen

Inhalte:
- Produktkosten senken unter Optimierung der Produktfunktionalität
- Variantenvielfalt beherrschen/reduzieren

- Materialeffizienz erhöhen (Rohstoffkosten reduzieren)
- Produkte standardisieren/Modulare Konstruktion (konfigurieren statt konstruieren)
- Integration aller Betroffenen Unternehmenseinheiten/„Projektmanagement mit Involvement"
- Marktgerechte Produktkonzepte erarbeiten (Zielländer, Zielbranchen, Zielkunden, Zielfunktionen)
- Mitbewerber bewerten
- Target Costing einführen

7.12.3.5 Value-Design W

Mit Value-Design **W** werden Strategieportfolios erstellt, die Marktchancen bewertet und die Preisstrategie angepasst. Das Unternehmenswachstum wird systematisch geplant und mit entsprechenden Instrumenten geführt.

Wertfaktor: Kapitalgeber Kunde
Wirtschaftlichkeit

Ziel: Marktanteile ausbauen
Kapitalbindung reduzieren

Inhalte:
- Länder/Regionen hinsichtlich Preisstrategie und Vertriebskosten analysieren
- Produkt Markt Strategie erarbeiten
- Länderportfolioanalyse, Zukunftschancen, geeignete Vertriebsmodelle, bewerten
- Abgabepreisstrategie definieren
- Forderungsmanagement aufbauen
- Steuerungsinstrumente installieren
- Komplexität in der Logistik reduzieren
- Budgetprozesse und Business – Reviews optimieren

Zusätzlich zu den hier aufgeführten Value Design Methoden hat sich der Einsatz der Value Management Denkweise auch zur Vorbereitung und Realisierung von Projekten im Rahmen der internationalen Geschäftsentwicklung bewährt.
Die häufigsten Fragen hierbei:

- Welche Vorteile bringen Auslandsengagements?
- In welchem Land sollte ich investieren?
- Wie hoch sollte mein Engagement sein?
- Kann die Produktqualität gesichert werden?
- Erhalte ich mein investiertes Geld auch zurück?
- Welche Konsequenzen entstehen für meine „Homebase"?
- Welche Rechte habe ich hinsichtlich Gesellschafts-, Steuer-, Lizenzrecht?
- Wie viel Ressourcen bindet mein Vorhaben und was kann im Ausgangsland nicht mehr bewältigt werden?

- Wie bewältige ich die kulturellen Unterschiede?
- Wie löse ich die Führungsprobleme in einer bestehenden Auslandsbeteiligung?

Im Anschluss an die Beantwortung der aufgeführten Fragen werden von einem interdisziplinären Arbeitsteam Vorstudien erarbeitet, welche die Bewertung verschiedener Auslandsengagement beinhalten. Das Hauptziel hierbei ist es rechtzeitig festzustellen, ob die vermeintlichen Vorteile eines Auslandsengagements auch wirklich nachhaltig wirken.

Oft sind Nebenkosten im Ausland höher und verzehren die Lohnkosten- oder Materialkostenvorteile. Auch gilt es, das Produktivitätsniveau und das Qualitätsrisiko in die Bewertung des Vorhabens mit zu integrieren. Nicht zu vergessen sind die Währungsrisiken und die national üblichen Zahlungsgewohnheiten.

Erst wenn hier positive Werte ersichtlich sind, kann weiter fortgefahren werden.

Machbarkeitsstudien im Ausland gehören dann ebenfalls zu den Value Design Inhalten, wie die Positionen Marktanalyse, SWOT, Risikoanalyse und Geschäftsplanentwicklung.

Abhängig von der strategischen Ausrichtung im Ausland werden ähnlich wie im Value Design Modul **G** die Maßnahmen eingeleitet, die zur Umsetzung der definierten Ziele erforderlich sind.

7.12.4 *Zusammenfassung*

Die Aufgaben, die in Verbindung zwischen Top-Management und der operativen Ebene entstehen, können durch das Verständnis komplexer Führungsinstrumente zur Wertorientierten Unternehmensführung hervorragend bewältigt werden. Das Value Management stellt hierfür die benötigten Methoden bereit und unterstützt die Führungskräfte bei der effektiven Bewältigung ihrer Aufgabe, mit dem Ziel eine langfristige Entwicklung des Unternehmenswertes zu erwirken. In interdisziplinären Teams bewältigen erfahrene Value Manager auch produktfremde Projekte.

Die Methoden, die unter dem Namen Value Design ihre Anwendung finden, helfen, mit den Bereichsspezifika klar zu kommen und eine schnelle Umsetzungsakzeptanz zu erzeugen. Die Anwendung von Elementen der Wertanalyse unter dem Schirm des Value Managements, bietet den Unternehmensverantwortlichen auch weiterhin ein effektives und bereichsübergreifendes Hilfsmittel.

Bibliographie

Ammann J (1993) Value Management – Ansätze und Ergebnisse. Textilveredlung 28(11):355–357
DIN EN 12973 (2002) Value Management. Deutsche Fassung EN 12973: 2000 rev. Beuth, Berlin
Eberspach G, Lambrecht D, Pfister W (2000) Ganzheitliche Strategie zur Produktentwicklung. Automobiltechnische Zeitschrift 5:26–29 (Sonderdruck zu System Partners)
Gierse FJ (1998) Von der Wertanalyse zum Value Management. Konstruktion 50(6):35–39

Haunerdinger M, Probst H (2005) Kosten senken, 1. Aufl. Haufe, München

Jönsson S (2008) Ist „Value Management" wertorientierte Unternehmensführung? In: VDI-Gesellschaft Systementwicklung und Projektgestaltung (Hrsg) Wertanalyse Praxis 2008. VDI, Düsseldorf, S 21–32

Marchthaler J, Lohe R, Schwenk C et al (2008a) Wertanalyse und Value Management. In: VDI-Gesellschaft Systementwicklung und Projektgestaltung (Hrsg) Wertanalyse Praxis 2008. VDI, Düsseldorf, S 93–112

Marchthaler J, Wigger T, Lohe R et al (2008b) Innovatives Potenzial von Wertanalyse und Value Management. In: Maschinenbau – MB Revue 2008 Jahreshauptausgabe des Maschinenbau, S. 30–33

Monitor P (2006) Value Management als TOP Führungsinstrument. In: VDI-Gesellschaft Systementwicklung und Projektgestaltung (Hrsg) Wertanalyse Praxis 2008. VDI, Düsseldorf, S 101–108

VDI-Bericht Nr.1896 „Wertanalyse Praxis 2005 – Erfolgreiche Geschäftspartner praktizieren Wertanalyse" (ISBN 3-18-091896-99, S 7–19)

VDI–Richtlinie 2800 (2000) Wertanalyse. Beuth, Berlin

Zentrum Wertanalyse der VDI-Gesellschaft Systementwicklung und Projektgestaltung (VDI-GSP) (Hrsg) (1995) Wertanalyse: Idee-Methode-System. VDI, Düsseldorf (ISBN 3-18-401432-0)

Kapitel 8
Strukturelle Verankerung in Unternehmen und Organisationen

Jürg M. Ammann und Wilhelm Hahn

8.1 Organisatorische Einbindung

Unter VM/WA-Einheit ist im Folgenden die organisatorische Einheit zu verstehen, die mit einer oder mehreren Personen VM/WA ausschließlich oder als Zusatzaufgabe in einer Organisation betreibt. Wie erfolgreich und kontinuierlich VM/WA durchgeführt werden kann, hängt mit davon ab, wie die VM/WA-Einheit in die Aufbau- und Ablauforganisation eingebunden wird.

Früher wurde besonders den mittelständischen Unternehmen empfohlen, eine Stabstelle direkt an die Unternehmensleitung anzubinden. Dies signalisiert

- die hohe Bedeutung von VM/WA im Unternehmen und die Befürwortung durch die Unternehmensleitung,
- die Verantwortlichkeit gegenüber der Unternehmensleitung als Auftraggeber. Es bestehen keine Abhängigkeiten gegenüber Fachabteilungen,
- die Verpflichtung gegenüber dem Unternehmen und Ergebnissen für das Unternehmen. Dies erlaubt einer VM/WA-Einheit Ziele zu verfolgen, die sich für eine einzelne Fachabteilung auch nachteilig auswirken könnten.

In vielen mittelständischen Unternehmen ist eine nahe Anbindung an die Unternehmensleitung realisiert. Allerdings zuweilen mit dem Resultat, dass die VM/WA-Einheit für Sonderaufgaben eingesetzt wird, die im Unternehmen nicht in den Verantwortungsbereich einer Fachabteilung fallen. Oft müssen solche Aufgaben bereichsübergreifend gelöst werden und erfordern Vorgehensweisen, für die es keine Prozesse gibt. Für die VM/WA-Einheit bietet sich die Chance, zu zeigen, dass sich die Arbeitstechniken von VM/WA tatsächlich für unterschiedlichste Problemstellungen eignen. Gleichzeitig besteht jedoch das Risiko, dass sich eine VM/WA-Einheit mit zunehmender Verwendung ihrer Ressourcen für Sonderaufgaben immer weiter von den wertanalytischen Themen entfernt, diese vernachlässigt werden und ein Unternehmen z. B. in der Produktentwicklung in alte Vorgehensweisen zurückfällt.

J. M. Ammann (✉)
ammann projekt management, Karlsruhe, Deutschland

In Großunternehmen ist eine direkte Anbindung der VM/WA-Einheit an den Vorstand eher schwierig, weil die Arbeitsinhalte der Wertanalyse sehr operativ sind im Vergleich zu den üblichen Verantwortungsbereichen eines Vorstandes. Es gibt sehr unterschiedliche Varianten für die Organisation von VM/WA-Einheiten. Sie werden häufig umorganisiert, haben eine hohe Mitarbeiterfluktuation und werden bei Unternehmensreorganisationen zuweilen auch ganz aufgelöst.

Die zunehmende Verbreitung der Matrix- und Projektorganisation hat in den vergangenen Jahren deutlichen Einfluss auf die Organisation und Anbindung der Wertanalyse in Unternehmen gehabt. Unternehmen sind es z. B. heute gewohnt, Entwicklungsprojekte in einer Matrixorganisation bereichsübergreifend und simultan zu bearbeiten mit einem Projektleiter an der Spitze ohne disziplinarische Verantwortung für die Projektmitarbeiter. Diese ausschließlich fachliche Führung funktioniert, weil das Interesse am Erfolg eines Projekts über die persönlichen Zielvereinbarungen der Projektmitarbeiter gesichert wird. Mitarbeiter sind es heute durch die Komplexität der Themen außerdem gewohnt, fachliche Verantwortung auch bereits auf niederen Hierarchieebenen wahrzunehmen und Entscheidungen zu treffen, die nicht mit dem disziplinarischen Vorgesetzten abgestimmt werden müssen. Von einem Projektleiter wird heute erwartet, dass er ein Projekt unternehmerisch führt und leitet, unabhängig davon, ob seine Heimat im Marketing, in der Entwicklung oder im Projektmanagement ist. Es sollte dabei unerheblich sein, wie organisatorisch nahe er an die Unternehmensleitung angehängt ist. Zwar hat sich diese Denkweise noch nicht in jedem Unternehmen gleich weit entwickelt, aber im Vergleich zu früher, als Wertanalyse in Unternehmen erstmalig eingeführt wurde, sind die Zusammenarbeitsmodelle heute deutlich flexibler. Dies gilt auch für die Anbindung der VM/WA-Einheit in einem Unternehmen. Angelehnt an das Beispiel des Projektleiters wird deutlich, dass zwar prinzipielle Voraussetzungen vorliegen sollten, jedoch die Qualifikation und Kompetenz des Wertanalytikers die entscheidende Rolle spielt. Moderation und Koordination von VM/WA-Projekten sowie die Wahrnehmung wertanalytischer Aufgaben und die Weiterentwicklung der Wertanalyse im Unternehmen erfolgen weit mehr über die Kompetenz des Wertanalytikers als über seine hierarchische Stellung und disziplinarische Zuordnung im Unternehmen. Folgende Punkte erleichtern dabei die Arbeit des Wertanalytikers und der VM/WA-Einheit in einem Unternehmen:

1. Konzentration auf die Aufgabe: Das erste VM/WA-Projekt kann vielleicht noch nebenbei geleitet werden, weitere Projekte aber nicht.
2. Fachlich sollte die VM/WA-Einheit weder der Entwicklung noch der Produktion zugeordnet sein. Grund: Zu viele Interessenkonflikte.
3. Anwenden unternehmensweiter Wertanalyse-Standards.
4. Durch Wertanalyse erreichbare Ergebnisse sollten sich in den Unternehmenszielen wiederfinden. Die Verantwortung für die Zielerreichung muss auf die betroffenen Bereiche heruntergebrochen werden und darf nicht ausschließlich bei der VM/WA-Einheit liegen.
5. Ergebnisse aus VM/WA-Projekten müssen Bestandteil eines periodischen Berichtswesens sein, z. B. monatlicher Bericht an das Management.

6. Eine offiziell verabschiedete Jahresplanung für VM/WA-Projekte und erwartete Ergebnisse erzeugt Verbindlichkeit.
7. Die VM/WA-Einheit sollte nicht von wenigen und einzelnen Personen abhängig sein, die vielleicht sogar einen Sonderstatus haben. Eine VM/WA-Einheit muss sich in gewisser Weise operationalisieren, das heißt ihre Leistungen müssen für ihre internen Kunden einen Mehrwert bringen und unverzichtbar werden, z. B. die professionelle Durchführung von Wertanalyse mit Lieferanten als Dienstleistung für den Einkauf. Die VM/WA-Einheit muss sich weiterentwickeln z. B. in ihrer Expertise oder der Durchführung von anspruchsvolleren Projekten. Das steigert das Interesse von Mitarbeitern aus anderen Fachbereichen, die ihre Methodenkompetenz und Projekterfahrung ausbauen möchten. Die Attraktivität lässt sich außerdem steigern, wenn die Qualifikation zum „Wertanalytiker VDI" oder „Professional in Value Management (PVM)" angeboten wird.
8. Erfolge von VM/WA-Projekten müssen im Unternehmen bekannt gemacht werden, um damit Marketing für Folgeprojekte zu betreiben.

In vielen Unternehmen ist der Start mit Wertanalyse schwierig, weil Aufwand und Einfluss der bereichsspezifischen Interessen auf das Projekt unterschätzt werden. Bereits Teilergebnisse werden nicht erreicht, weil sich die Fachbereiche zu früh in den falschen Themen festlegen und darin verlieren. Der Moderator kommt oft intern aus einem der Fachbereiche und kann deshalb die Moderationsaufgabe von seiner fachlichen Verantwortung nicht trennen. Ein nicht lösbarer Konflikt entsteht, weil er zu Beginn vereinbarte Spielregeln selbst nicht einhalten kann. Da eine VM/WA-Einheit zu diesem Zeitpunkt oft noch nicht existiert, empfiehlt sich zur Vermeidung solcher Probleme der Einsatz externer Berater.

8.2 Prinzipielle Voraussetzungen für erfolgreiche Projekte

Bevor eine Organisation oder ein Unternehmen die Entscheidung trifft, eine VM/WA-Einheit aufzubauen, finden in der Regel zuerst einige Projekte statt, um zu überprüfen, ob die Wertanalyse zum Unternehmen passt und die erwarteten Ergebnisse liefert. Diese Projekte werden oft Pilotprojekte genannt und stehen unter besonderer Beobachtung. Gleichzeitig laufen diese Projekte wegen mangelnder Erfahrung mit Wertanalyse und wegen der noch fehlenden VM/WA-Einheit unter besonders schwierigen Bedingungen. Unternehmen beauftragen für die Durchführung oft Mitarbeiter, die gerade erst von einem Grundseminar zurückgekommen sind oder aus früheren Zeiten einige Wertanalysekenntnisse haben. Außerdem werden für die ersten Projekte oft erfahrene externe Berater für die Moderation und auch für fachlichen Input hinzugezogen. Sowohl Auftraggeber für das Projekt als auch Auftragnehmer, also der WA-Moderator, stehen unter hohem Erfolgsdruck. In dieser Situation ist es besonders wichtig, dass sich der WA-Moderator mit den Systemelementen der Wertanalyse auseinander setzt (vgl. Abb. 8.1).

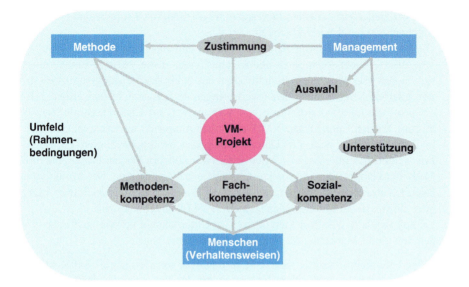

Abb. 8.1 Systemelemente der Wertanalyse als Voraussetzung für den Projekterfolg

Die positive Beantwortung der folgenden Fragen erhöht die Wahrscheinlichkeit für den Projekterfolg:

- Ist das Management involviert und besteht prinzipiell eine positive Grundstimmung/Zustimmung zum Einsatz der Methode Wertanalyse?
- Wurde vom Management ein für die Wertanalyse geeignetes Projekt ausgewählt, das Aussicht auf Erfolg hat?
- Ist seitens des Management mit Unterstützung zu rechnen, beispielsweise bei der Auswahl der Teammitglieder und Festlegung von Anreizen für das Team?
- Sind Methode und Arbeitstechniken der Wertanalyse im Unternehmen, auf Managementebene und im WA-Team ausreichend bekannt?
- Stehen für das WA-Team geeignete Mitarbeiter und Experten mit dem entsprechenden Know-How und der erforderlichen Einstellung für Wertanalyse zur Verfügung?
- Zu den Rahmenbedingungen gibt es mehrere Fragen: Stehen alle erforderlichen Unterlagen zur Verfügung? Sind die Erwartungen hinsichtlich der Ergebnisse realistisch? Sind eventuelle Projektgegner bekannt und gibt es Überlegungen und Maßnahmen, wie diese umgestimmt werden könnten?

Bei jeder nicht mit ja zu beantwortenden Frage ist zu prüfen, wie die Voraussetzungen verbessert werden können. Dies ist wichtig, weil der WA-Moderator auch bei sehr schlechten Voraussetzungen meistens nicht die Möglichkeit hat, ein alternatives Pilotprojekt vorzuschlagen. Die Systemelemente sollten deshalb sehr ernst genommen werden, auch wenn sie fast banal klingen.

8.3 Organisation der Wertanalyse in Großunternehmen

Abbildung 8.2 zeigt die organisatorische Anbindung der Wertanalyse in einem Großunternehmen, wie z. B. bei einem Systemlieferanten in der Automobilindustrie mit unterschiedlichen Geschäftseinheiten (Business Units) für die jeweiligen Kunden.

Jede Business Unit hat ihren eigenen VM/WA-Manager, um die spezifischen Anforderungen der Einheit zu erfüllen. Er berichtet disziplinarisch an die Business Unit und fachlich an einen zentralen VM/WA-Koordinator, der für firmenübergreifende Standards und Prozesse verantwortlich ist. Darüber hinaus gibt es einen Expertenpool bestehend aus z. B. Kostenexperten, Technologieexperten, Methoden- und Moderationsexperten, der allen Business Units zur Verfügung steht. Ein wichtiger Prozess ist die Vereinbarung von jährlichen ergebniswirksamen Zielen mit allen Business Units sowie die periodische Kontrolle der Zielerreichung mit Bericht an den Vorstand. Die Ergebnisverantwortung bleibt dabei in der Business Unit. Bewährt hat sich bei diesem Modell die Benennung eines Mitglieds des Vorstands als VM/WA Executive Sponsor. Er ist Fürsprecher und Ansprechpartner, wenn Unterstützung aus dem Vorstand erforderlich ist. Vorteile dieser Organisationsform sind klare Strukturen, die Entwicklung von Best Practice und Übertragbarkeit auf alle Business Units und der relativ einfache Austausch von Personal zwischen den Business Units bei Ressourcenengpässen.

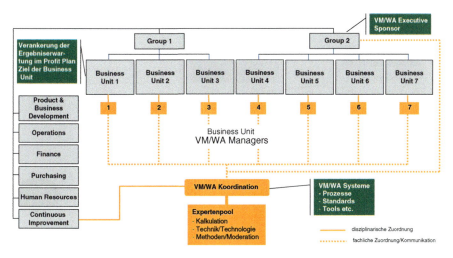

Abb. 8.2 Beispiel der organisatorischen Anbindung der Wertanalyse in einem Konzern. (Quelle: MBtech Consulting GmbH)

8.4 Beauftragung externer Berater

Viele hauptberufliche innerbetriebliche Wertanalytiker arbeiten in ihren Unternehmen und Organisationen wie interne Berater. Oft haben diese Wertanalytiker dabei nicht nur die Moderations- und Koordinationsfunktion sondern sind gleichzeitig Experten in Kosten- und Technologiethemen. Besonders in produzierenden Unternehmen, die selbst Produkte entwickeln, arbeiten sie damit an den Schnittstellen von Marketing, Entwicklung, Einkauf und Produktion. Andere Unternehmen leisten sich diese internen Berater nicht, sondern beauftragen externe Wertanalytiker, um von Zeit zu Zeit spezielle Projekte durchzuführen. Externe Berater werden auch oft für das Training und die Einführung der Wertanalyse mit Pilotprojekten hinzugezogen. Manche Firmen leisten sich auch beides, eine eigene VM/WA-Einheit und hin und wieder die Beauftragung von externen Beratern. Dies hat unterschiedliche Gründe, wie z. B. die Überbrückung von Ressourcenengpässen, die Bearbeitung besonders kritischer Themen sowie Problemen, die nur zum Teil mit der Wertanalysemethodik gelöst werden können und daneben andere Beratungsansätze erfordern. Insofern ist der externe Berater in den wenigsten Fällen als Wettbewerb zum internen Wertanalytiker zu verstehen, sondern ist eine wirkungsvolle Ergänzung. Ein erheblicher Vorteil des externen Beraters ist, dass er die Bereitstellung von Informationen, die Abarbeitung von Aufgaben und die Einhaltung von Terminen wesentlich effektiver einfordern kann als der interne Wertanalytiker und somit die Projektlaufzeit wesentlich verkürzt. Darüber hinaus ist das Einbringen der Erfahrung aus unterschiedlichsten Projekten in verschiedenen Branchen ein großer Vorteil des externen Beraters.

Abbildung 8.3 zeigt die Organisation und Teambesetzung bei einem Wertanalyseprojekt, wie es in der Zusammenarbeit mit einem Beratungsunternehmen und bei

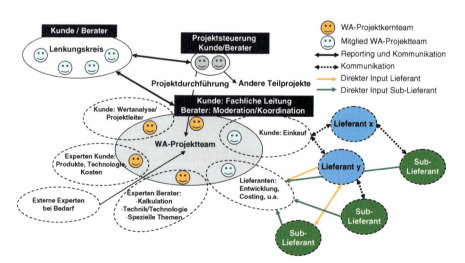

Abb. 8.3 Projektstruktur in einem Wertanalyseprojekt mit Beratungsunterstützung

paralleler Bearbeitung mehrerer Teilprojekte durchgeführt werden kann. Die fachliche Leitung bleibt beim Kunden. Der Berater ist verantwortlich für die Methode, die Moderation von Workshops und die Erreichung der Ziele. Er steuert das Projekt in Absprache mit seinem Auftraggeber und stellt in einem gemeinsamen Lenkungskreis sicher, dass alle erforderlichen Voraussetzungen gegeben sind und Hindernisse gegebenenfalls aus dem Weg geräumt werden.

8.5 Qualifikation und Kompetenzen des Wertanalytikers

Die VDI-Richtlinie 2801, Blatt 1 und 2, definiert den Value Manager/Wertanalytiker wie folgt:

> Der Value Manager/Wertanalytiker ist verantwortlich für die Einführung, Planung, Organisation und Leitung von WA-Aktivitäten in einer Organisation. Er besitzt das Wissen, die Erfahrung und Persönlichkeit, ein WA-Projekt in professioneller Weise zu organisieren, zu führen und zu koordinieren. Er wird durch das Management in diese Funktion berufen und von diesem bei der Bewältigung seiner Aufgaben unterstützt. Er kann hierbei ein Mitarbeiter der Organisation, ein Angestellter oder freier Dienstleister sein. (VDI 2801)

Das Anforderungsprofil basiert im Wesentlichen auf den fünf Kernkompetenzen „Managementkompetenz", „Führungskompetenz", „Soziale Kompetenz", „Fachlich-methodische Kompetenz" und „Persönliche Kompetenz" (vgl. Abb. 8.4). Die Unterschiedlichkeit dieser Kompetenzen und deren Notwendigkeit für die Steuerung von VM/WA-Projekten zeigen deutlich, dass an den Wertanalytiker sehr hohe Anforderungen gestellt werden.

Abb. 8.4 Kernkompetenzen des Wertanalytikers. (Quelle: In Anlehnung an VDI 2801)

Die erforderlichen Kenntnisse und Fertigkeiten des Wertanalytikers in den fünf Kernkompetenzen leiten sich aus den Aufgaben in VM/WA-Projekten ab. Um diese hohen Anforderungen zu erfüllen, muss sich ein Wertanalytiker auch nach seiner Ausbildung aus eigenem Antrieb in folgenden drei Kategorien weiter entwickeln:

1. Wissen (Knowledge), in jeder Hinsicht
2. Fähigkeiten (Skills), Wissen anzuwenden, das heißt Praxiserfahrung
3. Innere Haltung und Einstellung (Attitude) zu VM/WA

8.6 Praxisleitfaden zur Implementierung von VM/WA

Die erfolgreiche Implementierung von VM/WA setzt ein schrittweises Vorgehen und die Schaffung der erforderlichen Rahmenbedingungen voraus. Dazu ist in erster Linie eine Unternehmensführung gefordert, die die Wertanalyse nicht nur als System zur Optimierung der Kosten versteht, sondern auch als Value Management, das heißt als Managementstil der besonders geeignet ist, Unternehmensergebnisse zu verbessern. Dies beinhaltet die Verankerung von VM/WA in der Organisation, die Qualifikation der Beteiligten sowie das aktive Fordern an das Value Management und das Fördern des Value Management. Die in Abb. 8.5 dargestellten sieben Stufen der Implementierung, werden im Folgenden einzeln erläutert.

8.6.1 Ziele vereinbaren

Primär steht die Lösung des Problems im Vordergrund und nicht VM/WA selbst. Die Entscheidungsträger im Unternehmen brauchen Hilfe bei der Lösung ihrer Probleme. Auszuloten ist, ob VM/WA dazu geeignet ist.

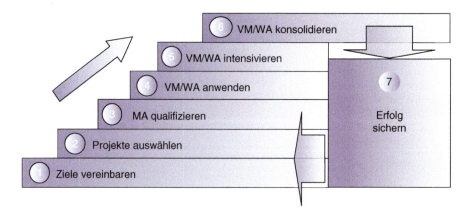

Abb. 8.5 Der VM/WA-Implementierungsprozess

Zur Sensibilisierung der Führungskräfte wird eine Einführung in VM/WA mit dem Ziel durchgeführt, die Beteiligten für VM/WA zu begeistern und von ihnen Projektvorschläge für mögliche Erstprojekte zu erhalten. Diese werden mit der Unternehmensleitung und den verantwortlichen Führungskräften ausgewählt.

8.6.2 Projekte auswählen

Im zweiten Implementierungsschritt beginnt bereits die Anwendung. In einem WA-Projekt sind das die drei ersten Arbeitsschritte des WA-Arbeitsplans:

0. Projekt vorbereiten
1. Projekt definieren
2. Projekt planen

Gemeinsam werden die Projekte ausgewählt, die für das Unternehmen anspruchsvolle Ziele beinhalten, eine hohe Priorität haben und wirtschaftlich umzusetzen sind. Dabei gilt es, die Situation des Unternehmens insgesamt zu berücksichtigen und Potenziale abzuschätzen. Wichtig ist, dass die Aufgaben, die mit VM/WA bearbeitet werden, absolute Priorität für das Unternehmen besitzen. Bei Erstprojekten sollte die Auswahl berücksichtigen, dass es sich vorrangig um Kostensenkung an bestehenden Produkten oder Prozessen handelt. Für Neu- und Weiterentwicklungen sollte eine gewisse Erfahrung vorliegen.

Die ausgewählten Projektvorhaben werden in einem Projektauftrag zusammengefasst und festgeschrieben. Dieser beinhaltet die klare Aufgabe, quantifizierte Ziele und die Rahmenbedingungen, unter denen die Ziele erreicht werden müssen. Projektleiter und Projektteam, Ressourceneinsatz, Vorgehens- und Durchführungszeitplan sind wichtige Vorgaben für die jeweiligen Projektteams.

8.6.3 Beteiligte qualifizieren

Sind die Projekte definiert und liegt der jeweilige Projektauftrag schriftlich vor, kann die Implementierung von VM/WA weitergeführt werden. Der Projektstart erfolgt mit einem Workshop, der zugleich als Kick-Off für das jeweilige Projekt dient. Dabei geht es vor allem um das Sensibilisieren der Beteiligten hinsichtlich VM/WA und darum, sie mit den wichtigsten Methoden bekannt zu machen, die in dem Projekt zur Anwendung kommen. Die Erfahrung hat gezeigt, dass ein gemeinsames Verständnis hinsichtlich VM/WA von entscheidender Bedeutung für den Erfolg der gemeinsamen Projektarbeit ist.

Das Projektteam und die einzelnen Spezialisten sind das erste Mal als Team gefordert und haben die Aufgabe, den vorgegebenen Projektauftrag zu verifizieren und noch vorhandene Unklarheiten mit dem Auftraggeber zu bereinigen.

8.6.4 VM/WA anwenden

Mit diesem Implementierungsschritt beginnt die praktische VM/WA-Arbeit. In einem WA-Projekt sind es die Schritte 3 bis 9 des Arbeitsplans:

3. Umfassende Daten sammeln
4. Funktionen, Kosten, Detailziele
5. Lösungen sammeln und finden
6. Lösungsideen bewerten
7. Vorschläge entwickeln
8. Vorschläge präsentieren
9. Vorschläge realisieren

In dieser Phase ist der Moderator besonders gefordert, das Team an die funktionale und systematische Arbeit heranzuführen und mit gezieltem Einsatz von Methoden Schritt für Schritt zum Ziel zu führen. Nicht zuletzt ist die Erfahrung im Umgang mit den unterschiedlichsten Charakteren und die Steuerung der Verhaltensweisen ein entscheidender Faktor zur Zielerreichung.

Um den Erfolg der Projekte und damit auch den Erfolg der Implementierung von VM/WA zu sichern, ist es wichtig, mit den Entscheidungsträgern im Projektverlauf einen engen Kontakt zu pflegen. Dieser ist einerseits über die einzelnen Meilensteine im Arbeitsplan und andererseits über die permanente projektbegleitende Information und Kommunikation mit den Entscheidungsträgern sicherzustellen. Auch der Austausch von Erkenntnissen am Rande der Projektarbeit ist für das Management sehr hilfreich, weil in Projekten häufig Missstände in nahe liegenden Produkten und Prozessen aufgedeckt werden.

Der wirkliche Knackpunkt im Verlaufe der Projektarbeit ist sicher im letzten Arbeitsschritt die Umsetzung der Ergebnisse von der Theorie in die Praxis. Das bisherige Arbeitsteam muss auch für die Umsetzung der erarbeiteten Lösungskonzepte verantwortlich bleiben. Es ist zuweilen sinnvoll, das Realisierungsteam (temporär) um weitere notwendige Fachkompetenz zu ergänzen (z. B. Betriebsmittelbau, spezielle Produktionsmitarbeiter).

8.6.5 VM/WA intensivieren

Erfolg produziert Erfolg. Sind die im Rahmen der Implementierung der VM/WA durchgeführten Erstprojekte erfolgreich, ist es sinnvoll, die Erfolge nach innen und außen zu kommunizieren.

Aufgetretene Probleme müssen aber ebenso kommuniziert werden wie Erfolge, um aus den gesammelten Erfahrungen lernen zu können (Lessons Learned). Darüber hinaus ist es sinnvoll, weitere Projekte zur Bearbeitung mit VM/WA zu definieren und auch durchzuführen.

8.6.6 VM/WA konsolidieren

In diesem Schritt müssen die im Verlauf der VM/WA-Implementierung gemachten Erfahrungen zusammengefasst und gegebenenfalls vereinheitlicht werden. Dazu gehören zum Beispiel:

- Das Integrieren des Value Management in bestehende oder noch zu definierende Prozesse,
- Das Anpassen der VM-spezifischen wie auch anderer Methoden und Techniken an die Erfordernisse des Unternehmens,
- Das Zusammenführen der Methoden und Techniken des Value Management und Projektmanagement,
- Das Institutionalisieren des Prozesses zur Auswahl von Projekten, die mit Value Management bearbeitet werden.

Dies sind wichtige Voraussetzungen für ein klares und kompaktes Value Management im Unternehmen. Neue Denk- und Verhaltensweisen – vor allem der Führungskräfte – unterstützen den Prozess der Konsolidierung maßgeblich.

8.6.7 Erfolg sichern

Value Management ist nur dann langfristig erfolgreich, wenn dafür auch permanent etwas getan wird. VM/WA ist Bestandteil des unternehmerischen Denkens und leistet einen wesentlichen Beitrag zur Optimierung der Unternehmensergebnisse. Das Potenzial von VM/WA muss dazu bei der obersten Führungsebene bekannt sein. Die Mitarbeiter müssen die Möglichkeit haben, sich in VM/WA aus- und fortzubilden. VM/WA muss im Unternehmen selbstverständlich werden. Die oberste Führungsebene muss durch das ständige Fordern, aber auch das Fördern von VM/WA den erfolgreichen Einsatz sicherstellen.

8.6.8 Empfehlungen

Schaffen Sie die Voraussetzung für ein effizientes Value Management:

- Setzen Sie klare Ziele, fordern Sie Ergebnisse von VM/WA und seien Sie zugleich Förderer von VM/WA
- Stellen Sie Ihre Kunden in den Mittelpunkt, bauen Sie Beziehungen auf und bilden Sie Partnerschaften
- Fördern Sie die Gemeinschaft – schaffen Sie Teams und fördern Sie die Kommunikation

- Setzen Sie den Fokus auf die Funktion der zu erfüllenden Leistungen; dies ist der Schlüssel für innovative und praktische Lösungen
- Schaffen Sie die Voraussetzungen für die systematische Arbeit und einen praxisorientierten Methodeneinsatz.

Bibliographie

VDI 2801, Wertanalytiker/Value-Manager/Wertanalytikerin/Value-Managerin, Blatt 1, Berufsbild, und Blatt 2, Anforderung zur Qualifizierung, Verein Deutscher Ingenieure, Mai 2010

Kapitel 9
Nationale und internationale Einbindung

Daniela Hein und Wilhelm Hahn

9.1 Der Verein Deutscher Ingenieure (VDI)

Daniela Hein

Der VDI als Sprecher der Ingenieure ist mit rund 140.000 Mitgliedern der größte technische Verein Deutschlands. Als unabhängige, gemeinnützige Organisation verbindet er Gesellschaft, Technik und Wissenschaft miteinander. Er ist der zen- trale Ansprechpartner in technischen, beruflichen und politischen Fragen rund um den Ingenieurberuf. Der im Jahr 1856 gegründete Ingenieurverein ist eine gemeinnützige, von wirtschaftlichen und parteipolitischen Interessen unabhängige Organisation.

Über seine wissenschaftlichen Tagungen, VDI-Richtlinien, Studien und Stellungnahmen ist der VDI Wissens- und Meinungsführer in allen ingenieurspezifischen und technischen Fragestellungen. Das Herzstück der technisch-wissenschaftlichen Arbeit sind die zwölf VDI-Fachgesellschaften.

Eine dieser Fachgesellschaften ist die VDI-Gesellschaft Produkt- und Prozessgestaltung (GPP). Die VDI-GPP bietet mit ihren Fachbereichen für alle Branchen abgesichertes Wissen zur Gestaltung von Produkten und Prozessen sowie deren Optimierung bezüglich Qualität, Zeit und Kosten-Nutzenverhältnis.

Dieses Wissen umfasst den gesamten Produktlebenszyklus von Produktidee über Produktentwicklung, Marketing und Service bis hin zum Recycling unter Verwendung optimierter Methoden, Werkzeuge und Systeme inklusive der erforderlichen Informationstechnik. Dies stellt die erfolgreiche Verbindung von Markt und Technik für nachhaltiges Wachstum und Ertrag sicher. Die VDI-GPP – als größte Fachgesellschaft im VDI – bietet eine Plattform für die fachliche Diskussion und Mitarbeit ausgehend vom Stand der Technik über eine kontinuierliche Weiterentwicklung bis hin zu Entwicklungstrends.

Der Fachbereich Value Management/Wertanalyse in der VDI-GPP ist seit 1967 die führende Organisation für die Anwendung, Betreuung und Weiterentwicklung

---

D. Hein (✉)
Verein Deutscher Ingenieure e. V., Düsseldorf, Deutschland
E-Mail: gpp@vdi.de

von Wertanalyse und Value Management im deutschsprachigen Raum. Ein ehrenamtlich besetzter Beirat begleitet als Lenkungsgremium die strategische Planung und Steuerung aller wichtigen Aktivitäten des Fachbereichs. Die Geschäftsstelle ist im Haus des VDI in Düsseldorf angesiedelt.

Weitere Informationen unter www.vdi.de oder www.vdi.de/gpp.

9.2 Aus- und Weiterbildung

Daniela Hein

Nachfolgend wird der Weg von der Ausbildung zum „Wertanalytiker VDI" über das Zertifizierungssystem für den Professional in Value Management (PVM) bis hin zum Trainer in Value Management (TVM) nach der Europäischen Norm EN 12973 „Value Management" und dem Handbuch „Wert für Europa" geschildert (vgl. Abb. 9.1). Die Zertifizierungsstelle-VM der VDI-GPP berücksichtigt hierbei auch die EN 45013, welche Systeme zur Zertifizierung von Personen normiert.

9.2.1 Ausbildung zum Wertanalytiker VDI

Das Ausbildungssystem für Value Management (VM) hat sich seit der Einführung des europäischen Binnenmarkts Ende der 90er Jahre stark verändert und beinhaltet heute auch das Zertifikat „Wertanalytiker VDI".

Die Ausbildung zum Wertanalytiker VDI basiert auf drei Lehrgangsmodulen, die nach EN 12973 zertifiziert und entsprechend den Regeln des European Governing

Abb. 9.1 Qualifizierung zum Wertanalytiker VDI, PVM und TVM. (In Anlehnung an Hahn 2009)

9 Nationale und internationale Einbindung 277

Board of the Value Management Training and Certification System (EGB) durchgeführt werden. Das EGB setzt sich aus Abgesandten der Value Management/Wertanalyse-Organisationen europäischer Länder zusammen.

Die einzelnen Lehrgangsmodule können über das VDI Wissensforum oder bei einem anerkannten und zertifizierten VM-Trainer entweder einzeln oder als Gesamtlehrgang gebucht werden.

Für die Teilnahme an den aufeinander aufbauenden Lehrgangsmodulen müssen folgende Zugangsvoraussetzungen erfüllt sein:

- Zugangsvoraussetzung Modul 1: Für das Modul 1 gibt es prinzipiell keine Zugangsvoraussetzungen. Eine Berufsausbildung oder ein Studium sind jedoch empfehlenswert.
- Zugangsvoraussetzung Modul 2: Teilnahme am VM-Modul 1, die aktive Mitarbeit in mindestens zwei VM/WA-Projekten und eine VM/WA-Projektdokumentation, aus der die Vorgehensweise nach VM/WA klar hervorgeht und in der die Ergebnisse des Projektes dokumentiert sind. Außerdem wird mindestens ein Jahr mit entsprechender Berufserfahrung empfohlen.
- Zugangsvoraussetzung Modul 3: Teilnahme am VM-Modul 2, gegebenenfalls überarbeitete VM/WA-Projektdokumentation.

Das Zertifikat „Wertanalytiker VDI" erhalten die Teilnehmer nach Bestehen einer vierteiligen Prüfung, die während des Moduls 3 durchgeführt wird und neben VM-Wissen auch verschiedene Fähigkeiten überprüft. Der erfolgreiche Abschluss der Lehrgangsmodule 1 bis 3 ist darüber hinaus auch eine der Voraussetzungen für die Zertifizierung zum Professional in Value Management (PVM).

9.2.2 Zertifizierung zum Professional in Value Management (PVM)

Der Professional in Value Management (PVM) ist für den Wertanalyse-Praktiker die konsequente Fortsetzung seiner beruflichen Laufbahn vom Wertanalytiker zum Value Manager.

Für die Zertifizierung zum PVM ist Praxiserfahrung aus der Leitung mehrerer VM/WA-Projekte erforderlich. Die detaillierten und aktuell zu erfüllenden Voraussetzungen sind den Ausbildungs- und Zertifizierungsrichtlinien zu entnehmen, die im Handbuch „Wert für Europa" beschrieben sind. Der Nachweis erfolgt in einem Interview, das Juroren mit dem Antragsteller auf Basis von Projektdokumentationen führen. Die Projekte müssen wesentliche VM-spezifische Methoden und Merkmale enthalten. Nach positiver Beurteilung des Antrags durch die Jury erfolgt die Ausstellung des PVM-Zertifikats durch die VDI-GPP Zertifizierungsstelle. Ein erteiltes PVM-Zertifikat hat vier Jahre Gültigkeit. Danach ist eine Re-Zertifizierung erforderlich, die zunächst durch eine Selbstbeurteilung des Antragstellers anhand eines Logbuches erfolgt und von der Zertifizierungsstelle in einem persönlichen Interview überprüft werden kann.

Mit einem gültigen PVM-Zertifikat und einschlägiger und nachweisbarer Erfahrung als PVM besteht die Möglichkeit, an einem Train-the-Trainer-Seminar teilzunehmen.

9.2.3 Train-the-Trainer-Seminar (TTT)

Das Train-the-Trainer-Seminar für Value Management/Wertanalyse findet alle zwei Jahre statt und wird vom VDI Wissensforum organisiert. Nach erfolgreichem Abschluss des Seminars und dem Erfüllen weiterer Kriterien aus der VM/WA-Praxis und aus der Erwachsenenbildung sind die Voraussetzungen gegeben, eine persönliche Zertifizierung zum Trainer in Value Management (TVM) zu beantragen.

9.2.4 Zertifizierung zum Trainer in Value Management (TVM)

Die Zertifizierung zum Trainer in Value Management (TVM) erfordert neben dem erfolgreichen Abschluss des Train-the-Trainer-Seminars sehr tiefgründige Erfahrung als PVM. Diese muss anhand von Projektdokumentationen belegt werden. Außerdem muss der Antragsteller Erfahrung aus der Gestaltung von Trainings nachweisen können. Eine Expertenjury prüft diese Unterlagen und erteilt die Zertifizierung zum TVM bei positiver Beurteilung nach einem persönlichen Interview.

9.2.5 Seminarzertifizierungen

Ein Trainer in Value Management (TVM) ist berechtigt, jedes der Lehrgangsmodule 1 bis 3 am Markt anzubieten. Die Voraussetzung dafür ist, dass ein Seminar durch die VDI-Expertenjury geprüft und freigegeben ist. Erst dann kann der Trainer für seine Teilnehmer die VDI-Teilnahmebescheinigungen und Zertifikate beantragen. Zusätzlich muss er die Einhaltung der Qualitätsstandards seiner Seminare durch Einreichen von Seminarbeurteilungen der Teilnehmer nachweisen.

9.3 Das europäische Zertifizierungssystem

Wilhelm Hahn

Als 1989 die Wertanalyse-Institutionen in den Ländern der Europäischen Gemeinschaft (EG) mit Unterstützung der EG-Kommission gemeinsame Gremien bildeten, um für den geöffneten europäischen Binnenmarkt vereinheitlichte und gemeinsame Grundlagen für die Wertanalyse in Europa zu erarbeiten, konnte Deutschland seine im wesentlichen im VDI erarbeitete Erfahrung und Ausbildungssysteme für die Wertanalyse gut einbringen. Im Jahr 1999 erschien die europäische Norm EN 12973 „Value Management" zunächst in Englisch und im Jahr 2000 in deutscher Übersetzung mit einer erweiterten Sicht auf VM/WA und vielen neuen Impulsen. Etwa zeitgleich zum Erscheinen dieser Norm wurde auch das neue europäische Ausbildungs- und Zertifizierungssystem im Handbuch„Wert für Europa" veröffentlicht und für die Mitgliedsländer des European Governing Board of the Training and Certification System (EGB) verbindlich. Die Mitgliedsländer verpflichteten sich, das neue System innerhalb einer kurzen Übergangszeit einzuführen. In Deutschland wurde es im Jahr 2000 eingeführt.

9.3.1 CertBoard VM, die Zertifizierungsstelle für Value Management

Das europäische Ausbildungs- und Zertifizierungssystem des EGB unterscheidet zwischen den nationalen Organisationen für VM/WA in einem Mitgliedsland und der Zertifizierungsstelle in einem Mitgliedsland. So kann es in einem Land mehrere VM/WA-Organisationen geben, jedoch nur eine offizielle Zertifizierungsstelle für Value Management. Die Zertifizierungsstelle muss dabei ein von einer Wertanalyseorganisation unabhängiges Organ sein, um keinen Interessenskonflikten ausgesetzt zu sein. In Deutschland ist die Zertifizierungsstelle das so genannte CertBoard VM (vgl. Abb. 9.2). Das CertBoard VM ist ein eigenständiges Organ und wird von der VDI-GPP unterstützt. Der Vorsitzende berichtet direkt an die Geschäftsführung der VDI-GPP. Es informiert gleichzeitig den Fachbereich VM/WA regelmäßig über die Aktivitäten hinsichtlich Zertifizierungen, Änderungen im Trainingssystem und

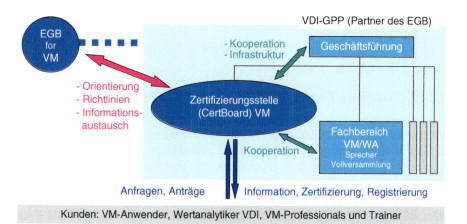

Abb. 9.2 Einbindung der unabhängigen Zertifizierungsstelle für Value Management in die VDI-GPP

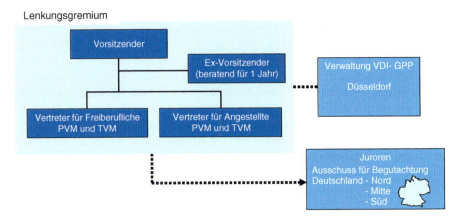

Abb. 9.3 Struktur der Zertifizierungsstelle (CertBoard) für Value Management

Beschlüssen des EGB. In den Mitgliedsländern des EGB ist es üblich, dass der Vorsitzende einer nationalen Zertifizierungsstelle gleichzeitig auch der offizielle Delegierte dieses Landes im EGB ist. Der offizielle Delegierte hat bei Entscheidungen ein gewichtetes Stimmrecht, das angelehnt ist an die Bevölkerungszahl eines Landes. Ein Land kann neben dem offiziellen Delegierten zusätzlich bis zu zwei Beobachter ohne Stimmrecht in EGB Mitgliederversammlungen senden.

Das CertBoard VM ist ein vom Fachbereich VM/WA unabhängiges Organ innerhalb der VDI-GPP und hat neben dem Vorsitzenden einen Vertreter für Freiberufliche und einen Vertreter für Angestellte Professional in Value Management (PVM) und Trainer in Value Management (TVM). Daneben gibt es einen Ausschuss für Begutachtung, auch Jury genannt, um Anträge auf Zertifizierungen zu bearbeiten. Die Zertifizierungsstelle hat sich und ihre Aktivitäten in Anlehnung an die EN 45 013 (Allgemeine Kriterien für Stellen, die Personal zertifizieren) organisiert.

Unterstützung des CertBoards hinsichtlich Infrastruktur wie Dokumentation, Erfassung und Ausstellung von Zertifikaten erfolgt durch Mitarbeiter der VDI-GPP (vgl. Abb. 9.3).

9.3.2 European Governing Board (EGB) für Value Management

Ein wesentlicher Vorteil des europäischen Ausbildungssystems ist bei der zunehmenden internationalen Verflechtung von Unternehmen und Prozessen das gemeinsame Verständnis zur Qualifikation des Wertanalytikers/Value Managers, die über das Zertifikat PVM dokumentiert wird. Einerseits kann ein Unternehmen von einem PVM eine vorhersagbare und qualifizierte Leistung in einem VM-Projekt erwarten und andererseits garantiert ein PVM durch eine abgeschlossene und standardisierte Ausbildung dem Unternehmen für diese Leistung. Ein weiterer Vorteil für den angehenden PVM ist, dass in einem Mitgliedsland geleistete Ausbildungseinheiten von den übrigen Mitgliedsländern anerkannt werden, so dass bei einem Ortswechsel eine in einem Mitgliedsland begonnene Ausbildung in einem anderen Mitgliedsland problemlos fortgesetzt werden kann. Dies wird unter anderem ermöglicht durch die Lernziele, welche in „Wert für Europa" für die einzelnen Ausbildungsmodule festgelegt sind.

Das EGB war nach seiner Gründung um die Jahrtausendwende zunächst ein informelles Gremium. Seit Juni 2004 ist es eine offiziell eingetragene Organisation nach französischem Recht mit Sitz in Paris. Die Auswahl von Paris als Sitz hat dabei eher pragmatische Gründe wie z. B. die Verwaltung der Finanzen des EGB durch den französischen Delegierten zum Zeitpunkt der Gründung und die Nähe zum Comité Européen de Normalisation (CEN) in Paris. Das EGB hatte im Jahr 2010 neun Mitgliedsländer, davon die Länder Belgien, Deutschland, Frankreich, Italien, Österreich, Portugal, Spanien und das Vereinigte Königreich als Gründungsmitglieder und die Niederlande seit dem Jahr 2004 als neu aufgenommenes Mitgliedsland (vgl. Abb. 9.4). Für eine zukünftige Mitgliedschaft interessierten sich Ende 2010 die Länder Tschechien und Ungarn. Da in den meisten Mitgliedsländern die Delegierten im EGB gleichzeitig auch die Delegierten der nationalen Standardisierungsgremien für Value Management Themen im CEN/TC279 sind, findet üblicherweise die Gremienarbeit von TC279 zusammen mit den EGB Besprechungen statt. Dies ermöglicht dem EGB Kontakte mit weiteren europäischen Ländern zu knüpfen und als neue Mitgliedsländer zu werben.

Die Aufgaben des EGB bestehen im Wesentlichen darin, den gemeinsamen europäischen Value Management Standard zu pflegen und weiterzuentwickeln. Dies basiert vor allem auf einem gemeinsamen Ausbildungs- und Zertifizierungssystem und dessen Beaufsichtigung, Qualitätsüberwachung, Weiterentwicklung und Verbreitung in Europa. Darüber hinaus vertritt das EGB die europäischen Länder in globalen Value Management Themen. So wurde beispielsweise im Jahr 2006 mit SAVE International, dem amerikanischen Verband der Wertanalytiker, eine Gegen-

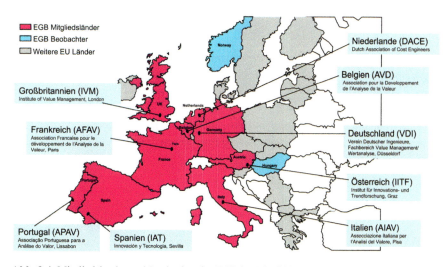

Abb. 9.4 Mitgliedsländer und Beobachter im EGB im Jahr 2010

seitigkeitsvereinbarung geschlossen, um einem zertifizierten PVM die zusätzliche Zertifizierung nach dem amerikanischen System als Certified Value Specialist (CVS) zu erleichtern und umgekehrt. In der Praxis wird von dieser Möglichkeit zwar relativ wenig Gebrauch gemacht, aber es hat den Organisationen geholfen, Gemeinsamkeiten und Unterschiede in den Ausbildungssystemen zu erkennen und gemeinsame Aktionen zu starten. So fand beispielsweise im Herbst 2006 die erste gemeinsam von SAVE International, dem EGB und dem Institut of Value Management (IVM) veranstaltete Tagung mit dem Titel „Delivering Value: Today and Tomorrow" in Brighton, England statt.

Das EGB hat eine einfach aufgebaute Organisationsstruktur, bestehend aus dem Board of Directors mit jeweils einem Delegierten der Mitgliedsländer. Das Board of Directors wählt im dreijährigen Turnus das Council, bestehend aus dem President, einem Vice President Secretary General und, für das erste Jahr einer neuen Periode, dem Past President, das heißt dem Vorsitzenden der letzten Periode (vgl. Abb. 9.5). Die Board of Directors Versammlungen finden ca. zweimal jährlich rotierend in den Mitgliedsländern statt. Die nationalen Zertifizierungsstellen sind dabei die Gastgeber. Das Council stimmt Themen vor und zwischen den Versammlungen ab und trifft sich nur nach Bedarf. Es hat sich bewährt, dass Entscheidungen in der Regel von allen Mitgliedern des Board of Directors gleichberechtigt getroffen werden, und nur bei schwierigen Entscheidungen die unterschiedlichen Stimmrechte der Mitgliedsländer zur Anwendung kommen.

Zu den Versammlungen des EGB werden auch sogenannte Beobachter zugelassen. Diese sind weitere Teilnehmer ohne Stimmrecht aus den Mitgliedsländern sowie Delegierte von Ländern, die noch nicht Mitglied im EGB sind. Damit ist eine Möglichkeit geschaffen, ausgewählte Themen durch die jeweiligen Experten im EGB vorzustellen und neue Länder schrittweise auf die Mitgliedschaft im EGB vorzubereiten.

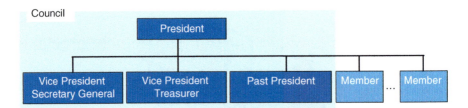

Das EGB wählt die folgenden Ämter mit einer Stimme pro Mitgliedsland
President: für 2 Jahre + 1 weiteres Jahr als Past President im Council
Council: für 3 Jahre

Mitgliederversammlungen des EGB
Board: mindestens 2 Mal jährlich rotierend in den Mitgliedsländern
Council: nach Bedarf

Abb. 9.5 Organisationsstruktur des EGB

9.3.3 Arbeitsthemen des Technical Commitees CEN/TC279

Um neue Erkenntnisse aus der praktischen Arbeit in vorhandene und neue europäische Standards zu integrieren, wurde im Jahr 2008 die Gremienarbeit im CEN/TC279 wieder aufgenommen. Die Arbeit in diesen Gremien erfolgt von deutscher Seite ausschließlich durch ehrenamtliche Tätigkeit von Mitgliedern des Fachbereichs VM/WA der VDI-GPP. Auf der europäischen Ebene arbeiten diese Mitglieder als offiziell Delegierte des deutschen Normeninstituts DIN in Berlin. Mit Stand Frühjahr 2011 gibt es im TC279 vier europäische Arbeitsgruppen besetzt mit Mitgliedern aus über zehn Ländern zu folgenden Themen:

- Überarbeitung und Aktualisierung der EN 12973 „Value Management"
- Erarbeitung einer Richtlinie zur Einführung von Value Management in Unternehmen und Organisationen
- Erarbeitung eines eigenen Methodenstandards für die Funktionale Leistungsbeschreibung. Sie ist eine der spezifischen Wertmethoden und wurde bislang vor allem in Frankreich angewendet
- Aktualisierung der Begriffsdefinitionen für VM/WA in der EN 1325

Aufgrund sehr unterschiedlicher Erfahrungshintergründe und Kulturen ist die Zusammenarbeit in länderübergreifenden Gremien zuweilen schwierig. Es können bei Entscheidungsfindungen Kompromisse entstehen, die den Ansprüchen eines einzelnen Landes nicht immer gerecht werden. Auch erschließen sich die entstehenden Richtlinien in ihrer Normensprache einem Leser nicht immer sofort und erfordern Geduld von ihm. In Summe sind VM-Standards jedoch wichtige Dokumente, die dem interessierten Wertanalysepraktiker viele Impulse für seine Arbeit geben. Die Frage des Nutzens solcher Richtlinien für die Weiterentwicklung von Value Management in einem Land beantwortet sich am einfachsten mit dem afrikanischen Sprichwort: „Wenn Du es eilig hast, dann gehe alleine. Wenn Du weit gehen willst, dann gehe mit anderen." Dieses Sprichwort trifft auch ein wesentliches Kennzeichen von Value Management/Wertanalyse sehr gut, nämlich die effiziente Steuerung der Aufgaben des interdisziplinär besetzten Projektteams in der Praxis.

Bibliographie

Hahn W (2009) Ausbildung zum zertifizierten Wertanalytiker VDI und Value Manager in Deutschland und Europa

Sachverzeichnis

A
Abnehmerorientierte Nebenfunktionen (aNF), 61
Akao, 86
Antizipation, 90
Argumentenbilanz, 144
Attribute Listing, 134
Auftretenswahrscheinlichkeit, 90

B
Bedeutsamkeit, 72
Bewertungskriterien, 147
Bewertungssystematik, 142
Bewertungsverfahren, 141
Brainpool, 129
Brainstorming, 127
Brainwriting, 127

C
CEN/TC279, 281, 283
CertBoard VM, 279

D
Deckungsbeitragsrechnung, 118
Definition der Soll-Funktion, 59
Denkanstöße, 128
Denkmuster, 122
Der Verein Deutscher Ingenieure, 275
differenzierten Dual-Vergleichs, 68
Dualvergleich, 68

E
Empfindlichkeitsanalyse, 149
Entdeckungswahrscheinlichkeit, 90
Entwicklungsdauer, 147
Entwicklungskosten, 147
Erfüllungsgrade, 149
Ermitteln der Ist-Funktion, 59

European Governing Board (EGB) für Value Management, 280
European Governing Board of the Value Management Training and Certification System (EGB), 276

F
Fachbereich Value Management/Wertanalyse, 275
Failure Mode and Effects Analysis, 89
Fehler, 89
Fehleranalyse, 90
Fehlerbegrenzung, 90
Fehlerentdeckung, 90
Fehler-Möglichkeits- und Einfluss-Analyse, 89
Fehlerquellen, 89
Fehlerursachen, 90
Fehlervermeidung, 90
Fixkosten, 117
FMEA, 89
FMEA-Begriffe, 91
Funktionalität, 147
Funktionen, 57
Funktionenanalyse, 66
Funktionenarten, 60
Funktionenbaum, 62, 70
Funktionenbegriff, 57
Funktionenbeschreibung, 58
Funktionenermittlung, 218
Funktionengliederung, 218
Funktionenklassen, 61
Funktionenkosten, 69
Funktionen-Kosten-Analyse, 68
Funktionen-Potential-Analyse, 68
Funktionenpotenzialanalyse, 72
Funktionenträger, 67
Funktions-Analyse-System-Technik (F.A.S.T.), 63

G
Gebrauchsfunktion, 60
Geltungsfunktion, 60
Gemeinkosten, 117
Gesamtfunktionen (HF), 61
Gewichtskostenkalkulation, 119
Gewichtung, 149
Gewichtungsverfahren, 149

H
Hauptfunktionen, 61
Herstellerorientierte Nebenfunktionen (hNF), 61
House of Quality (HoQ), 86

I
Ideenfindungs-Methoden, 124
Ideen-Quantität, 123
Ideenstrukturierungs, 135
indirekten Bereiche, 216
Intuitive Verfahren, 151

J
just in time, 121

K
Kalkulationsverfahren, 118
Kärtchen-Methode, 127
Killerphrasen, 128
Kommunikationsschritte, 85
Konflikte, 111
Konkurrenzdruck, 121
Kosten, 116
Kostenfrüherkennung, 118
Kostenrechnung, 116
Kostenschätzung, 119
kostentreibende Funktion, 72
Kostentreiber, 217, 219
Kreativitätstechniken, 124
Kreativphase, 155
Kreativ-Verfahren, 120
Kurzkalkulation, 119

L
Lehrgangsmodulen, 276
Lösungs-Alternativen, 137
Lösungsbedingende Vorgaben, 62
Lösungssuche, 122

M
Machbarkeit, 147
Materialkostenmethode, 119
matrix-FMEA®, 91
Matrix-Verfahren, 152
Matrizensystem, 91
Mehrpunktfrage, 143
Methode 635, 129
Minderheitenschutz, 144
Mitgliedsländer, 281
Moderation, 107
morphologischen Matrix, 137
Muss-Forderungen, 143

N
Nachahmen, 126
Nebenfunktionen, 61
Nutzwertanalyse, 147
Nutzwertbeitrag, 148
Nutzwert-Kompromiss, 150

O
Overheadkosten, 216

P
Paarvergleich, 146
Paarweiser Vergleich, 146
Paarweise Vergleich, 68
Parameter, 137
Portfolio, 73
potenzialbehaftete Funktion, 72
Problemlösung, 121
Problemlösungsbaum, 134
Problemlösungsprozess, 123
Produktinnovation, 126
Professional in Value Management (PVM), 277
Projektmanagement, 109
Projektziele, 155

Q
Qualität, 147
Quality Function Deployment, 72
Quality Funktion Deployment (QFD), 84

R
Rangfolge, 147
Risikoanalyse, 91
Risikominimierung, 91
Risikoprioritätszahl (RPZ), 90

S
Schwere/Bedeutung der Auswirkung, 90
Selbstkosten, 117
Seminarzertifizierungen, 278

Sachverzeichnis

Singulären Vergleich, 152
Situationsanalyse, 142
Spornfragen, 131
Stoffsammlung, 145
Systematische Gewichtungsverfahren, 151

T
Teamwork, 121
Technologiewandel, 121
Teilkostenrechnung, 117
Trainer in Value Management (TVM), 278
Train-the-Trainer-Seminar (TTT), 278
Trigger Pool, 130

U
Überkapazitäten, 121
Unerwünschte Funktion, 62
Unterschiedskosten, 120

V
variable Kosten, 117
VDI-Gesellschaft Produkt- und Prozessgestaltung (GPP), 275

Vermarktung, 126
Vollkostenrechnung, 117

W
Wertanalytiker VDI, 276
Wertefunktionen, 149
Wertemanagement, 191
Wertigkeitsfaktoren, 152
Wettbewerbsvergleich, 87
Wichtigkeit, 152

Z
Zertifizierung, 277, 278
Zertifizierungsstelle, 279
Zielsystems, 150
Zugangsvoraussetzungen, 277
Zuschlagskalkulation, 118
Zuverlässigkeit, 147